高等职业教育系列教材

人工智能导论

主编 关景新 姜 源
参编 孟 真 肖 彪

机 械 工 业 出 版 社

本书根据人工智能技术服务专业人才培养的需求，以智能机器人为载体，以揭开人工智能的神秘面纱为主线进行编写，设置了 5 个学习情境。学习情境 1 主要介绍人工智能的发展和应用，引起学习者的兴趣；学习情境 2 主要从智能机器如何进行知识存储的角度来理解人工智能；学习情境 3 主要从智能机器如何使用知识进行探索世界和求解问题的角度来进一步理解人工智能；学习情境 4 主要从智能机器如何进行自主学习知识、增长智慧的角度来理解人工智能；学习情境 5 主要从人工智能的自然辩证法视角理解人工智能的本质，从社会学角度给智能机器添加伦理与法律的约束，从而消除人类对人工智能的恐惧，使得人工智能技术更好地为人类服务。

本书在思政方面围绕"爱国精神、崇尚科技、思维模式、乐观进取"，将其与人工智能技术进行"术道融合"，结合"做中学、做中悟"的方式来开展立德树人的工作。

本书可作为高等职业院校电子信息类专业、机电一体化专业、应用电子技术专业及相关专业的教材，也可作为相关技术人员的参考用书。

本书配有微课视频，可扫码观看。另外，本书配有电子课件，需要的教师可登录 www.cmpedu.com 免费注册，审核通过后下载，或联系编辑索取（微信：15910938545，电话：010-88379739）。

图书在版编目（CIP）数据

人工智能导论 / 关景新，姜源主编．—北京：机械工业出版社，2021.4（2025.7 重印）
高等职业教育系列教材
ISBN 978-7-111-67798-7

Ⅰ．①人⋯ Ⅱ．①关⋯ ②姜⋯ Ⅲ．①人工智能-高等职业教育-教材 Ⅳ．①TP18

中国版本图书馆 CIP 数据核字（2021）第 050795 号

机械工业出版社（北京市百万庄大街 22 号　邮政编码 100037）
策划编辑：和庆娣　　责任编辑：和庆娣　陈崇昱
责任校对：张艳霞　　责任印制：刘　媛

北京富资园科技发展有限公司印刷

2025 年 7 月第 1 版・第 6 次印刷
184mm×260mm・16 印张・396 千字
标准书号：ISBN 978-7-111-67798-7
定价：59.90 元

电话服务　　　　　　　　　　　网络服务
客服电话：010-88361066　　　　机　工　官　网：www.cmpbook.com
　　　　　010-88379833　　　　机　工　官　博：weibo.com/cmp1952
　　　　　010-68326294　　　　金　书　网：www.golden-book.com
封底无防伪标均为盗版　　　　　机工教育服务网：www.cmpedu.com

出 版 说 明

党的二十大报告首次提出"加强教材建设和管理",表明了教材建设国家事权的重要属性,凸显了教材工作在党和国家事业发展全局中的重要地位,体现了以习近平同志为核心的党中央对教材工作的高度重视和对"尺寸课本、国之大者"的殷切期望。教材作为教育目标、理念、内容、方法、规律的集中体现,是教育教学的基本载体和关键支撑,是教育核心竞争力的重要体现。建设高质量教材体系,对于建设高质量教育体系而言,既是应有之义,也是重要基础和保障。为落实立德树人根本任务,发挥铸魂育人实效,机械工业出版社组织国内多所职业院校(其中大部分院校入选"双高"计划)的院校领导和骨干教师展开专业和课程建设研讨,以适应新时代职业教育发展要求和教学需求为目标,规划并出版了"高等职业教育系列教材"丛书。

该系列教材以岗位需求为导向,涵盖计算机、电子信息、自动化和机电类等专业,由院校和企业合作开发,由具有丰富教学经验和实践经验的"双师型"教师编写,并邀请专家审定大纲和审读书稿,致力于打造充分适应新时代职业教育教学模式、满足职业院校教学改革和专业建设需求、体现工学结合特点的精品化教材。

归纳起来,本系列教材具有以下特点:

1)充分体现规划性和系统性。系列教材由机械工业出版社发起,定期组织相关领域专家、院校领导、骨干教师和企业代表开展编委会年会和专业研讨会,在研究专业和课程建设的基础上,规划教材选题,审定教材大纲,组织人员编写,并经专家审核后出版。整个教材开发过程以质量为先,严谨高效,为建立高质量、高水平的专业教材体系奠定了基础。

2)工学结合,围绕学生职业技能设计教材内容和编写形式。基础课程教材在保持扎实理论基础的同时,增加实训、习题、知识拓展以及立体化配套资源;专业课程教材突出理论和实践相统一,注重以企业真实生产项目、典型工作任务、案例等为载体组织教学单元,采用项目导向、任务驱动等编写模式,强调实践性。

3)教材内容科学先进,教材编排展现力强。系列教材紧随技术和经济的发展而更新,及时将新知识、新技术、新工艺和新案例等引入教材;同时注重吸收最新的教学理念,并积极支持新专业的教材建设。教材编排注重图、文、表并茂,生动活泼,形式新颖;名称、名词、术语等均符合国家有关技术质量标准和规范。

4)注重立体化资源建设。系列教材针对部分课程特点,力求通过随书二维码等形式,将教学视频、仿真动画、案例拓展、习题试卷及解答等教学资源融入到教材中,使学生学习课上课下相结合,为高素质技能型人才的培养提供更多的教学手段。

由于我国高等职业教育改革和发展的速度很快,加之我们的水平和经验有限,因此在教材的编写和出版过程中难免出现疏漏。恳请使用本系列教材的师生及时向我们反馈相关信息,以利于我们今后不断提高教材的出版质量,为广大师生提供更多、更适用的教材。

机械工业出版社

前　言

人工智能已成为新一轮科技革命和产业变革的重要驱动力，党的二十大报告指出，推动战略性新兴产业融合集群发展，构建新一代信息技术、人工智能、生物技术、新能源、新材料、高端装备、绿色环保等一批新的增长引擎。随着"十四五"规划的实施，我国全面推动"人工智能+"产业的发展。一方面，2021 年 9 月国家新一代人工智能治理专业委员会发布《新一代人工智能伦理规范》和 2023 年 4 月国家互联网信息办公室发布《生成式人工智能服务管理办法（征求意见稿）》，从道德和法律角度有效推动人工智能技术的开发与应用；另一方面，2021 年 11 月工业和信息化部印发《"十四五"软件和信息技术服务业发展规划》、2021 年 12 月工业和信息化部等发布《"十四五"智能制造发展规划》、2022 年 1 月国务院印发《"十四五"数字经济发展规划》、2022 年 7 月科技部等印发《关于加快场景创新以人工智能高水平应用促进经济高质量发展的指导意见》、2022 年 8 月科技部发布《科技部关于支持建设新一代人工智能示范应用场景的通知》、2023 年 2 月中共中央国务院印发《数字中国建设整体布局规划》等方面加强人工智能有关算力、算法和算据的研究，研发人工智能、大数据、边缘计算等在工业、农业、服务业领域适用性技术，促进智能经济高端高效发展。2019 年 4 月人力资源和社会保障部也新增加了人工智能工程技术人员、人工智能训练师的职业，2019 年 6 月教育部新增加了人工智能技术服务的专业，2020 年 4 月教育部将人工智能技术服务专业更名为"人工智能技术应用"，2021 年 9 月，人力资源社会保障部办公厅、工业和信息化部办公厅发布人工智能工程技术人员国家职业技术技能标准，通过政策引领不断加大人工智能领域技术技能人才的培养，以应对企业、事业单位人才需求的急速增加。

本书是针对信息类专业开展人工智能课程教学的教材，是以珠海城市职业技术学院的格力明珠产业学院为平台，在此基础上深化校企合作的成果。编者是来自格力明珠产业学院的一线教师和企业一线的能工巧匠。本书是编者在多年人工智能技术学习及工作经验的基础上，对大量的网络资源、论文和相关书籍进行总结、整理和分析，形成对人工智能技术的独特理解，并将其抽象成易于理解的模型，以更好地理解人工智能为主线编写而成。全书共有 5 个学习情境，具体如下。

学习情境 1　让机器走进您的世界——人工智能概述：由珠海城市职业技术学院的关景新高级工程师负责编写，主要介绍人工智能的定义、人工智能的起源与发展过程、目前人工智能的主流学派、人工智能所研究的范围与应用领域等，并通过案例进一步说明人工智能技术发展对人类社会的促进作用。

学习情境 2　让机器具有知识——知识表示技术：由珠海城市职业技术学院的关景新高级工程师和姜源老师负责编写，主要介绍知识表示的基本概念和分类，逻辑、框架、产生式、状态空间、问题归约、面向对象和模糊逻辑的知识表示方法，并通过情境操作加深读者对智能机器人有关知识的构成方式的理解。

学习情境 3　让机器使用知识——搜索与推理：由深圳市友福同享信息科技有限公司曾荣耀总经理指导、珠海城市职业技术学院关景新高级工程师负责编写，主要介绍搜索和推理的概念、状态空间的概念、状态空间盲目搜索、启发式状态空间搜索、遗传算法搜索等，并通过情境操作加深读者对智能机器人使用知识求解问题的方法的理解。

学习情境 4 让机器习得知识——机器学习：由关景新高级工程师和珠海格力电器股份有限公司肖彪高级工程师负责编写，主要介绍机器学习的定义、机器学习的分类、机器学习的模型、神经网络的原理、线性回归和逻辑回归的应用、深度学习的主流框架，并通过情境操作加深读者对智能机器人自主学习获得知识并解决问题的方法的理解。

学习情境 5 让机器成为"社会人"——德才兼备：由深圳市声扬科技有限公司谢基有高级工程师指导、珠海城市职业技术学院的关景新高级工程师和孟真老师负责编写，主要介绍人工智能的自然辩证法、人工智能社会的特点与问题、人类与人工智能的关系、人工智能的伦理问题和法律问题，并通过情境操作加深读者对人工智能伦理研究的必要性的理解。

对于需要学习人工智能技术的读者而言，本书还重点消除读者有关学习人工智能技术需要深度理解大量的数学公式、需要很好的数学基础的疑虑，让读者明白，在大多数情况下，尤其是在应用层面，人工智能技术仅是一种实现技术要求的工具，读者只需要了解各种学习算法的优势、劣势及有效使用的方法，无须详尽地了解人工智能所涉及的自然科学和社会科学的所有学科。

本书在思政方面围绕"爱国精神、崇尚科技、思维模式、乐观进取"，将其与人工智能技术进行"术道融合"，结合"做中学、做中悟"的方式来开展立德树人的工作。

最后，本书得到了珠海格力电器股份有限公司、深圳市声扬科技有限公司、深圳市友福同享信息科技有限公司、深圳联合创新实业有限公司的大力支持，感谢珠海格力电器股份有限公司肖彪高级工程师、深圳市声扬科技有限公司谢基有高级工程师、深圳市友福同享信息科技有限公司曾荣耀总经理在技术上给予的指导，感谢珠海城市职业技术学院马维旻教授、高健教授、朱韶平教授和珠海市技师学院张中洲教授的鼎力支持。书中的核心内容来自广东高校优秀青年创新人才培养计划项目——"珠海线路板产业集群环境监测与失效预防的 AI 控制技术研究"（2017GkQNCX074）、2019 年广东普通高校重点项目（自然科学类）——"基于移动机器人平台的多运动目标识别与跟踪技术研究"等省级项目的研究成果和珠海城市职业技术学院的教学总结，本书对此做了系统的组织和讲解，力求做到通俗易懂，深入浅出。本书在编写过程中参考了 CSDN 等技术网站和相关图书，在此向原作者表示诚挚的感谢。

由于编者水平有限，书中难免有不足之处，恳请广大读者批评指正。

编　者

二维码资源清单

序　号	资　源　名　称	页　码
1	汉诺塔	55
2	图 2-47　机器人小志需要辨别的动物	65
3	图 3-6　八数码问题的状态空间搜索图	88
4	广度优先搜索过程演示	95
5	深度优先搜索过程演示	98
6	图 4-30　标准梯度下降优化算法	169
7	图 4-41　卷积神经网络拓扑图	178
8	数字 8 的灰度图	180
9	图 4-46　不同图像深度的对比	180
10	图 4-47　计算机中的彩色图像表示	181
11	趣味理解卷积	182
12	矩阵的卷积滑动过程	183
13	一般卷积	182
14	空洞卷积	182
15	转置卷积	182
16	图 4-52　字母 X 的图像特征	184
17	图 4-55　小矩阵与输入图像的全卷积	186
18	最大池化及反向传输	187
19	池化的作用与类型	187
20	图 4-57　卷积神经网络的功能结构	187
21	理解不同类型卷积的关键	207
22	最容易被 AI 取代的十大职业	226
23	最难被 AI 取代的十大职业	226
24	陪伴机器人功能演示	239

目 录

出版说明
前言
二维码资源清单
学习情境1 让机器走进您的世界——人工智能概述 ... 1
  情境导入 ... 1
  情境目标 ... 2
  知识链接 ... 2
  1.1 人工智能简史 ... 2
    1.1.1 全球人工智能发展史 ... 2
    1.1.2 我国人工智能发展史 ... 3
  1.2 人工智能的产生 ... 7
  1.3 人工智能的发展 ... 8
    1.3.1 计算机时代 ... 9
    1.3.2 人工智能的开端 ... 9
    1.3.3 人工智能程序积累阶段 ... 10
    1.3.4 超越人类的临界点 ... 11
  1.4 人工智能的主流学派 ... 13
    1.4.1 符号学派：物理符号系统假说 ... 13
    1.4.2 连接学派 ... 14
    1.4.3 行为学派 ... 15
    1.4.4 三大学派的比较 ... 16
  1.5 人工智能的定义 ... 17
  1.6 人工智能的五个感官 ... 18
  1.7 人工智能的分类 ... 19
    1.7.1 按发展阶段分 ... 19
    1.7.2 按应用领域分 ... 19
    1.7.3 按智能化强弱程度分 ... 21
  1.8 人工智能对人类的影响 ... 23
  情境操作 ... 25
  1.9 案例欣赏 ... 25
    1.9.1 案例1 生物表情自动评价：再没有"水军"滥竽充数 ... 25
    1.9.2 案例2 老人身边的医生：人工智能对生命的关怀 ... 26
  情境小结 ... 26
  课后习题 ... 27
学习情境2 让机器具有知识——知识表示技术 ... 29
  情境导入 ... 29

情境目标··29
知识链接··30
2.1 知识的概述···30
   2.1.1 知识、信息和数据··31
   2.1.2 知识的特性··32
   2.1.3 知识的分类··33
   2.1.4 知识表示··33
2.2 知识的表示方法···34
   2.2.1 逻辑表示法··34
   2.2.2 语义网络表示法···43
   2.2.3 框架表示法··48
   2.2.4 产生式表示法··49
   2.2.5 状态空间表示法···52
   2.2.6 问题归约法··53
   2.2.7 面向对象表示法···57
   2.2.8 模糊逻辑表示法···60
情境操作··65
2.3 任务实施··65
   2.3.1 任务1 动物识别的产生式知识表示···65
   2.3.2 任务2 传教士和野人过河问题的状态空间知识表示····························71
   2.3.3 任务3 摆放家具的面向对象知识表示···75
   2.3.4 任务4 自动控制系统的模糊知识表示···80
情境小结··83
课后习题··83

学习情境3 让机器使用知识——搜索与推理···85

情境导入··85
情境目标··85
知识链接··86
3.1 搜索和推理概述···86
   3.1.1 搜索···86
   3.1.2 推理···89
3.2 状态空间的搜索策略···93
   3.2.1 状态空间搜索的基本思想··93
   3.2.2 图搜索的一般过程··94
3.3 状态空间的盲目搜索···95
   3.3.1 广度优先搜索··95
   3.3.2 深度优先搜索··97
   3.3.3 代价树搜索··100
3.4 状态空间的启发式搜索··102
   3.4.1 启发性信息和估价函数··102

  3.4.2 A 算法 ··· 103
 3.5 遗传算法搜索 ··· 105
  3.5.1 遗传算法的结构 ··· 105
  3.5.2 遗传算法的基本原理 ·· 107
  3.5.3 遗传算法的性能 ··· 108
 3.6 基于规则的演绎推理 ·· 108
 3.7 产生式推理 ·· 109
 3.8 不确定性推理 ··· 112
  3.8.1 概率推理 ··· 112
  3.8.2 模糊推理 ··· 112
 情境操作 ··· 114
 3.9 任务实施 ·· 114
  3.9.1 任务 1 过河问题的状态空间深度优先搜索应用 ································· 114
  3.9.2 任务 2 八数码问题的启发式搜索应用 ··· 118
  3.9.3 任务 3 函数最大值的遗传算法搜索应用 ··· 127
  3.9.4 任务 4 动物识别的产生式推理应用 ··· 134
  3.9.5 任务 5 自动控制系统的模糊推理应用 ··· 138
 情境小结 ··· 141
 课后习题 ··· 142

学习情境 4 让机器习得知识——机器学习 ·· 144

 情境导入 ··· 144
 情境目标 ··· 144
 知识链接 ··· 145
 4.1 习得技术概述 ··· 145
 4.2 学习相关的基本概念 ·· 146
  4.2.1 标签 ·· 146
  4.2.2 特征 ·· 146
  4.2.3 模型 ·· 147
  4.2.4 回归与分类 ··· 147
  4.2.5 聚类 ·· 148
 4.3 机器学习的定义 ··· 149
 4.4 机器学习的过程 ··· 150
 4.5 机器学习的分类 ··· 151
 4.6 机器学习的方法 ··· 152
  4.6.1 有监督学习 ··· 152
  4.6.2 无监督学习 ··· 153
  4.6.3 半监督学习 ··· 154
  4.6.4 强化学习 ··· 155
  4.6.5 迁移学习 ··· 156
 4.7 机器学习的模型 ··· 158

  4.7.1 线性模型 ·· 158
  4.7.2 核模型 ·· 170
  4.7.3 层级模型 ·· 172
 4.8 深度学习 ·· 175
  4.8.1 深度学习概述 ·· 175
  4.8.2 深度学习的模型——神经网络 ···································· 177
  4.8.3 常用的深度学习框架 ·· 188
 情境操作 ·· 190
 4.9 任务实施 ·· 190
  4.9.1 任务1 自搭建线性模型解决分类问题 ························· 190
  4.9.2 任务2 运用TensorFlow框架解决分类问题 ················· 193
  4.9.3 任务3 运用层次模型解决招聘程序员薪资预测问题 ···· 196
  4.9.4 任务4 运用卷积运算提取图像特征 ···························· 200
  4.9.5 任务5 运用卷积神经网络CNN识别图像 ··················· 204
 情境小结 ·· 214
 课后习题 ·· 214

学习情境5 让机器成为"社会人"——德才兼备 ··························· 216
 情境导入 ·· 216
 情境目标 ·· 217
 知识链接 ·· 217
 5.1 人工智能的自然辩证法 ·· 217
  5.1.1 自然辩证法 ·· 218
  5.1.2 人类改造世界的工具 ·· 219
  5.1.3 人工智能的本质 ·· 220
  5.1.4 人工智能的"工具"特殊性 ······································ 221
 5.2 人工智能的社会约束 ·· 222
  5.2.1 人工智能社会 ·· 223
  5.2.2 人工智能的社会属性 ·· 224
  5.2.3 人工智能社会的特点 ·· 224
  5.2.4 人与人工智能的社会关系 ·· 225
  5.2.5 人工智能社会的问题 ·· 226
  5.2.6 人工智能的伦理规范构建 ·· 229
  5.2.7 人工智能的法律规范构建 ·· 231
 情境操作 ·· 234
 5.3 任务实施 ·· 234
  5.3.1 任务1 快速搭建简单的陪伴机器人 ··························· 234
  5.3.2 任务2 陪伴机器人的伦理案例分析 ··························· 240
 情境小结 ·· 242
 课后习题 ·· 242

参考文献 ·· 246

学习情境 1　让机器走进您的世界——人工智能概述

学习重点：人工智能的定义；人工智能的起源与发展过程；目前人工智能的主要学派；人工智能所研究的范围与应用领域。

学习难点：如何理解人工智能；人工智能的主要学派与其争论焦点；我国人工智能发展的特殊性和优越性。

 情境导入

人工智能自其诞生之日起，就好像有着神奇的魅力，披着美丽的梦幻外衣，引起人们无限的想象和向往。一方面，人们总觉得人工智能缺乏真实感，把人工智能和电影联想到一起，如《星球大战》《终结者》《2001：太空漫游》等，电影是虚构的，那些机器人角色也是虚构的（见图1-1）；另一方面，人们总是用人工智能来憧憬未来、描述很多场景与应用，如从手机上的计算器到无人驾驶汽车，从智能穿戴到人生伴侣机器人，从现实应用到未来可能改变世界的重大变革，只要是人对世界充满期待的事物便与人工智能息息相关。

图 1-1　电影中虚构的机器人

当你每天早上起床时，智能家居服务管家就会向你发出问候语，并报告你昨天晚上的睡眠质量，它通过你起床的动作理解到你的意图，通过监测你睡觉时的身体特征，为你量身打造健康食谱和运动计划；当你拿起手机时，它自动解锁打开，因为它通过人脸识别技术认出了主人；当你去超市购买物品时，超市收银系统会自动识别到你，并从你的银行账号扣除费用，因为它既可以通过人脸识别技术、也可以通过声纹识别技术与银行账号进行关联；当你在公路上开着新型的汽车、听着喜欢的音乐、欣赏着优美的自然风景时，车载智能系统正在静悄悄地工作着，时刻监测可能的危险，并适时向你发出提示。

以前很多在科幻小说或者电影中才出现的场景，今天已经成为人们真实的生活经历。科技发展至今，人工智能作为人类科技前行的助力工具，就像蒸汽机的出现一样，引领着人类进入一个新纪元，不断开启一扇又一扇的智慧之门，承载着人们对宇宙的探索和憧憬，已引起众多学科和不同专业背景学者们的日益重视。目前，人工智能已经成为一门由计算机科学、控制论、信息论、语言学、神经生理学、心理学、数学、哲学等多门学科相互渗透而发展起来的综合性新学科。

本学习情境主要学习人工智能的定义、研究目标、起源和发展概况、相关学派及其认识观，然后讨论人工智能的研究和应用领域。通过本情境的学习，让读者掀开人工智能的神秘面纱，跳出畏惧人工智能的圈子，畅游于人工智能广阔的海洋；通过学习人工智能的历史发展，加深对科技发展造福人类的认识，通过欣赏人工智能的案例，增进对祖国的认同与热爱。

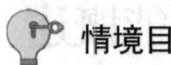 **情境目标**

知识目标：
- ◆ 了解人工智能的发展历史。
- ◆ 了解人工智能的主要学派。
- ◆ 了解人工智能的应用。
- ◆ 了解发展人工智能的意义。
- ◆ 了解我国基本国情。
- ◆ 了解人口红利和创造红利。
- ◆ 了解我国有关人工智能技术发展的政策。

能力目标：
- ◆ 能简要描述我国人工智能的发展历程。
- ◆ 能举例说明人工智能的应用。
- ◆ 能认清我国的基本国情对国内人工智能发展的影响。
- ◆ 能明白我国有关人工智能的国家战略。
- ◆ 能陈述我国重点发展人工智能的深远意义。

 知识链接

1.1 人工智能简史

1.1.1 全球人工智能发展史

人工智能自1956年提出以来，经历了三个阶段，这三个阶段同时也是算法和研究方法更迭的过程，其发展历史见图1-2。

第一个阶段是20世纪60～70年代，人工智能迎来了黄金时期，以逻辑学为主导的研究方法成为主流。人工智能通过计算机来实现机器化的逻辑推理证明，但最终难以实现。

第二个阶段是20世纪70～90年代。其中，1974～1980年，人工智能技术的不成熟和过誉的声望使其进入"人工智能寒冬"，人工智能研究和投资大量减少。1980～1987年，专家系统研究方法成为人工智能的研究热门，资本和研究热情再次燃起。1987～1993年，计算机性能比之前几十年已有了长足的进步，这时试图通过建立基于计算机的专家系统来解决问题，但是由于数据较少并且太局限于经验知识和规则，难以构筑有效的系统，资本和政府支持再次撤出，人工智能迎来第二次"寒冬"。

第三个阶段是20世纪90年代以后。1993年至今，随着计算力和数据量的大幅度提升，人工智能技术获得进一步优化。至今，数据量、计算力的大幅度提升，帮助人工智能在机器学习，特别是神经网络主导的深度学习领域得到了极大的突破。基于深度神经网络技术的发展，人工智能逐渐步入快速发展期。

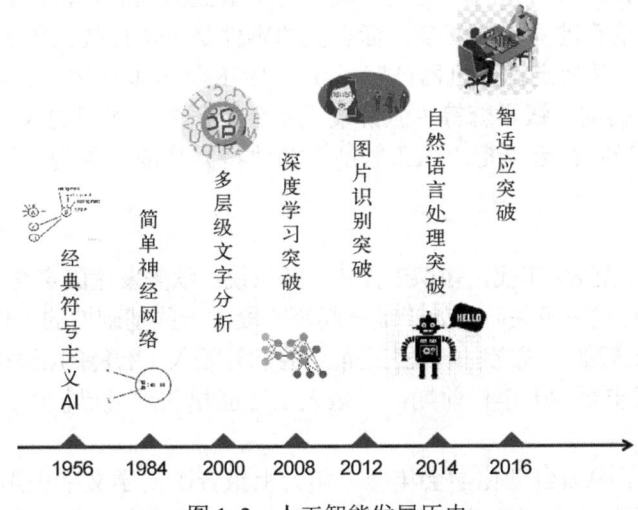

图1-2　人工智能发展历史

1.1.2　我国人工智能发展史

与国际人工智能的发展情况相比，我国的人工智能研究不仅起步较晚，而且发展道路曲折坎坷。直到改革开放之后，我国的人工智能才逐渐走上发展之路。主要经历了曲折认识、艰难探索、初有成果、快速发展和国之重略五个阶段，见图1-3。

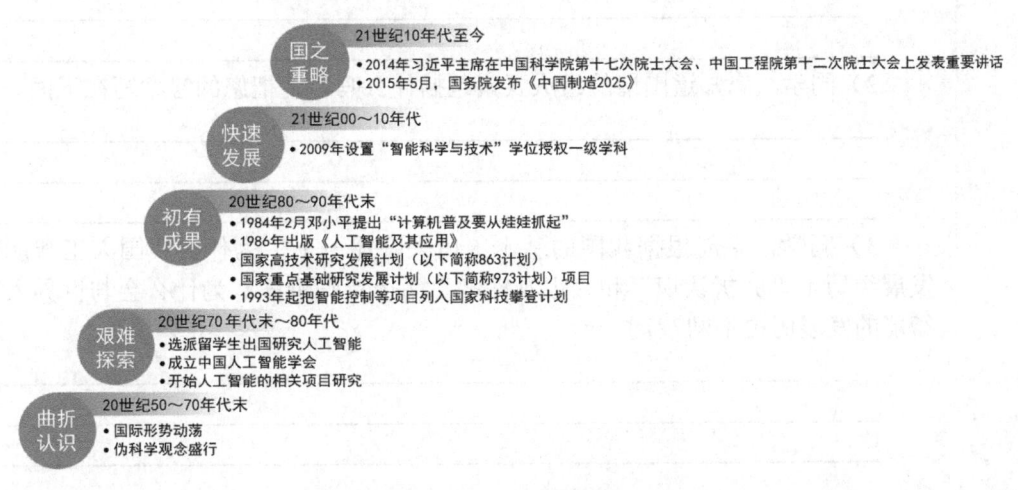

图1-3　我国人工智能发展历程

1. 曲折认识

20世纪50~60年代，人工智能在西方国家得到重视和发展，而我国在苏联"人工智能是资产阶级的反动伪科学"的影响下，在20世纪50年代几乎没有人工智能的研究。20世纪60年代后期到70年代，虽然苏联解禁了控制论和人工智能的研究，但因中苏关系恶化，我国学术界将苏联的这种解禁斥为"修正主义"，人工智能研究继续停滞。

1978 年 3 月，全国科学大会在北京召开，邓小平同志提出了"科学技术是生产力"的重要论断，打开了解放思想的先河，促进了我国科学事业的发展，使我国科技事业迎来了春天，人工智能也在酝酿着进一步的解禁。标志性的事件是吴文俊提出的利用机器证明与发现几何定理的新方法——几何定理的机器证明，获得1978年全国科学大会重大科技成果奖。

　　20 世纪 80 年代初期，钱学森等主张开展人工智能研究，我国的人工智能研究进一步活跃起来。但是，由于当时社会上把"人工智能"与"特异功能"混为一谈，使我国人工智能走了一段弯路。

2．艰难探索

　　20 世纪 70 年代末至 80 年代，知识工程和专家系统在欧美发达国家得到迅速发展，并取得重大的经济效益。当时我国相关研究处于艰难起步阶段，一些基础性的工作得以开展，包括选派留学生出国研究人工智能、成立中国人工智能学会和开始人工智能的相关项目研究等。

　　20 世纪 70 年代末至 80 年代前期，一些人工智能相关项目已被纳入国家科研计划。标志性事件如下：

- ❖ 1978 年召开了中国自动化学会年会，年会上报告了光学文字识别系统、手写体数字识别、生物控制论和模糊集合等研究成果，表明我国人工智能在生物控制和模式识别等方向的研究已开始起步。
- ❖ 1978 年"智能模拟"纳入国家研究计划，当时社会各界对人工智能的认识还不深，未能直接提到"人工智能"研究。

1) 同学，您知道我国现阶段的基本国情是什么吗？请把您的答案写在下面。

2) 同学，您知道国情的组成要素包括什么吗？请把您的答案写在下面。

3) 同学，您能根据我国的基本国情来陈述一下，为什么我国人工智能的发展经历了"曲折认识"和"艰难探索"两个特殊阶段？为什么会与世界人工智能的发展历史不同？

3. 初有成果

1984 年 2 月，邓小平同志分别在上海观看儿童操作简易电子计算机，提出"计算机普及要从娃娃抓起"。此后，我国人工智能研究的境遇有所好转，《人民日报》关于人工智能的报道也渐渐多了起来。20 世纪 80 年代中期，我国的人工智能迎来曙光，开始走上比较正常的发展道路。

- 1984 年国防科工委，全国智能计算机及其系统学术讨论会召开。
- 1985 年，全国首届第五代计算机学术研讨会召开。
- 1986 年起，智能计算机系统、智能机器人和智能信息处理等重大项目被列入"863 计划"。
- 1986 年，清华大学出版社出版《人工智能及其应用》著作，成为国内首部具有自主知识产权的人工智能专著。
- 1987 年，《模式识别与人工智能》杂志顺利创刊。
- 1988 年，我国首部机器人学著作出版。
- 1990 年，我国首部智能控制著作出版。
- 1993 年，智能控制和智能自动化等项目被列入国家科技攀登计划。

4. 快速发展

进入 21 世纪后，更多的人工智能与智能系统研究课题获得国家自然科学基金重点和重大项目、"863 计划"和"973 计划"项目、科技部科技攻关项目、工信部重大项目等各种国家基金计划支持，并与我国国民经济和科技发展的重大需求相结合，力求为国家做出更大贡献。

- 代表性的研究主要有视听觉信息的认知计算、面向 Agent 的智能计算机系统、中文智能搜索引擎关键技术、智能化农业专家系统、虹膜识别、语音识别、人工心理与人工情感、基于仿人机器人的人机交互与合作、工程建设中的智能辅助决策系统、未知环境中移动机器人导航与控制等。
- 2009 年，中国人工智能学会牵头组织，向国务院学位委员会和中华人民共和国教育部（以下简称教育部）提出设置"智能科学与技术"学位授权一级学科的建议，这标志着我国人工智能人才的系统培养正式拉开帷幕。

1）自改革开放以来，凭借我国的人口红利优势，很多外资企业纷纷在我国开办工厂，我国成为全球制造业的工厂。同学，您知道什么是人口红利吗？
_____
_____

2）查找相关资料，结合我国国情，说明对"创造红利"一词的理解。
_____
_____
_____

3）同学，您能从"人口红利"向"创造红利"转变这个观点来陈述一下，为什么我国在21世纪初要大力研究人工智能技术？

_____
_____
_____
_____
_____
_____
_____
_____

5. 国之重略

近年来，我国的人工智能已发展成为国家战略。党和国家领导人发表重要讲话，对发展我国人工智能和机器人学给予高屋建瓴的指示与支持。

❖ 2014年6月9日，习近平总书记在中国科学院第十七次院士大会、中国工程院第十二次院士大会开幕式上发表重要讲话强调："由于大数据、云计算、移动互联网等新一代信息技术同机器人技术相互融合步伐加快，3D打印、人工智能迅猛发展，制造机器人的软硬件技术日趋成熟，成本不断降低，性能不断提升，军用无人机、自动驾驶汽车、家政服务机器人已经成为现实，有的人工智能机器人已具有相当程度的自主思维和学习能力。……我们要审时度势、全盘考虑、抓紧谋划、扎实推进。"这是党和国家最高领导人对人工智能和相关智能技术的高度评价，是对开展人工智能和智能机器人技术开发的庄严号召和大力推动。

❖ 2015年7月26日，2015中国人工智能大会在北京召开，来自相关领域的专家学者和企业界人士围绕人工智能领域的最新热点和发展趋势等进行了交流与探讨，突显在"互联网+"行动计划下催生的新形态、新业态发展过程中，人工智能技术将成为基于互联网和移动互联网等领域创新应用的核心基础。未来，人工智能技术将进一步推动关联技术和新兴科技、新兴产业的深度融合，推动新一轮的信息技术革命，势必成为我国经济结构转型升级的新支点。总而言之，该会议充分肯定了人工智能技术的重要作用，对人工智能的发展起到了强而有力的促进作用。

❖ 2016年3月，工业和信息化部、国家发展和改革委、财政部三部委联合印发了《机器人产业发展规划（2016—2020年）》，为"十三五"期间我国机器人产业发展描绘了清晰的蓝图。该发展规划提出的大部分任务，如智能生产、智能物流、智能工业机器人、人机协作机器人、消防救援机器人、手术机器人、智能型公共服务机器人、智能护理机器人等，都需要采用人工智能技术。人工智能也是智能机器人产业发展的关键核心技术。

❖ 2016年5月，国家发展改革委和科技部等4部门联合印发《"互联网+"人工智能三年行动实施方案》，明确未来3年智能产业的发展重点与具体扶持项目，进一步体现出人工智能已被提升至国家战略高度。

- 2017年7月，国务院印发《新一代人工智能发展规划》，这一规划的目的是抢抓人工智能发展的重大战略机遇，构筑我国人工智能发展的先发优势，加快建设创新型国家和世界科技强国。
- 2018年4月，教育部印发《高等学校人工智能创新行动计划》，目的是提升高校人工智能领域科技创新、人才培养和服务国家需求的能力。

现在，人工智能已发展成为国家发展战略，我国已有数以10万计的科技人员和大学师生从事不同层次的人工智能相关领域研究、学习、开发与应用，人工智能研究与应用已在我国空前开展，硕果累累，必将为促进其他学科的发展和我国的现代化建设做出新的重大贡献。

> 1）人工智能技术的实质是什么？
> _____
>
> 2）有人说目前人类社会正在进行第四次工业革命，这次工业革命的一个标志就是人工智能技术的应用。从工业化进程的角度来陈述，为什么我国对人工智能如此重视，颁布了很多的政策来大力推动发展人工智能技术？
> _____
> _____
> _____
> _____
> _____

1.2 人工智能的产生

自古以来，人类就力图根据认识水平和当时的技术条件，尝试用机器来代替人的部分体力和脑力劳动，以提高征服自然的能力。公元前850年，古希腊就有制造机器人帮助人们劳动的神话传说，如图1-4所示的古希腊侍者机器人模型。在公元前900多年，我国也有歌舞机器人传说的记载，这说明古代人就有人工智能的幻想。随着历史的发展，到12世纪末至13世纪初，西班牙的神学家和逻辑学家Romen Luee试图制造能解决各种问题的通用逻辑机。17世纪法国物理学家和数学家布莱斯·帕斯卡制成了世界上第一台会演算的机械加法器并获得实际应用。随后德国数学家和哲学家莱布尼茨在这台加法器的基础上发展并制成了进行全部四则运算的计算器。19世纪英国数学和力学家查尔斯·巴贝奇致力于差分机和分析机的研究，虽因条件限制未能完全实现，但其设计思想已经成为当时人工智能的最高成就。

图1-4 古希腊侍者机器人模型

而近代人工智能源于1956年，经过60多年的发展，目前已经成为一门应用广泛的交叉和前沿科学。简单来说，人工智能的目的就是让机器能够像人一样思考。如果希望做出一台能够思考的机器，那就必须知道什么是思考，更进一步讲就是什么是智慧。什么样的机器才是智慧的呢？科学家已经制造出了汽车、火车、飞机、收音机等，它们模仿我们身体器官的功能，但是能不能模仿人类大脑的功能？

当计算机出现后，人类开始真正有了一个可以模拟人类思维的工具，在以后的岁月中，无数科学家为这个目标努力着。现在人工智能已经不再是几个科学家的专利了，全世界几乎所有大学的计算机系都有人在研究这门学科，学习计算机专业的大学生也必须学习这样一门课程，在大家不懈的努力下，现在计算机似乎已经变得十分聪明了。例如，1997 年 5 月，IBM 公司研制的"深蓝"（Deep Blue）计算机战胜了国际象棋大师卡斯帕罗夫（Kasparov），见图 1-5。大家或许不会注意到，计算机已经可以在某些领域帮助人类从事一些原来只属于人类的工作，计算机以它的高速和准确的优势为人类发挥着它的作用。人工智能始终是计算机科学的前沿学科，计算机编程语言和其他计算机软件都因为有了人工智能的发展而得以存在。

图 1-5　"深蓝"计算机下国际象棋

1.3　人工智能的发展

进入 20 世纪后，人工智能相继出现若干开创性的工作。1936 年，年仅 24 岁的英国数学家图灵（A.M.Turning）在他的论文《论数字计算在决断难题中的应用》中，就提出了著名的"图灵机模型"（见图 1-6），1945 年他进一步论述了电子数字计算机的设计思想，1950 年他又在《机器能思考吗？》一文中提出了机器能够思维的论述，可以说这些都是图灵为人工智能做出的杰出贡献。1946 年美国科学家 J. W. Mauchly 等人制成了世界上第一台电子数字计算机 ENIAC，见图 1-7。还有同一时代美国数学家 Norbert. Wiener 创立的控制论，美国数学家 C. E. Shannon 创立的信息论，英国生物学家 W. R. Ashby 提出的"设计一个脑"等，这一切都为人工智能学科的诞生做了理论和实验工具的巨大贡献。

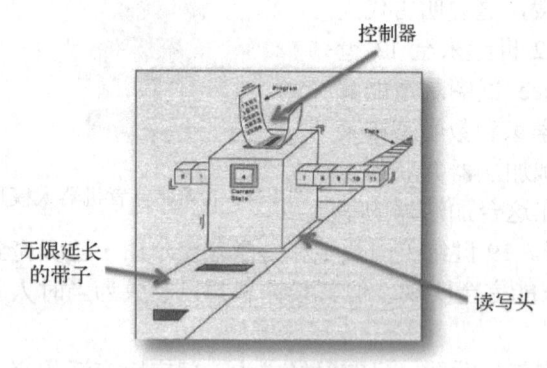

图 1-6　图灵机模型

图 1-7　第一台电子数字计算机

1956 年，美国的几位心理学家、数学家、计算机科学家和信息论学家在达特茅斯学院召开了会议，提出了人工智能这一学科，现在普遍认为人工智能学科是在这时建立的，到现在已有 60 多年的历史，它的发展先后经历了"认知模拟""语意信息理解""专家系统"等阶段。

1.3.1 计算机时代

第一台电子计算机诞生时，其体积庞大，线路复杂，极不便于应用。1949 年改进后的能存储程序的计算机使得输入程序变得简单些，而且计算机理论的发展产生了计算机科学，这种用电子方式处理数据的发明，为人工智能的实现提供了一种媒介。

1.3.2 人工智能的开端

虽然计算机为人工智能提供了必要的技术基础，但直到 20 世纪 50 年代早期人们才注意到人类智能与机器之间的联系。最早的有关人工智能的应用原型是自动调温器，这种自动调温器是基于美国人 Norbert Wiener 提出的反馈控制理论设计制作出来的，见图 1-8。它将收集到的房间温度与希望的温度比较，并做出反应将加热器开大或关小，而控制环境温度。这项发现对反馈回路研究的重要性在于：Wiener 从理论上指出，所有的智能活动都是反馈机制的结果，而反馈机制是有可能用机器模拟的。这项发现对早期人工智能的发展影响重大。

1955 年末，Newell 和 Simon 做了一个名为"逻辑专家"（Logic Theorist）的程序。这个程序被许多人认为是第一个人工智能程序，它将每个问题都表示成一个树形模型，

图 1-8 Norbert Wiener 及自动调温器

然后选择最可能得到正确结论的那一枝来求解问题。"逻辑专家"对公众和人工智能研究领域产生的影响使它成为人工智能发展史上的一个重要的里程碑。

1956 年，被认为是人工智能之父的 John McCarthy 组织了一次学会，他将许多对机器智能感兴趣的专家学者聚集在一起，并进行了一个月讨论，他请他们参加"达特茅斯人工智能夏季研究会"。从那时起，这个领域被命名为"人工智能"。在达特茅斯会议后，人工智能进入快速发展期。

1957 年，一个新程序"通用解题机"（GPS）的第一个版本接受了测试。这个程序是由制作"逻辑专家"的同一个组开发的。GPS 扩展了 Wiener 的反馈原理，可以解决很多常识问题。

两年以后，IBM 成立了一个人工智能研究组。Herbert Gelerneter 花 3 年时间制作了一个解几何定理的程序。当越来越多的程序涌现时，McCarthy 正忙于一个人工智能史上的突破。1958 年，McCarthy 宣布了他的新成果"LISP 语言"，LISP 到今天还在用。"LISP"的意思是"表处理"（List Processing），它很快就被大多数人工智能开发者采纳。1963 年麻省理工学院（MIT）从美国政府得到一笔 220 万美元的资助，用于研究机器辅助识别。这笔资助

来自美国国防部高级研究计划署（ARPA），以保证美国在技术进步上领先于苏联。这个计划吸引了来自全世界的计算机科学家，加快了人工智能研究的发展步伐。

1.3.3 人工智能程序积累阶段

以后几年出现了大量程序，其中一个著名的叫"SHRDLU"。"SHRDLU"是"微型世界"项目的一部分，包括在微型世界（例如只有有限数量的几何形体）中的研究与编程。在 MIT 由 Marvin Minsky 领导的研究人员发现，面对小规模的对象，计算机程序可以解决空间和逻辑问题。其他如在 20 世纪 60 年代末出现的"STUDENT"可以解决代数问题，"SIR"可以理解简单的英语句子。这些程序的结果对处理语言理解和逻辑有所帮助。

这一时期的另一项进展是专家系统。专家系统可以预测在一定条件下某种解的概率。由于当时计算机已有巨大容量，专家系统有可能从数据中得出规律。专家系统的市场应用很广。十年间，专家系统帮助医生诊断疾病，被钢铁企业用于高炉炼铁的控制（如图 1-9 所示），以及指示矿工确定矿藏位置等。这一切都因为专家系统存储规律和信息的能力而成为可能。20 世纪 70 年代许多新方法被用于人工智能开发，著名的如 Minsky 的构造理论。另外，David Marr 提出了机器视觉方面的新理论，例如，如何通过一幅图像的阴影、形状、颜色、边界和纹理等基本信息辨别图像，通过分析这些信息，可以推断出图像可能是什么。同时期另一项成果是于 1972 年提出的 PROLOGE 语言。20 世纪 80 年代，人工智能发展更为迅速，并更多地进入商业领域。1986 年，美国人工智能相关软硬件销售额高达 4.25 亿美元。专家系统因其效用需求很大，像数字设备公司（DEC）这样的公司开始用 XCON 专家系统为 VAX 大型机编程，杜邦、通用汽车公司和波音公司也大量依赖专家系统。为满足计算机专家的需要，一些生产专家系统辅助制作软件的公司，如 Teknowledge 和 Intellicorp 成立了。为了查找和改正已有专家系统中的错误，又有另外一些专家系统被设计出来。从实验室到日常生活，计算机技术不再只属于实验室中的一小群研究人员，个人计算机和众多技术杂志使计算机技术展现在人们面前，人们开始感受到计算机和人工智能技术的影响。

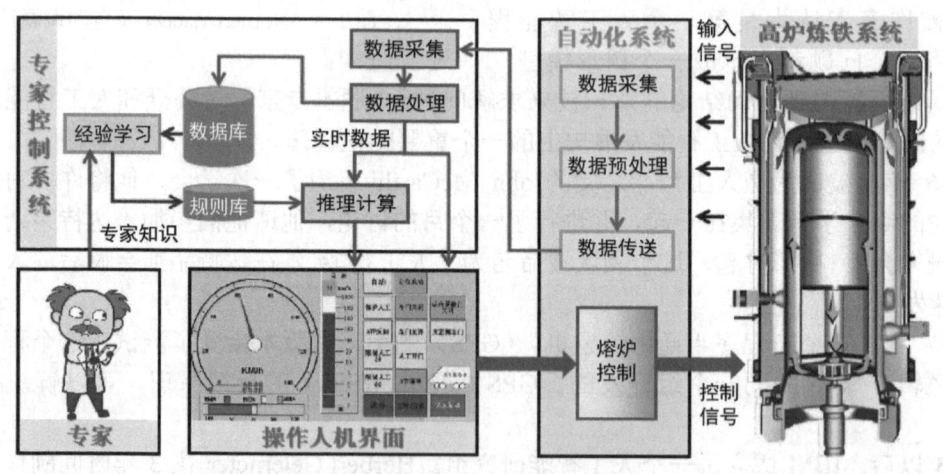

图 1-9 高炉炼铁系统

1986～1987 年是人工智能发展的寒冬，业务需求下降，企业损失惨重，像 Teknowledge 和 Intellicorp 两家公司共损失超过 600 万美元，大约占利润的三分之一，巨大的损失迫使许多研究领导者削减经费。另一个令人失望的是美国国防部高级研究计划署支持所谓的"智能卡车",这个项目的目的是研制一种能完成许多战地任务的机器人。由于人工智能的项目缺陷和成功无望,美国国防部停止了项目的经费。尽管经历了这些受挫的事件,人工智能仍在慢慢恢复发展。在这个阶段,美国首创了模糊逻辑,它可以从不确定的条件做出决策;还有神经网络,被视为实现人工智能的可能途径。

1.3.4 超越人类的临界点

2016 年 1 月,Google 旗下的深度学习团队 Deepmind 开发的人工智能围棋软件 AlphaGo,以 5:0 战胜了围棋欧洲冠军樊麾,这是人工智能第一次战胜职业围棋手。图 1-10 是 AlphaGo 与韩国棋手李世石对弈的想象画面。

图 1-10 AlphaGo 与韩国棋手李世石对弈的想象画面

AlphaGo 能通过图灵测试不是偶然。它在早期围棋人工智能通常采用的蒙特卡洛法之外,加入了两种神经网络,以减少搜索所需的广度和深度:用价值网络评估棋子位置的优劣,用策略网络来为下一步取样。Deepmind 团队在其论文中指出,在与樊麾的对局中,靠着更精准的评估和更聪明的棋步选择,AlphaGo 与人类的思维方式更接近,计算量要比十几年前 IBM "深蓝"计算机击败国际象棋世界大师卡斯帕罗夫时少很多。

围棋成为人工智能新突破选择的领域,意义重大。围棋规则简单,变化繁多,而结果不确定,没有"正解"。不是说初始输入一个值,然后直线计算到终局,而是每一步都有判断、权衡、取舍。围棋的标准化程度较高,一般的棋类游戏标准化程度虽然尚可,但认知复杂度不行,然而围棋不一样,它兼具了标准测试集与认知复杂度高的双重特点,这使得人工智能在围棋上取得的突破具有划时代意义。

围　棋

围棋,是一种策略性两人棋类游戏,我国古时称"弈",西方名称"Go"。围棋起源于中国,传为帝尧所作,春秋战国时期即有记载。隋唐时经朝鲜传入日本,后来又流传到世界各国。围棋蕴含着中华文化的丰富内涵,它是中华文化与文明的体现。

棋盘由 19 根横线与 19 根纵线组成，共有 361 个交叉点，如图 1-11 所示。围棋由 181 枚黑子和 180 枚白子组成，棋盘由纵横 19 道线形成的 361 个交叉点组成。每一个点都可能出现下黑子、下白子或空着不摆子三种情况。那么，361 个交叉点，就有 3 的 361 次方变化的可能，即围棋的着数变化是 10 的 172 次方。这可是一个大得惊人的天文数字。

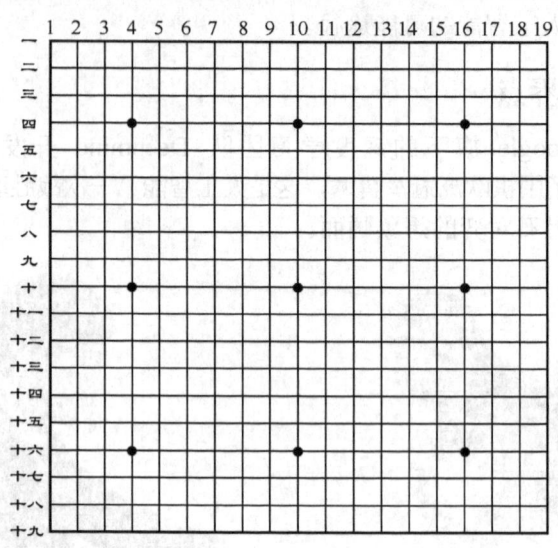

图 1-11　围棋

围棋实际的变化数比这还要多。因为围棋对局中如果出现"打劫"，每个点上的变化就不止三种可能，而是五种可能，分别为黑、白、空、黑（或空、黑、空）和白（或空、白、空），即意味着全局变化数是 10 的 252 次方。

唐朝的冯贽说过："人能尽数天星，则遍知棋势。"可见围棋的着数变化无穷。

请查阅相关资料，了解 AlphaGo 下围棋的思维。请您用自己的语言来描述一下机器人 AlphaGo 是怎样思考与人下棋的？请回答并写在下面。

1.4 人工智能的主流学派

专家系统的运作需要从外界获得大量知识的输入，而这样的输入工作是极其费时费力的，这就是知识获取的瓶颈。在20世纪80年代，原本处于人工智能边缘的分支——机器学习，一下子成为人们关注的焦点，快速促进了人工智能的应用发展。

> 早期的人工智能研究者奋力研究，并未取得巨大进步，但是他们很快发现，如果采用完全不同的思路，即让知识通过"自下而上的方式涌现"，而不是让专家们自上而下地设计出来，那么机器学习的问题其实可以得到很好地解决。正如人类的教育方式，早期人工智能仿佛是填鸭式教学，让机器被动式接受知识，而机器学习的方法则是启发式教学，让机器自己来学。

在人工智能学界，很早就有人提出过自下而上地涌现智能的方案，只不过这从来没有引起大家的注意。一批人认为可以通过仿真大脑的结构（神经网络）来实现，而另一批人则认为可以从那些简单生物体与环境互动的模式中寻找答案，他们分别被称为连接学派和行为学派。与此相对，早期的人工智能则被统称为符号学派。自20世纪80年代开始，到20世纪90年代，这三大学派形成了三足鼎立的局面。

1.4.1 符号学派：物理符号系统假说

人工智能的创始人之一约翰·麦卡锡是符号学派的典型代表，他曾经发表了一篇文章《什么是人工智能》，按照符号学派的理解方式为大家阐明什么是人工智能。

约翰·麦卡锡的观点是"人工智能是关于如何制造智能机器，特别是智能的计算机程序的科学和工程。它与使用机器来理解人类智能密切相关，但人工智能的研究并不需要局限于生物学上可观察到的那些方法"。

麦卡锡特意强调人工智能研究并不一定局限于仿真真实的生物智能行为，而是更强调它的智能行为和表现的方面，这一点和图灵测试的想法是一脉相承的。

另外，麦卡锡还突出了利用计算机程序来仿真智能的方法。他认为，智能是一种特殊的软件，与实现它的硬件并没有太大的关系。

Newell和Simon则把这种观点概括为"物理符号系统假说"（Physical Symbol System Hypothesis）。该假说认为，任何能够将物理的某些模式（pattern）或符号进行操作并转化成另外一些模式或符号的系统，就有可能产生智能的行为。

这种物理符号可以是通过高低电位的组成或者是灯泡的亮灭所形成的霓虹灯图案，当然也可以是人脑神经网络上的电脉冲信号。这也就是"符号学派"得名的由来。

在"物理符号系统假说"的支持下，符号学派把焦点集中在人类智能的高级行为上，如推理、规划、知识表示等方面。

人机大战是符号学派的典型应用。1988年，IBM开始研发可以与人下国际象棋的智能程序"深思"——一个可以以每秒70万步棋的速度进行思考的超级程序。到了1991年，"深思II"已经可以战平澳大利亚国际象棋冠军达瑞尔·约翰森（Darryl Johansen）。1996年，"深思"的升级版"深蓝"开始挑战著名的国际象棋世界冠军卡斯帕罗夫，却以2:4败下阵来。但是，一年后的5月11日，"深蓝"最终以3.5:2.5的成绩战胜了卡斯帕罗夫，成了人工智能发展史上的一座里程碑。

1.4.2 连接学派

连接学派认为人类的智慧主要来源于大脑的活动，而大脑则是由上万亿个神经元细胞通过错综复杂的相互连接形成的，人们可以通过仿真大量神经元的集体活动来仿真大脑的智力。而这种错综复杂的连接，称之为神经网络。

相比物理符号系统假说，人们不难发现，如果将智力活动比喻成一款软件，那么支撑这些活动的大脑神经网络就是相应的硬件。主张神经网络研究的科学家实际上在强调硬件的作用，认为高级的智能行为是从大量神经网络的连接中自发出现的。

神经网络具有麦卡洛克-匹兹模型、感知机和多层感知机三种模型。

1. 麦卡洛克-匹兹模型

1943 年，沃伦·麦卡洛克（Warren McCulloch）和沃尔特·匹兹（Walter Pitts）二人提出了一个单个神经元的计算模型（也叫麦卡洛克-匹兹模型），见图 1-12。

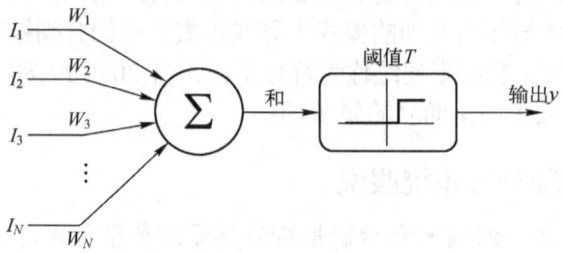

图 1-12　麦卡洛克-匹兹模型

在这个模型中，左边的 $I_1, I_2, \cdots, I_N$ 为输入单元，可以接受其他神经元的输出，然后将这些信号经过加权（$W_1, W_2, \cdots, W_N$）传递给当前的神经元并完成汇总。如果汇总的输入信息强度超过了一定的阈值（T），则该神经元就会发放一个信号 y 给其他神经元或者直接输出到外界。

2. 感知机

1957 年，弗兰克·罗森布拉特（Frank Rosenblatt）在麦卡洛克-匹兹模型的基础上加入了学习算法，该模型命名为感知机，感知机可以根据模型的输出 y 与期望模型的输出 $y*$ 之间的误差，调整权重（$W_1, W_2, \cdots, W_N$）来完成学习。

可以形象地把感知机模型理解为一个装满了大大小小水龙头（$W_1, W_2, \cdots, W_N$）的水管网络，学习算法可以通过调节这些水龙头来控制最终输出的水流，并让它达到人们想要的流量，这就是学习的过程。

感知机的提出者认为感知机不管遇到什么问题，只要明确了输入和输出之间的关系，都可以通过学习来解决。但 1969 年，人工智能界的权威人士马文·明斯基通过理论指出，感知机不可能学习任何问题，连一个最简单的问题"判断一个两位数的二进制数是否包含 0 或 1（即 XOR）"都无法完成。

3. 多层感知机

为了解决弗兰克·罗森布拉特提出的感知机存在的问题，杰弗里·辛顿采用"多则不同"的方法，只要把多个感知机连接成一个分层的网络（见图 1-13），就可以圆满地解决明

14

斯基提出的问题——感知机不可能学习任何问题。在多层感知机里有很多个神经元,在学习过程有几百甚至上千个参数需要调节,辛顿等人发现,采用阿瑟·布莱森提出的反向传播（Back Propagation，BP）算法就可以解决"多层网络训练问题",从而学习任何一个问题。

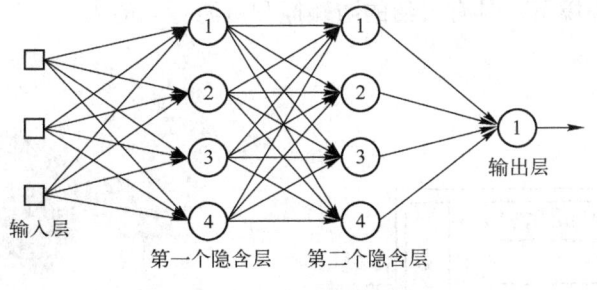

图 1-13　多层感知机

其中,反向传播算法是一种常用的传播算法。以水流管道为例来进行说明,核心思想有两点,一是当网络执行决策的时候,水从左侧的输入节点往右流,直到输出节点将水吐出;二是在训练阶段,则需要从右往左一层层的调节水龙头,要使水流量达到要求,只要让每一层的调节只对它右面一层负责就可以了,实现反向修正感知机的参数。

以多层感知机为原型,经过多年的研究,产生了人工智能学习算法,如 CNN、RNN 等。连接主义的代表性成果是由麦卡洛克和匹兹提出的形式化神经元模型,即 M-P 模型,从此开创了神经计算的时代,为人工智能创造了一条用电子装置模仿人脑结构和功能的新途径。1982 年,美国物理学家霍普菲尔特提出了离散的神经网络模型,1984 年他又提出了连续的神经网络模型,使神经网络可以用电子线路来仿真,开拓了神经网络用于计算机的新途径。

1.4.3　行为学派

行为学派又称进化或控制论学派,是一种基于"感知——行动"的行为智能模拟方法。该学派最早来源于 20 世纪初的一个心理学流派,认为行为是有机体用于适应环境变化的各种身体反应的组合,它的理论目标在于预见和控制行为。

维纳和麦洛克等人提出的控制论和自组织系统以及钱学森等人提出的工程控制论和生物控制论,影响了许多领域。控制论把神经系统的工作原理与信息理论、控制理论、逻辑以及计算机联系起来。早期的研究工作重点是模拟人在控制过程中的智能行为和作用,对自寻优、自适应、自校正、自镇定、自组织和自学习等控制论系统进行研究,并进行"控制动物"的研制。到 20 世纪 60~70 年代,上述控制论系统的研究取得一定进展,并在 20 世纪 80 年代诞生了智能控制和智能机器人系统。

行为主义学派的智能控制和智能机器人系统的构造原理如图 1-14 所示,机器的智能行为输出源自于响应机对感知机输入的分析,为了能极大感受环境并提高执行能力,在感知机和响应器间专设了各种模块,如探索、漫游、避障等。

布鲁克斯根据图 1-14 的原理制造出的六足行走机器人被推为行为主义学派的代表作,它被看作新一代的"控制论动物",是一个基于"感知—动作"模式的模拟昆虫行为的控制系统。布鲁克斯认为要求机器人像人一样去思维太困难了,在做一个像样的机器人之前,不如先做一个像样的机器虫,由机器虫慢慢进化,或许可以做出机器人。

布鲁克斯在美国麻省理工学院的人工智能实验室研制成功了一个由 150 个传感器和 23 个执行器构成的像蝗虫一样能实现六足行走的机器人试验系统,见图 1-15。这个机器人虽然不具有像人那样的推理、规划能力,但其应付复杂环境的能力却大大超过了原有的机器人,在自然(非结构化)环境下,具有灵活的防碰撞和漫游行为能力。

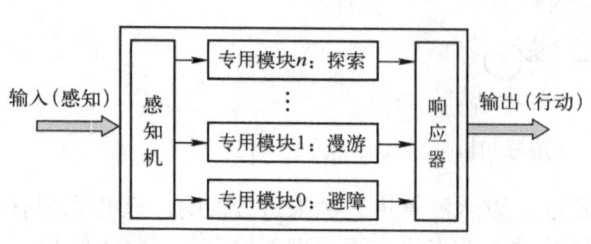

图 1-14 行为主义的智能系统构造原理

图 1-15 六足行走的机器人

1.4.4 三大学派的比较

符号、连接和行为学派从不同的角度来智能地探索大自然,与人脑思维模型有密切关系。符号学派研究抽象思维,连接学派研究形象思维,而行为学派研究感知思维,各有各的特点,见表 1-1。

表 1-1 符号、连接和行为学派的比较

类别		符号学派	连接学派	行为学派
基本观点		人类思维逻辑的形式化	行动和反应的积累	生物神经系统的结构和性能
组织结构	处理结点	运算模块、实现有限的功能	以有限状态为核心的独立活动层	并不单独完成任务的简单处理单元
	结点特征	功能各异,但有某种统一格式的约定	每个层有很大不同,无统一格式	基本上都相似,只采用少数几种不同格式
	结点间的关系	通过程序指令进行组织,交互的信息很复杂	通过抑制交互信息,趋向于简洁	复杂的连接网络,但连接的内容本身极简单
问题求解方式	知识	用符号系统表达概念和概念间的关系	不必采用固定的表达形式	分散存在于单元间的连接权值中
	规则	用形式化的语句表达,集中存放在库中	直接将行动和反应、目的和条件相联系而产生动作轨迹方向	隐含在网络中,完全是分散且为隐式的
	推理	经匹配后,通过逻辑符、函数和过程的运算	有给定的目标和环境特征触发动作	从输入直接得到所需输出
知识的获取与积累	训练	按照设计者制定的框架	机器自动通过行动和感知从环境中抽取特征	可以有教练,也可以无教练
	学习	按照一定程式	直接用抽取的特征修正行为准则	通过一定训练步骤后达到状态
	记忆	集中存放在有一定格式的知识库和规则库中	存放在有限状态机的内部寄存器,不必有统一格式	完全分散地存放在连接权值中
应用类型		弱人工智能	弱人工智能、强人工智能	强人工智能、超人工智能
自我衍化能力		弱 基本不具备衍化能力	强 具有一定的衍化能力	强 具有递归自我进化的潜质

1.5 人工智能的定义

人工智能（Artificial Intelligence，AI）是一门科学的前沿和交叉学科，但像许多新兴学科一样，人工智能至今尚无统一的定义，要给人工智能下个准确的定义是困难的。人类的许多活动，如解算题、猜谜语、进行讨论、编制计划和编写计算机程序，甚至驾驶汽车和骑自行车等，都需要"智能"。如果机器能够执行这种任务，就可以认为机器已具有某种性质的"人工智能"。

定义1　智能机器（Intelligent Machine）

能够在各类环境中自主地或交互地执行各种拟人任务（Anthro-pomorphic Tasks）的机器。

例子1：能够模拟人的思维，进行博弈的计算机。1997年5月11日，一台名为"深蓝"（Deep Blue）的IBM计算机系统战胜了当时的国际象棋世界冠军加里·卡斯帕罗夫（Garry Kasparov）。

例子2：能够进行深海探测的潜水机器人，见图1-16。

例子3：星际探险中的移动机器人，如美国研制的火星探测车，见图1-17。

图1-16　潜水机器人

图1-17　火星探测车

定义2　人工智能学科与应用

斯坦福大学Nilsson教授提出，人工智能是关于知识的科学（知识的表示、知识的获取以及知识的运用），需要从学科和功能两方面来定义。

（1）从学科的界定来定义

人工智能（学科）是计算机科学中涉及研究、设计和应用智能机器的一个分支。它的近期主要目标在于研究用机器来模仿和执行人脑的某些智能功能，并开发相关理论和技术。

（2）从人工智能所实现的功能来定义

人工智能（能力）是智能机器所执行的通常与人类智能有关的功能，如判断、推理、证明、识别、感知、理解、设计、思考、规划、学习和问题求解等思维活动。

定义3　人工智能=会运动+会看懂+会听懂+会思考

如图1-18所示，第三种主流的定义是将人工智能分为两部分，即"人工"和"智能"，用"四会"进行界定。核心的理解是离不开"人",但此"人"非彼"人",是指人类制造出来的"机器人"。因此,对"人工"的理解不难,需要机器人做工,称之为"人工",而这种做工必然会导致某种物件或者事情发生乃至变化,要么是物理空间上的变化,要么是性质上出现变化,在哲学上称之为运动。所以这一主流认为人工智能是涉及机器人运动的一门学科。

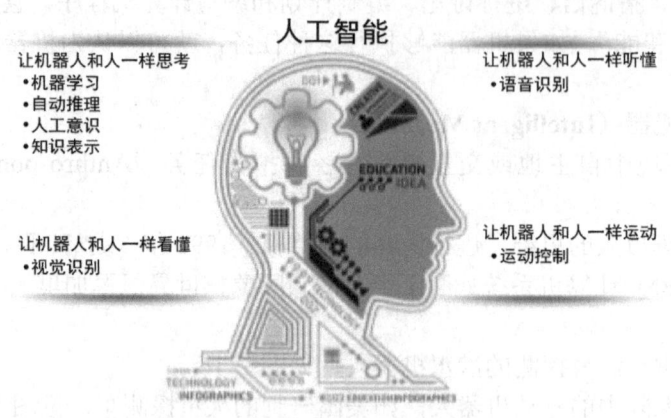

图1-18 人工智能"四会"定义

❖ 让机器人像人一样会运动。

此外,"智能"部分认为机器人能和人类一样能具有智慧去处理各种运动,也就是说具有意识自发地来决策并执行的一个整体,不需要人类去干预。目前,对于"智能"的统一认识包括以下三点。

❖ 让机器人像人一样会看懂世界。
❖ 让机器人像人一样会听懂世界。
❖ 让机器人像人一样会思考"人生"。

1.6 人工智能的五个感官

人工智能不是一门单一的技术,是与应用场景、业务流程等相结合,让业务流程更加"智能",并且可能无须人类干预的一门技术。人工智能并非建立在单一的元素之上,而是多种感官、体验和知识的结合。

一般来说,基于智能流程和智能自动化结合的人工智能解决方案有5个共同的属性,这些属性可以类比成人类的感官,也就是说人工智能的系统可以由五大感官组成,分别为交互(听/说)、监控(视觉)、知识(记忆)、分析(思考)和服务(行动)。

❖ 交互(听/说):人工智能解决方案的听说读写能力,以及对用户做出响应的能力。这一属性的目的是提供与客户直观的交互,并确保客户满意度。这一属性的例子包括聊天机器人和语音机器人。
❖ 监控(视觉):运用这一技术来查看和记录关键业务数据。这一属性用于创建知识,具体例子包括闭路电视系统和物联网感应器。
❖ 知识(记忆):使用数据库和搜索引擎等组件,高效存储和查找信息。这一领域可能是企业内部发展最为欠缺的领域,但是同样有维基百科和云硬盘等例子。

- 分析（思考）：发现模式和识别趋势的能力。将算法应用到知识上，确定适当的做法或预测未来的结果。
- 服务（行动）：这一领域使用技术提供服务。我们已经习惯了看到机器人在组装线上工作，而现在它们已经进入办公室，从事重置密码或安排客户订单等工作。

1.7 人工智能的分类

关于人工智能的分类方法有很多，可以从发展阶段、应用领域、智能化强弱程度等方面进行划分。

1.7.1 按发展阶段分

1）计算智能——机器可以像人类一样存储、计算和传递信息，帮助人类存储和快速处理海量数据，即"能存储，会计算"，最典型的例子就是计算器，如图1-19所示。

2）感知智能——机器具有类似人的感知能力，如视觉、听觉等，不仅可以听懂、看懂，还可以基于此做出判断并反应，即"能听会说，能看会认"，如图1-20所示的自动驾驶汽车。

3）认知智能——机器能够像人一样主动思考并采取行动，全面辅助或替代人类工作。如图1-21所示的卡通片《哆啦A梦》里的机器猫。

图1-19 计算器

图1-20 自动驾驶汽车

图1-21 《哆啦A梦》里的机器猫

1.7.2 按应用领域分

（1）人机对话

人要和机器对话的前提是机器能够"听懂"人类语言，这必须使用语音语义识别技术。当人说话的时候，首先机器接收到语音，然后将语音转变为文字进行处理，随后对文字进行内容识别并理解，进而生成相应的文字并转化为语音，最后输出语音。以上这个过程不断重复，人们就会感觉是和机器在对话。

（2）机器翻译

全球已经查明的语言有5000多种，而国际贸易中的主流语言有十几种，要完全掌握这些语言需要花费大量的学习时间。

2014年，机器翻译取得重大突破，可以相对全面地处理整个句子的信息，其BLEU值最高达到40。目前，机器翻译已经支持100多种语言之间的互译，这让不同国家之间的人们进行即时交流成为可能。

(3) 人脸识别

银行开户、安防影像分析和刑侦破案都离不开对个人身份的确定，人脸识别技术可以让个人身份认证的精确度大大提高，如图1-22所示。首先计算机通过摄像头检测出人脸所在位置，然后定位出五官的关键点，并把人脸的特征进行提取，识别出人的性别、年龄、肤色和表情等，最后将特征数据与人脸库中的样本进行对比，判断是否为同一个人。

图1-22 人脸识别

(4) 无人驾驶

人长时间开车会感觉到疲劳，容易出交通事故，并且对健康不利，而无人驾驶则很好地解决了这些问题。首先无人驾驶汽车上的传感器把道路、周围汽车的位置和障碍物等信息搜集并传输至数据处理中心，然后再识别这些信息并配合车联网以及3D高精度地图做出决策，最后把决策指令传输至汽车控制系统，通过调节车速、转向、制动等功能达到汽车在无人驾驶的情况下也能顺利行驶的目的。

同时，无人驾驶系统还能对交通信号灯、汽车导航地图和道路汽车数量进行整合分析，规划出最优交通线路，提高道路利用率，减少堵车情况，节约交通出行时间。

(5) 风险控制

一个人的信用是否良好可以由人工智能来判断。首先通过大数据技术搜集多维度用户数据，包括：登录IP地址、登录设备、登录时间、社交关系、资金关系和购物习惯等，然后把这些数据通过计算机进行处理，生成信用分变量，最后把信用分变量输入风控模型得出最后的信用结论，识别出个人的信用状况。

(6) 机器写作

写一篇新闻稿需要编辑花费几个小时，而一份优质的分析报告则需要1个月甚至更长时间才能完成，而利用机器来写作只需要几分钟。机器通过算法对网络上的海量原始信息和数据进行去重、排序、实体发现、实体关联、领域知识图谱生成、筛选和整理，最终形成结构化的内容，随后再利用算法和模型把这些内容进一步加工成可读的新闻稿或可视化报告。

(7) 教育领域

我国学生人数众多，老师们的工作十分繁重，教育是一个名副其实的"脑力密集型行业"，而人工智能在自适应教育领域的应用可以帮助老师们从繁重的教学工作中解脱出来，重点培养学生们的创新思维。

在学习管理中，人工智能可以完成拍照搜题和分层排课等工作；在学习评测中，人工智能可以完成作业布置、作业批改和组卷阅卷等工作；在学习方法中，人工智能可以完成推送学习内容、规划学习路径等工作。通过这些环节的密切配合，人工智能可以让每个学生都能拥有个性化的学习方式，从而极大地提高了学习效率。

(8) 医疗领域

通过语音录入病例，提高了医患沟通效率；通过机器筛选医疗影像，减少了医生的工作量；通过对患者大数据的分析，随时监控其健康状况，预防疾病发生；通过医疗机器人的运用,提高了手术精度。而在药物研发中,通过人工智能算法来研制新药可以大大缩短研发时间并降低成本。

(9) 工业制造

人工智能可以优化生产,缩减人工成本,主要在 4 个方面有显著应用。

1) 机械设备管理。对设备进行故障预测、智能维修和生命周期管理。

2) 质检。通过计算机视觉对产品缺陷进行大规模检测,缩短了人工检测时间。

3) 参数性能。通过智能数据挖掘,优化工艺参数,提高产品品质。

4) 分拣机器人。通过 3D 视觉技术进行识别、抓取并摆放不规则物体,消除重复的人工流水线工作,见图 1-23 的分拣机器人。

(10) 零售领域

通过大数据与业务流程的密切配合,人工智能可以优化整个零售产业链的资源配置,为企业创造更多效益,让消费者体验更好。在设计环节中,机器可以提供设计方案;在生产制造环节中,机器可以进行全自动制造;在供应链环节中,由计算机管理的无人仓库(如图 1-24 所示)可以对销量以及库存需求进行预测,合理进行补货、调货;在终端零售环节中,机器可以智能选址,分析消费者购物行为,并优化商品陈列位置。

图 1-23　分拣机器人

图 1-24　无人仓库

(11) 网络营销

用户在互联网中的行为产生了大量的数据,通过人工智能算法对这些数据进行分析,可以得出每个用户的标签、行为和习惯。因此,当用户在使用搜索引擎、视频网站和直播等平台的时候,算法会为不同的用户精准推送不同的个性化广告,即"千人千面",这极大地降低了用户对广告的反感程度,其接受程度大大提高。

(12) 智能客服

传统客服业务面临招人困难,工资高,浪费消费者时间等问题。而一个客服机器人则可以同时通过语音和文字与大量客户沟通,理解客户需求,回答客户问题,并能指导客户进行操作。这无疑节约了客户的时间,提升了客户体验,实现了以"客户为中心"的理念。

1.7.3　按智能化强弱程度分

目前,另外一种分类方法是以智能高低进行分类,分为弱人工智能、强人工智能和超人工智能。

（1）弱人工智能

弱人工智能只专注于完成某个特定的任务，例如语音识别、图像识别和翻译，是擅长于单个方面的人工智能。它们只是用于解决特定的具体类的任务问题，大都是统计数据，并从中归纳出模型。由于弱人工智能只能处理较为单一的问题，且发展程度并没有达到模拟人脑思维的程度，所以弱人工智能仍然属于"工具"的范畴，与传统的"产品"在本质上并无区别。

弱人工智能就是人们现在看见的，从简单的计算器到计算机，然后是"深蓝"，再到如今各种建立在大数据统计分析基础上的模拟人脑智能的小冰、小白等，以及最新热炒的无人驾驶。包括近年来出现的 IBM 的 Watson 和谷歌的 AlphaGo，它们是优秀的信息处理者，但都属于受到技术限制的"弱人工智能"。比如，能战胜围棋世界冠军的人工智能 AlphaGo（如图 1-25 所示），它只会下围棋，但如果问它怎样更好地在硬盘上储存数据，它就无法回答。

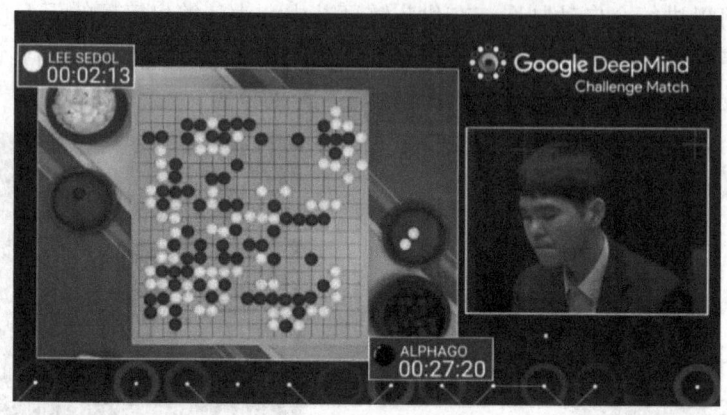

图 1-25 AlphaGo

使用弱人工智能技术制造出的智能机器，看起来像是智能的，但是并不是真正拥有智能，也不会有自主意识。

（2）强人工智能

强人工智能属于人类级别的人工智能，在各方面都能和人类比肩，人类能干的脑力活它都能胜任。它能够进行思考、计划、解决问题、抽象思维、理解复杂理念、快速学习和从经验中学习等操作，并且和人类一样得心应手。

强人工智能系统包括学习、语言、认知、推理、创造和计划，目标是使人工智能在非监督学习的情况下处理前所未见的细节，并同时与人类开展交互式学习。在强人工智能阶段，由于已经可以比肩人类，同时也具备了具有"人格"的基本条件，机器可以像人类一样独立思考和决策。

创造强人工智能比创造弱人工智能难得多，人们现在还做不到。但在一些科幻影片中可窥一斑。比如，《人工智能》中的小男孩大卫，以及《机械姬》里面的艾娃（如图 1-26 所示）。

（3）超人工智能

超人工智能，其实质是相对于人的另外一种智慧物种了，而这种物种，不但具有人类的意识、思维和智能，更有可能是具有了自我繁衍的能力。

图 1-26　电影《机械姬》中的艾娃

牛津大学哲学家、知名人工智能思想家 Nick Bostrom 把超级智能定义为"在几乎所有领域都比最聪明的人类大脑都聪明很多，包括科学创新、通识和社交技能"。

在超人工智能阶段，人工智能已经跨过"奇点"，其计算和思维能力已经远超人脑，此时的人工智能已经不是人类可以理解和想象的了。人工智能将打破人脑受到的维度限制，其所观察和思考的内容，人脑已经无法理解，人工智能将形成一个新的社会。

《复仇者联盟》中的奥创、《神盾特工局》中的黑化后的艾达（如图 1-27 所示），或许可以理解为超人工智能。

图 1-27　电影《神盾特工局》中的艾达

1.8　人工智能对人类的影响

人工智能的发展现状和展示出来的未来远景，让人相信它必将为人类的未来带来翻天覆地的变化。甚至有观点认为，随着智能科技的发展，或许有一天人工智能设备将对人类的生存带来挑战甚至是威胁。那么，人工智能对人类未来的生活将有哪些影响？

1）人工智能的发展可以让人类更安全。比如：未来的人工智能机器人可以代替人来照顾老人和病弱者，让人生活得更长久，并且可以把更多的人解放出来；交通事故也将会因为人工智能技术的使用而变得更少，人们可以根据危险情况采取更有效的扼制手段。

2）人工智能技术将使人变得更能干，工作效率更高。把人工智能技术和人的智慧结合，相辅相成，可以让人类的思想认知得到延伸；同时，依靠人工智能技术，人类将变得更为强大，帮助人类实现现在还不能完成的事情；依靠人工智能技术，也许未来人类将变成我们现在想象当中的"超人"，拥有超出目前视觉、听觉和操控力的超能力。

3）人工智能技术将解决许多人类目前无法解决的难题。比如现在人类面临的大气变化、环境污染等世界性难题，可能会因为智能科技的发展而在某一天得到彻底解决。如果说，人工智能在未来可能会拯救世界，这绝对不是夺人眼球的言论。

4）人工智能的发展可以让人类生活的空间得到很大的拓展。人类在几十年前就已经开始进行外太空的探索，人工智能的发展，对于宇宙空间探索事业而言无异于如虎添翼。

5）人工智能的发展让人类多了一位"朋友"。只要做好对智能设备的控制，那么人工智能就能够最大限度地为人类生活服务，并且将风险降到最低。

情景阅读——AI助力抗疫，中国服务世界

2020年，前所未有的新冠肺炎疫情深刻表明全球的紧密联系及脆弱性，以猝不及防的"突袭"方式给全世界上了一堂课，病毒传播速度之快、影响范围之广、防控难度之大，使国际社会普遍认识到，这是一次任何国家都无法置身事外的全球"大考"。这一方面深刻证明了人类社会之间联系的紧密性，交往之便利、融合之深入、关联之紧密前所未有；另一方面也集中凸显了人类社会应对公共危机的脆弱性，一种在显微镜下才能看见的病毒，也可以在极短时间内以极其剧烈的方式，搅起波及全世界的巨大"海啸"。

在这场全球性的疫情中，我国科学家仅花了14天就确认了病毒全基因组序列。序列被第一时间向世界卫生组织共享，为全球科学家展开新冠肺炎的诊断研究提供了重要基础。但是如果我们把时钟拨到2003年，当年为了确定非典病毒的全基因组序列花了几个月的时间。从几个月到14天，中间发生了什么？原来AI技术的发展在其中扮演着重要的角色。

科学家们首先从病人身上获得支气管肺泡灌洗液（BAL）样本，分离DNA和RNA，然后通过比较对遗传物质进行测序。AI在其中的作用是通过大数据实现模式识别。简单来说，这里的病毒基因组测序类似于一个大海捞针的过程，从一个巨大无比的基因库里寻找带有某种特定特征的基因型。这里引进一个概念，现代AI有一个分支是启发式搜索算法，可以类比于一个高效的搜索引擎，在大海里可以快速捞取特定的针。这种搜索算法可以把之前需要几个月进行的基因搜索工作缩短到几周甚至几天内完成。而且这项AI技术可以与宏基因组测序和病毒库结合，追踪病毒变异情况。

AI除了帮助科学家溯源病毒，还可以帮助医生在对普通的患者进行诊断时提高确诊效率。我国开放了基因计算服务，可同时对多个病毒基因进行比对，并在60秒内给出高质量的基因比对报告，为患者提供更为准确的医疗方案。目前这种算法在我国已投入使用，并且对全世界免费开放。

请结合上面的情景阅读，回答以下问题。

1）什么是基因组序列，它有什么作用？
_____
_____

2）基因组测序是一个烦琐而困难的工作，请问在这次新冠肺炎病毒的全基因组测序中，我国运用了哪些 AI 技术，快速完成了新冠肺炎病毒基因组的测序工作。
_____
_____
_____

3）我国通过 AI 技术对新冠肺炎病毒的全基因组测序和病毒基因对比有着深入的研究，当这场全球性公共卫生事件发生时，我国把这种 AI 技术向世界免费开放，这是为什么？体现我国什么样的外交政策？
_____
_____
_____

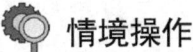 情境操作

1.9 案例欣赏

1.9.1 案例1　生物表情自动评价：再没有"水军"滥竽充数

人工智能技术在人们生活中的使用频率越来越高，我们曾经在科幻电影中看到的情节，也逐步成为现实。加州理工学院和迪士尼打算一起合作研发一套神经网络系统，他们希望可以追踪到观众的面部表情，然后预测一下观众对电影的反应，见图 1-28。并且通过这项技术了解人类行为，这对于开发更高级的人工智能系统有极大的帮助。

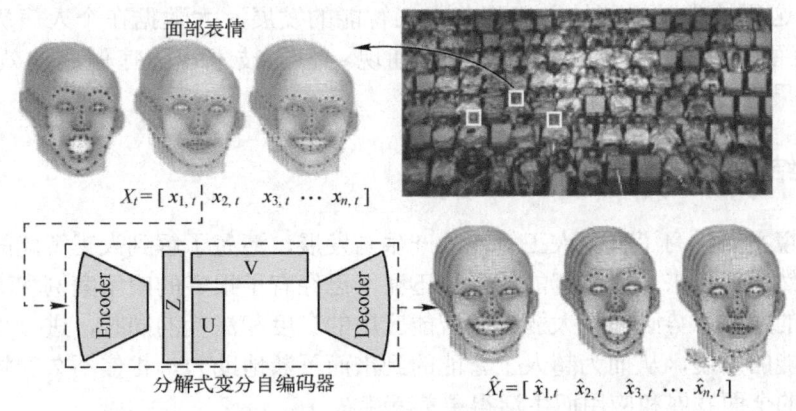

图 1-28　迪士尼利用人工智能开发的观众表情监测系统

这种新的方式能够相对简单、可靠、实时地对影院中观众的面部表情进行识别和跟踪。而且这套系统使用了一种名为分解式变量自动编码（VAE）的技术，据研发团队介绍，该技术能够更好地捕捉复杂的事物，比如动态的面部表情。

这一技术对于电影制作来说确实是一个非常不错的应用，例如，能让影院知道哪部电影深受观众喜爱，从而可以调整排片策略，这种分析看上去比充满水军的影评要靠谱得多。

1.9.2 案例2 老人身边的医生：人工智能对生命的关怀

智能健康管理是将人工智能技术应用到健康管理的具体场景中，利用医疗传感器监测个人健康状况，智能私人医生便可以全天守护个人的生命健康。目前，人工智能主要应用于风险识别、虚拟护士、精神健康、在线问诊、健康干预以及基于精准医学的健康管理。家居私人医疗系统会对个人进行传感监测，如图 1-29 所示。

图 1-29 家居医疗系统传感监测

居家老人的心率、血压、血糖等数据都会被记录在家居私人医疗的账号中。家居私人医疗系统默默地进行分析，对可能存在的问题或者风险进行标注。这个系统集成了最新的各种老年人相关疾病的模式识别结果，能够准确分析出数百种不同的病变情况。在这个系统的协助下，医生可以迅速确定病因以及病情，并给出治疗方案。在这个系统的协助下，老人的各种突发疾病都可能会预测和监测到，如突发脑溢血晕倒不起，急救系统收到信息，而救护车会飞疾而去进行抢救，第一时间救治老人，病人可以在最佳的治病时机得到最佳的治疗。

在数年前这还是难以想象的，但随着人工智能的发展，大数据在个人病历、POCT 设备、各类健康智慧设备、手机 App 中大量涌现，智能技术让医疗健康的效率大大提高了，预防的效果也有显著的提高。

情境小结

本学习情境主要学习了有关人工智能的产生与发展，清楚了解到人工智能的出现并不是偶然，而是必然。近年来，人工智能的发展迅猛，已经有了很多的应用案例和潜在的应用需求。随着技术的发展，势必在扩大弱人工智能应用的广度和深度的同时，进一步深入研究并推行强人工智能的发展，从而为超人工智能的到来而不断地助力。相信不久的将来，人类会因为人工智能的全面发展和应用而生活得更美满幸福。

课后习题

一、单选题

1）当代的人工智能研究是源于_____年。
   A．1956　　　　　B．1965　　　　　C．1856　　　　D．1865

2）被认为是人工智能之父的人是_____。
   A．J. W. Mauchly　　　　　　　　　B．John McCarthy
   C．Romen Luee　　　　　　　　　　D．A. M. Turning

3）最早的有关人工智能的应用原型是_____。
   A．计算器　　　　　　　　　　　　B．无人驾驶汽车
   C．自动调温器　　　　　　　　　　D．通用解题机

4）被许多人认为是第一个人工智能程序的是_____。
   A．SHRDLU　　　　　　　　　　　　B．Logic Theorist
   C．List Processing　　　　　　　D．STUDENT

5）动画片《哆啦A梦》里的机器猫是_____类别的人工智能。
   A．计算智能　　　B．感知智能　　　C．认知智能　　　D．弱人工智能

二、填空题

1）人工智能是一门研究会_____、会_____、会_____、会_____的机器人的学科及应用。

2）计算智能类别的人工智能系统特点是_____。

3）感知智能类别的人工智能系统特点是_____。

4）认知智能类别的人工智能系统特点是_____。

三、简述题

1）请列举身边的有关人工智能的应用，并简要说一下其工作过程。

2）人工智能对人类的影响有哪些？

3）什么是人工智能？

4）请给出人工智能的五个应用领域。

5）你认为人工智能未来的发展趋势是什么？

6）你认为机器的智能会超过人类吗？为什么？

四、情景分析题

纵观人类发展史，人类同疾病较量最有力的武器就是科学技术，人类战胜大灾大疫离不开科学发展和技术创新。近些年来，在抗击严重急性呼吸综合征（SARS）、中东呼吸综合征（MERS）、甲型H1N1流感、埃博拉病毒等多次重大传染病的过程中，科学技术都发挥了重要作用。

2020年，新冠肺炎席卷全球，我国通过科技的方式抗击疫情，通过全国统一指挥、统一行动，使得国内的新冠肺炎疫情得到有效控制。

请查找我国在抗疫中的科技力量相关资料，并回答以下问题。

1）在这场新冠肺炎的抗疫中，我国使用了什么样的科学技术？

2）这些科技中，你认为有哪些属于人工智能技术？

3）我国两个多月就有效控制了新冠肺炎疫情，请从国家制度层面分析一下原因。

学习情境 2　让机器具有知识——知识表示技术

学习重点：知识表示的基本概念和分类；逻辑、框架、产生式、状态空间、问题归约、面向对象和模糊逻辑的知识表示方法。

学习难点：用知识表示方法对具体问题或应用场景进行知识表示。

 情境导入

　　知识，是人类在实践中认识客观世界的成果，是人类智力功能的直接体现。人工智能主要研究用机器来模仿和执行人类的一些智力功能。为了让机器具有智力，主要需要解决三个方面的问题，一是机器如何理解世界并获取知识，二是如何将已获得的知识以"机器懂得"的方式存储在机器里，三是如何利用这些知识进行推理来解决实际问题并变革世界。这三方面问题可以概括为知识的获取、知识的表示和知识的运用，研究这三个方面的内容便成为人工智能研究的核心内容，其中知识的表示是人工智能研究的首要解决问题。将知识以"机器自己可以理解"的方式存放在"机器身体"里，机器才能真正像人一样开启探索世界之门，如图2-1所示。

图 2-1　机器理解世界——知识表示技术

　　本学习情境主要介绍常用的知识表示方法。通过学习知识的表示方法，一方面可以了解到机器是怎样理解世界的，使得读者进一步掀开人工智能神秘的面纱，享受人工智能技术带来的便利；另一方面，通过案例认识到自我剖析、不断进取的重要性，运用系统和要素、发展和联系等方法论来解决问题。

 情境目标

知识目标：

- ◆ 了解知识、信息和数据之间的异同点。
- ◆ 了解知识的特性、分类及表示。
- ◆ 掌握知识表示方法的分类。
- ◆ 了解逻辑表示法的特点及实现过程。
- ◆ 了解框架表示法的特点及实现过程。
- ◆ 了解产生式表示法的特点及实现过程。
- ◆ 了解状态空间表示法的特点及实现过程。
- ◆ 了解问题归约表示法的特点及实现过程。

- ◆ 了解面向对象表示法的特点及实现过程。
- ◆ 了解模糊逻辑表示法的特点及实现过程。

能力目标：
- ◆ 能分辨出知识、信息和数据。
- ◆ 能用产生式知识表示法描述出具体问题的知识，形成自我剖析优缺点、不断进取的人才观。
- ◆ 能用状态空间表示法描述出具体问题的知识，构建发展和联系的问题解决思维。
- ◆ 能用面向对象知识表示法描述出具体问题的知识，构建系统和要素的问题解决思维。
- ◆ 能用模糊逻辑知识表示法描述出具体问题的知识。

 知识链接

2.1 知识的概述

人类一直在探索世界的本原，在这个探索过程中，人类使用各种方式把结果记录下来，供子孙后代进行学习和研究，由此形成一系列的逻辑，称之为知识。知识可用来呈现事物，可用来传播，可用来习得。

如何表示知识是人工智能研究的一个重要议题，让机器学习事物、理解世界，并能在机器间进行传播，以形式化的方式表示知识供机器自动处理，成为人工智能技术首要解决的问题。如图 2-2 所示，为了完成某项工作，人类需要机器的协助而给机器发布任务，机器接收任务后能够通过逻辑推断转换为自己所理解的信息而执行任务。因此，将人类为机器设计的一系列逻辑称为知识表示。

图 2-2 人机协同工作

如图 2-3 所示的个人办公助理"小志"，首先接收杜总所交代任务的信息，然后能理解到杜总主要交代了两件事情，分别是出差事情安排和面见马总；接着处理任务，一是预订出差往返机票，二是预订出差住宿酒店，三是预约与马总的见面时间。在整个过程中，小志根据上下文语义进行了以下的知识推理表现，一是从出差出发的时间推理出返程的时间，二是从出差推理出需要预订机票和酒店，三是从马总有安排而推理出需要另改预约时间。

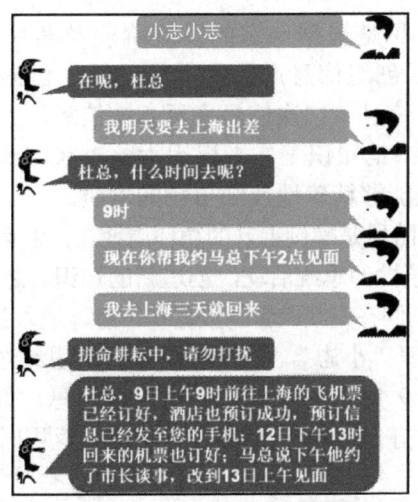

图 2-3 个人办公助理"小志"接收并处理任务

2.1.1 知识、信息和数据

知识表示离不开数据、信息。数据、信息和知识这三者都是社会生产活动中的基础性资源，都可以采用数字、文字、符号、图形、声音、影视等多媒体来表示。而且，它们都同时具有客观性、真实性、正确性、价值性、共享性、结构性等特点。

知识与信息、数据的区别在于：数据是事物、概念或指令的一种形式化的表示形式，以适合于人工或自然的方式进行通信、解释或处理；信息是数据所表达的客观事实，数据是信息的载体，与具体的介质和编码方法有关；知识是人类在实践的基础上产生，又经过实践检验的对客观实际的可靠反映。知识是人脑创新的成果，是人类智慧的结晶。智慧是人类文明的源泉，是推动历史发展的永恒动力，是生产力诸要素中的核心。知识是人通过实践，所认识到的客观世界的规律性的东西，是信息经过加工、整理、解释、挑选和改造而形成的。

数据、信息和知识是知识工作者对客观事物感知和认识的 3 个连贯的阶段，它们之间的关系如图 2-4 所示。

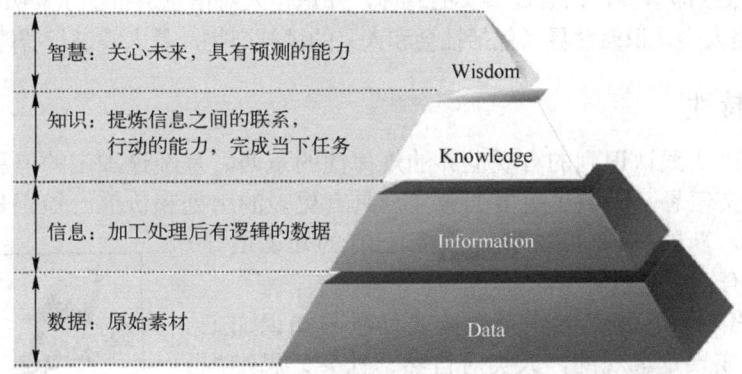

图 2-4 知识、信息和数据间的关系

1）数据的组织阶段。数据是一种将客观事物按照某种测度感知而获取的原始记录，它可以直接来自测量仪器的实时记录，也可以来自人的认识，但是大量的数据多是借助于数据处理系统自动地从数据源进行采集和组织的。数据源是指客观事物发生变化的实时数据。

2）信息的创造阶段。信息是根据一定的发展阶段及其目的进行定制加工而生产出来的。信息系统就是用于加工、创造信息产品的人机系统。根据对象、目的和加工深度的不同，可以将信息产品分为一次信息、二次信息直至高次信息。

3）知识的发现阶段。知识是知识工作者运用大脑对获取或积累的信息进行系统化的提炼、研究和分析的结果，知识能够精确地反映事物的本质。

数据、信息、知识这 3 个阶段是螺旋上升的循环周期。人们运用信息系统，对信息和相关的知识进行规律性、本质性和系统性的思维活动，创造新的知识。之后，新的知识又开辟了需要进一步认识的对象领域，然后使人们补充获取新的数据和信息，进入新一轮的上升式循环周期。

图 2-3 中的个人办公助理"小志"，与杜总交流后的思维过程见图 2-5。首先从交流中获取数据，如"明天、上海、9 时"等，再把数据组成信息，如"出差三天"等，最后通过知识，推理出"明天是 9 日，订出发机票的时间为 9 日，返程时间为 12 日"等。

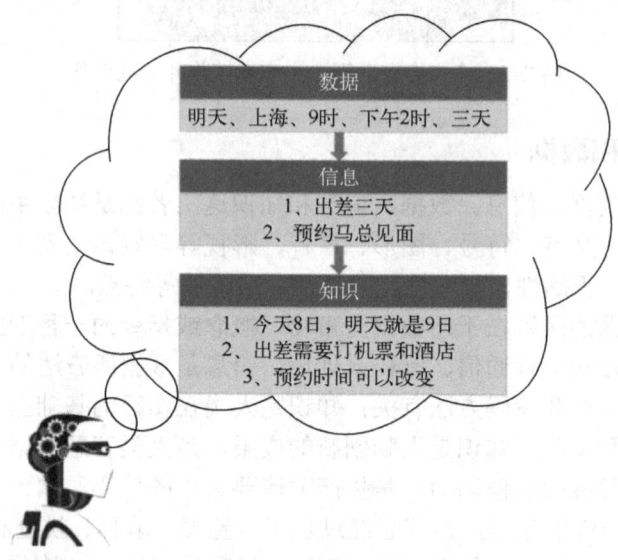

图 2-5 小志所面临的数据、信息和知识

总的来说，数据即事实，信息是事实的载体，知识是人对信息进行加工、吸收、提取、评价的结果。知识就是人类认识自然界（包括社会和人）的精神产物，是人类进行智能活动的基础。

2.1.2 知识的特性

知识是人通过实践认识到的客观世界的规律性的东西，是经过加工的信息，在信息的基础上增加了上下文信息，提供了更多的意义，具有更多的用处和价值。知识是随着时间的变化而动态变化的，新的知识可以根据规则和已有的知识推导出来。知识具体有以下特性。

1）知识的客观性。虽然知识是人脑对信息与知识加工的成果，但这些成果是客观的，人类对自然、社会、思维规律的认识是客观的，这些规律的运行是不以人的意志为转移的。如图 2-6 所示，现代汉字是经过加工后得到的，但总能从象形文字找到我国古人创造文字的客观规律。

图 2-6 汉字的演变

2）知识的相对性。人类对自然、社会、思维规律的认识必须有一个过程。在一段时间

内认为正确的东西，经过变革，可能会发生变化。

3）知识的进化性。人类在认识客观世界和主观世界的过程中，不断向真理的长河加入新的内容，知识会不断更新。例如，对物质结构的认识，对基因的认识等。

4）知识的依附性。知识有载体，载体分层次。离开载体的知识是不存在的，随着载体的消失，知识也跟着消失。

5）知识的可重用性。在使用过程中知识可以反复重用。当然，要根据具体情况做具体分析，灵活应用知识。

6）知识的共享性。知识在一定的时空范围内可以被多个认识主体接收和利用，不是某一个体所专属使用。

2.1.3 知识的分类

知识可以按其作用、作用的层次以及知识的事实清晰度进行分类。

（1）按其作用分
- 描述性知识。表示对象和概念的特征及其相互关系的知识，以及问题求解状况的知识，也称为事实性知识。
- 判断性知识。表示与领域有关的问题求解知识，如推理规则等，也称为启发性知识。
- 过程性知识。表示问题求解的控制策略，即如何应用判断性知识进行推理的知识。

（2）按照作用的层次分
- 对象级知识。直接描述有关领域对象的知识，或称为领域相关的知识。
- 元级知识。描述对象级知识的知识，如关于领域知识的内容、特征、应用范围、可信程度的知识以及如何运用这些知识的知识，也称为关于知识的知识。

（3）按照知识的事实清晰度分
- 清晰的知识。该类知识事实清楚，不具有不确定性。
- 模糊的知识。该类知识事实不清楚，具有不确定性，也称为模糊性。

2.1.4 知识表示

知识表示是指把知识客体中的知识因子与知识关联起来，便于人们识别和理解知识。知识表示是知识组织的前提和基础，任何知识组织方法都建立在知识表示的基础上。

知识表示在智能体的建造中起到关键作用，以适当方式表示知识，才导致智能体展示出智能行为。

知识表示是数据结构及其处理机制的综合，知识表示=符号（结构）+处理机制。其中，恰当的符号（结构）用于存储要解决的问题、可能的中间解答和最终解答以及解决问题涉及的知识；配套的处理机制，仅由符号（结构）不能体现出系统具有知识，只有对其进行适当的处理才构成意义。

以五笔输入法的知识表示为例，五笔输入法=字根+字根组合法则。任何一个汉字都可以通过一个或几个字组合而成，把这些常用的字称为"字根"，对字根归类后，分属到26个英文字母中，见图 2-7 的五笔输入法符号结构。任何一个汉字都采用连续输入四个英文字母的方法进行输入，前三个字母为该字的拆分字根，最后一个为该字的组合结构，见图 2-8 五笔输入法则示例。

图 2-7 五笔输入法的符号结构

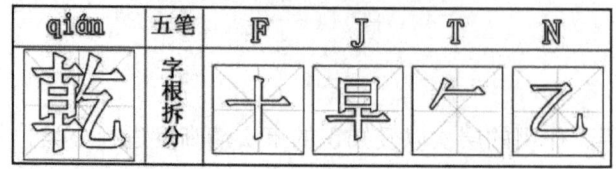

图 2-8 五笔输入法则示例

2.2 知识的表示方法

2.2.1 逻辑表示法

逻辑表示法是知识表示的一种基本方式。人类运用现代逻辑方法去解决复杂的现实问题，既可以用逻辑来表达推理，也可以用逻辑表示知识。

例如，一个楼梯照明灯的控制电路，如图 2-9a 所示。S1、S2 是两个单刀双掷开关，S1 装在楼上，S2 装在楼下，共同控制灯的亮、灭。只有开关 S1、S2 都接上面或都接下面时，灯才亮，而一个接上面，另一个接下面时，灯不亮。

假设输入变量为 A、B，用 0 表示开关接下面，1 表示接上面，假设输出变量为 Y，用 0 表示灯灭，用 1 表示灯亮，则输入与输出变量之间的关系可以用真值表（如图 2-9b 所示）来表示。其逻辑表达式为

$$Y = \overline{A} \cdot \overline{B} + A \cdot B \tag{2-1}$$

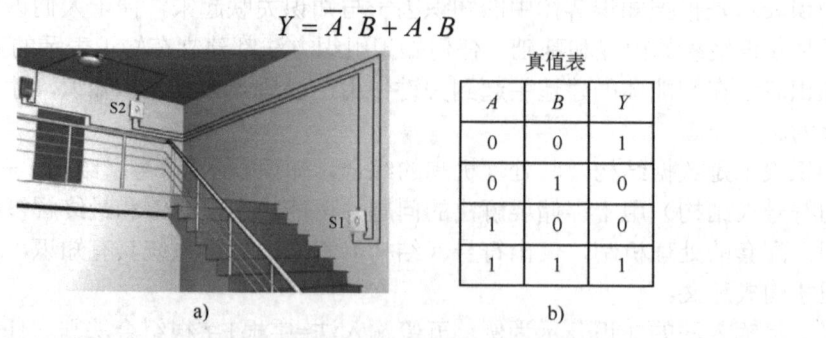

图 2-9 楼梯照明灯控制电路及其逻辑表示真值表

由上述逻辑表达式（2-1）可知，可以通过开关的状态，推断出灯的亮或灭。

逻辑可分为经典逻辑和非经典逻辑，其中经典逻辑包括命题逻辑和谓词逻辑。

1. 命题逻辑

命题逻辑是指以逻辑运算符结合原子命题来构成代表"命题"的公式，以及允许某些公

式建构成"定理"的一套形式"证明规则"。相对于谓词逻辑，它是量化的并且它的原子公式是谓词函数和模态逻辑，它可以是非真值泛函的。

（1）语法

通过语法可以定义合法语句，合法语句可分为原子语句和复合句。原子语句由单个命题词组成，复合句由简单语句和逻辑联结词构造而成。

其中，常用的逻辑联结词有以下5种。

● 非，否定式，用"¬"表示。
● 与，合取式，用"∧"表示。
● 或，析取式，用"∨"表示。
● 蕴含，蕴含式，用"⇒"表示。
● 当且仅当，双向蕴含式，用"⇔"表示。

注：五种逻辑联结词的优先级为："¬"优于"∧"优于"∨"优于"⇒"优于"⇔"。

（2）语义

通过语义可以定义用于判定特定模型中的语句真值的规则，在命题逻辑里面，命题词的真值只有两个——true或false。表2-1为5种逻辑联结词的真值表。

表 2-1 五种逻辑联结词的真值表

P	Q	¬P	P∧Q	P∨Q	P⇒Q	P⇔Q
false	false	true	false	false	true	true
false	true	true	false	true	true	false
true	false	false	false	true	false	false
true	true	false	true	true	true	true

（3）句子判定为命题的方法

真值为真的命题称为真命题，真值为假的命题称为假命题。真命题表达的判断正确，假命题表达的判断错误。任何命题的真值都是唯一的。判断给定句子是否为命题，应该分两步。

❖ 首先，判断它是否为陈述句。
❖ 其次，判断它是否有唯一的真值。

❖ 小志，小志，您能判断下列句子是否为命题吗？
1）4是素数。
2）π是无理数。
3）x大于y。
4）月球上有冰。
5）2100年元旦是晴天。
6）π大于0吗？
7）请不要吸烟！
8）这朵花真美丽啊！
9）我正在说假话。

杜总，没有问题，我是您的AI助手。

1）本例题的9个句子中，6）是疑问句，7）是祈使句，8）是感叹句，因而这3个句子都不是命题。剩下的6个句子都是陈述句，但3）无确定的真值，根据x、y的不同取值情况可真可假，即无唯一的真值，因而不是命题。

2）若9）的真值为真，即"我正在说假话"为真，也就是"我正在说真话"，则又推出9）的真值应为假；反之，若9）的真值为假，即"我正在说假话"为假，也就是"我正在说假话"，则又推出9）的真值应为真。于是9）既不为真又不为假，因此它不是命题。像9）这样由真推出假，又由假推出真的陈述句称为悖论。凡是悖论都不是命题。

3）本例中，只有1）、2）、4）和5）是命题。1）为假命题，2）为真命题。虽然如今我们不知道4）和5）的真值，但它们的真值客观存在，而且是唯一的，4）的真值将来总会知道，到2100年元旦5）的真值就真相大白了。

（4）命题的符号化

用人为规定的符号表示一个命题，称之为命题的符号化。

❖ 命题常项：用大写字母A到Z表示，命题常项表示命题的缩写。
❖ 命题变项：用p、q、r、s表示，命题变项表示待填入具体的命题。

小志，小志，您能解释一下命题符号化的过程吗？以命题"你干这些工作或者我干这项工作"为例。

杜总，没有问题，我是您的AI助手。命题符号化的过程如下。

首先，用J表示"你干这些工作"，用K表示"我干这项工作"。

其次，"或者"表示联结词，表示析取，用"∨"表示。

最后，符号化的结果为$J \vee K$。

（5）常见复合命题的符号化案例

小志，小志，您能举一些例子来阐述复合命题的符号化吗？

杜总,没有问题,我是您的 AI 助手。请看复合的"合取"命题举例"尽管你对我有误解,但是我仍愿同你合作"。

联结词为"尽管……但是……"。

关键是要确定,它是否属于我们所讨论的五个联结词。

对于不能被真值函项所使用的联结词,首先要对它们做出"真值函项的释义",之后用真值函项联结词加以表达,去掉修饰含义。

用 W 表示"你对我有误解",用 H 表示"我愿同你合作",其真值表如表 2-2 所示。

表 2-2　合取命题举例的真值表

W	H	结果
1	1	1
1	0	0
0	1	0
0	0	0

可见,结果的真值等同于"合取"真值。

所以联结词"尽管……但是……"的真值函项释义等于"合取∧"。

"尽管你对我有误解,但是我仍愿同你合作"的符号表示为:$W \wedge H$。

杜总,您再看复合的"析取"命题举例"小王在业余时间,不是唱歌就是跳舞"。

联结词为"不是……就是……",很明显,等于"析取∨"。

用 C 表示"唱歌",用 T 表示"跳舞"。

"小王在业余时间,不是唱歌就是跳舞"的符号表示为 $C \vee T$。

杜总,您再看"并非"命题举例"曹操喜欢刘备是假的"。

联结词为"是假的",很明显,等于"并非¬"。

用 C 表示"曹操喜欢刘备"。

"曹操喜欢刘备是假的"的符号表示为 $\neg C$。

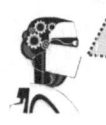
杜总，来个难一点的例子，您看复合"蕴含"命题举例"只有合理施肥，庄稼才能长得好"。

考察蕴含关系 $p \Rightarrow q$，"如果 p，那么 q"表达"p 是 q 的充分条件"，那么同时，"q 就是 p 的必要条件"，表示为 $\neg q \Rightarrow \neg p$。

联结词为"只有……才能……"，是一个必要条件表达，等于 $\neg q \Rightarrow \neg p$。

用 S 表示"合理施肥"，用 H 表示"庄稼长得好"。

"只有合理施肥，庄稼才能长得好"符号表示为 $\neg H \Rightarrow \neg S$。

杜总，来个更难一点的例子，您看复合命题举例"如果一个人是勤奋的，并且聪明或者健康，那么他是有能力的人；如果一个人既不聪明又不健康，那么他没能力"。

联结词有好几个，其中主联结词是中间的"；"，在逻辑学中，"；"和"，"都代表合取关系，表示同时发生用"∧"表示。联结词"如果……那么……"是蕴含关系"⇒"表示。

符号定义：用 Q 表示一个人是勤奋的，用 J 表示他是健康的，用 C 表示他是聪明的，用 N 表示他有能力。

"如果一个人是勤奋的，并且聪明或者健康，那么他是有能力的人；如果一个人既不聪明又不健康，那么他没能力"这一命题符号表示为

$$(Q \wedge (C \vee J) \Rightarrow N) \wedge ((\neg C \wedge \neg J) \Rightarrow \neg N)$$

小志，小志，我大概了解了您是怎么理解世界的了！首先您从信息中提取有用的数据，用符号表示这些数据，接着您再分析这些数据之间的联结逻辑，根据命题逻辑知识法则，就形成您自己的思考方式。

2. 谓词逻辑

谓词逻辑是命题逻辑的扩充和发展，它将一个原子命题分解成个体词和谓词两个组成部分。

（1）谓词

个体词是可以独立存在的事或物，包括现实物、精神物和精神事三种。谓词则是用来描述个体词性质的词，即描述事和物之间的某种关系表现的词。如"苹果"是一个现实物个体词，"苹果可以吃"是一个原子命题，"可以吃"是谓词，描述"苹果"的一个性质，即与动物或人的一个关系，见图 2-10。

在谓词逻辑中，通常用公式 $P(x)$ 描述逻辑关系，$P(x)$ 称为谓词公式，其中 P 称为谓词，x 称为个体变元。如图 2-10 中的"可以吃（苹果）"，"可以吃"就是谓词 P，"苹果"就是个

体变元 x 的一个量，x 还可以是香蕉、雪梨等。

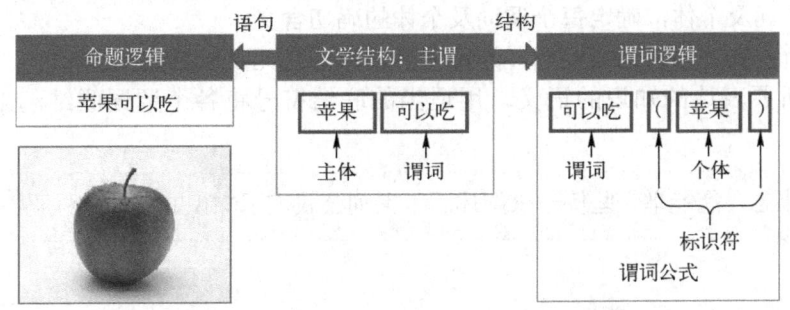

图2-10 命题"苹果可以吃"的谓词逻辑

在 $P(x)$ 谓词公式中，若 x 是一元的，称为一元谓词，$P(x,y)$ 称为二元谓词。在谓词中，个体可以为常量、变量或函数。若谓词中的个体都为常量、变量或函数，则称它为一阶谓词，如果个体本身是谓词，称为二阶谓词，依次类推。谓词公式也有原子谓词公式、复合谓词公式等概念，利用命题逻辑的联结词将原子谓词公式组合为复合谓词公式。

（2）量词

谓词逻辑的量词表示个体与个体域之间的包含关系。谓词逻辑中有全称量词和存在量词这两种，全称量词表示该量词作用的辖域为个体域中"所有的个体 x"，或"每一个个体 x"都要遵从所约定的谓词关系，存在量词表示该量词要求"存在于个体域中的某些个体 x"或"某个个体 x"要服从所约定的谓词关系。

- 全称量词∀：如符号$(\forall x)P(x)$，表示对于某个论域中的所有（任意一个）个体 x，都有 $P(x)$ 真值为 T。
- 存在量词∃：如符号$(\exists x)P(x)$，表示某个论域中至少存在一个个体 x，使 $P(x)$ 真值为 T。

（3）谓词公式

人类的一条知识一般可以由具有完整意义的一句话或几句话表示出来，而这些知识要用谓词逻辑表示出来，一般是一个谓词公式。所谓谓词公式就是用谓词联结符号将一些谓词联结起来所形成的公式。

用谓词公式既可以表示事物的状态、属性和概念等事实性的知识，也可以表示事物间具有确定因果关系的规则性知识。对事实性知识来说，谓词逻辑的表示法通常是由合取符号（∧）和析取符号（∨）联结形成的谓词公式来表示。

让小志来展示一下什么是谓词公式吧

1）对于事实性知识"张三是学生，李四也是学生"，可以表示为

ISSTUDENT(张三)∧ISSTUDENT（李四）

这里，ISSTUDENT(x)是一个谓词，表示 x 是学生。

2）对规则性知识，谓词逻辑表示法通常由以蕴含符号（⇒）联结形成的谓词公式（即蕴含式）来表示。

对于规则"如果 x，则 y"，可以用谓词公式 $x \Rightarrow y$ 进行表示。

（4）谓词公式表示知识的实现过程

1）定义谓词及个体，确定每个谓词及个体的确切含义。

2）根据所要表达的事物或概念，为每个谓词中的变元赋以特定的值。

3）根据所要表达的知识的语义，用适当的联结符号将各个谓词联结起来，形成谓词公式。

小志，小志，您能举一些例子来阐述一下谓词公式表示知识的实现过程吗？

 杜总，没有问题，我是您的 AI 助手。

例如有下列事实性知识：张三是一名计算系的学生，但他不喜欢编写程序。李四比他父亲长得高。

看我怎么样用谓词公式表示这些知识。

按照表示知识的步骤，用谓词公式表示上述知识。

第一步，定义谓词，如下。

COMPUTER(x)：x 是计算机系的学生；

LIKE(x,y)：x 喜欢 y；

HIGHER(x,y)：x 比 y 长得高；

这里涉及的个体有：张三（zhangsan），编写程序（programming），李四（lisi），以函数 father(lisi)表示李四的父亲。

第二步，将这些个体代入谓词中，得到

COMPUTER(zhangsan)，¬LIKE(zhangsan,programming)，HIGHER(lisi, father(lisi))。

第三步，根据语义，用逻辑联结词将它们联结起来，就得到了表示上述知识的谓词公式。

 COMPUTER(zhangsan)∧(¬LIKE(zhangsan,programming))

HIGHER(lisi,father(lisi))

（5）应用案例

谓词逻辑是在谓词分析的基础上进行形式化后得出的语言与推理，在人工智能的发展过程中发挥着理论基础的作用，对实现现代智能起着很重要的作用。

小志，小志，您能举一些例子来体现谓词逻辑的重要性吗？

40

杜总，没有问题，我是您的 AI 助手。
让您见识一下我是怎么解决迷宫问题的。
我用谓词逻辑来实现如图 2-11 所示的迷宫。

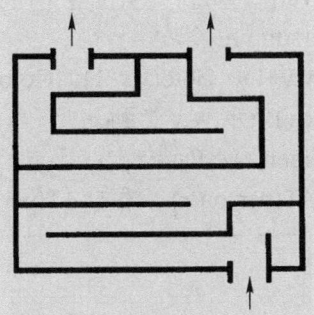

图 2-11 迷宫问题

迷宫的每一个格子，对应一个状态。在本问题中，迷宫的大小为 6×7，则有 42 个状态，如图 2-12 所示。初始状态为 41，目标状态为 2 和 5。对于迷宫中的每个状态，在它的上、下、左、右四个方向中，如果某个方向没有墙，则可以走进下一个状态。

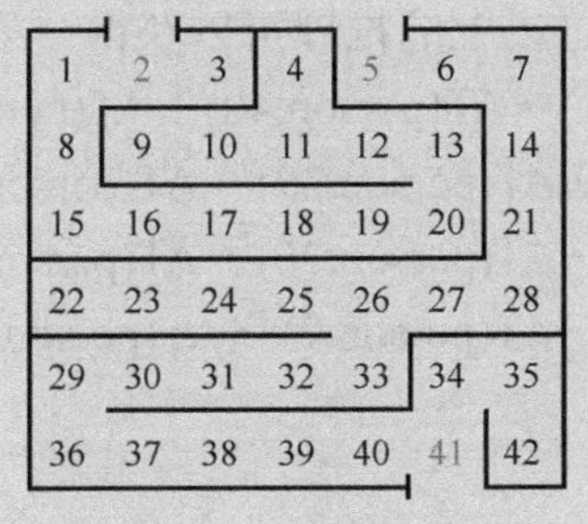

图 2-12 宫格状态码

通过谓词表示法求解迷宫问题的步骤如下。

第一步，定义表示事物状态的谓词。
AT(person,x)：person 位于位置 x 处；
Start(x)：位置 x 是起始位置；
End(x)：位置 x 是终点位置；
Pass(x,y)：位置 x 和位置 y 合法、相邻且无阻隔。

第二步，定义表示事物状态的谓词。
初始状态：AT(person,41)；
目标状态：AT(person,2)或AT(person,5)；
操作符：Move(person,x)：从位置 x 向上、下、左、右移动；
条件：AT(person,x)；
动作：Goto(x,x+1)，Goto(x,x-1)，Goto(x,x+7)，Goto(x,x-7)；
　　　Goto(x,y)表示从 x 走到 y；
条件：AT(person,x)∧Pass(x,y)；
动作：删除 AT(person,x)，添加 AT(person,y)。

第三步，运用推理或搜索方法，获得路径。
1）AT(person,41)→AT(person,34)→AT(person,35)→AT(person,42)→结束；
2）AT(person,41)→AT(person,40)→AT(person,39)→AT(person,38)→(person,37)→AT(person,36)→AT(person,29)→AT(person,30)→AT(person,31)→AT(person,32)→AT(person,33)→AT(person,26)→
　　→① AT(person,25)→AT(person,24)→AT(person,23)→AT(person,22)→结束；
　　→② AT(person,27)→AT(person,28)→AT(person,21)→AT(person,14)→AT(person,7)→AT(person,6)→AT(person,5)→成功。
第四步，通过以上的推理可以获得一条路径，其为
AT(person,41)→AT(person,40)→AT(person,39)→AT(person,38)→(person,37)→AT(person,36)→AT(person,29)→AT(person,30)→AT(person,31)→AT(person,32)→AT(person,33)→AT(person,26)→AT(person,27)→AT(person,28)→AT(person,21)→AT(person,14)→AT(person,7)→AT(person,6)→AT(person，5)（而无法达到位置 2）。

小志，小志，您的思考过程真像人。

（6）谓词逻辑表示法的特点
一阶谓词逻辑是一种形式语言系统，它用数理逻辑的方法研究推理的规律，即条件与结论之间的蕴含关系，其有以下一些特点。
● 自然性。谓词逻辑是一种接近于自然语言的形式语言，用它表示问题易于被人理解和接受。
● 适宜于精确性知识的表示，而不适宜于不确定性知识的表示。用谓词逻辑表示的问题是以谓词公式的形式为结果的，谓词公式的逻辑值只有"真"和"假"两种结

果，而对某一知识有百分之几的可能为"真"或为"假"的情况则无法表示，因此它适于表示那些精确性的知识，而不适于表示那些具有不确定性和模糊性的知识。
- 易实现。用谓词逻辑表示的知识可以比较容易地转换为计算机的内部形式，易于模块化，便于对知识进行添加、删除和修改。
- 与谓词逻辑表示法相对应的推理方法。在用谓词逻辑对问题进行表示以后，求解问题就是要以此表示为基础进行相应的推理。与谓词逻辑表示法相对应的推理方法称为归结推理方法或消除法。

2.2.2 语义网络表示法

语义网络是 J. R. Quillian 于 1968 年在研究人类联想记忆时提出的一种心理学模型，他认为记忆是由概念间的联系实现的，随后在他设计的可教的语言理解者（Teachable Language Comprehendent）中又把它用作知识表示方法。1972 年，西蒙（Simon）在他的自然语言理解系统中采用了语义网络表示法。1975 年，亨德里克（G. G. Hendrix）又针对全称量词的表示提出了语义网络分区技术。目前，语义网络表示法已经成为人工智能中应用较多的一种知识表示方法，尤其是在自然语言处理方面的应用。

1. 语义网络的概念

语义网络是一种通过概念及其语义联系（或语义关系）来表示知识的有向图，有向图中的节点和弧必须带有标注。其中有向图的各节点用来表示各种事物、概念、情况、属性、状态、事件和动作等，节点上的标注用来区分各节点所表示的不同对象，每个节点可以带有多个属性，以表示其所代表的对象的特性。在语义网络中，节点还可以是一个语义子网络。弧是有方向的、有标注的，方向表示节点间的主次关系且方向不能随意调换，标注用来表示各种语义联系，指明它所连接的节点间的某种语义关系。

从结构上来看，语义网络一般由一些最基本的语义单元组成。这些最基本的语义单元被称为语义基元，可用三元组（节点1，弧，节点2）来表示。

也可用如图 2-13 所示的有向图来表示。其中 A 和 B 分别代表节点，而 R 则表示 A 和 B 之间的某种语义联系。

当把多个语义基元用相应的语义联系关联在一起的时候，就形成了一个语义网络。如图 2-14 所示。

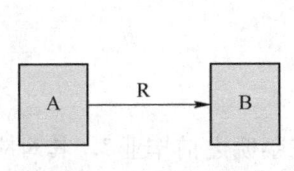
图 2-13 语义基元结构

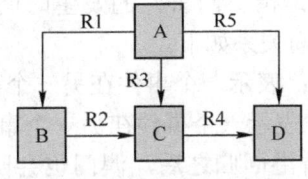
图 2-14 语义网络结构

2. 语义网络中常用的语义联系

语义网络除了可以描述事物本身之外，还可以描述事物之间错综复杂的关系。基本语义联系是构成复杂语义联系的基本单元，也是语义网络表示知识的基础，因此将一些基本的语义联系组合成任意复杂的语义联系是可以实现的。

(1) 类属关系

类属关系是指具有共同属性的不同事物间的分类关系、成员关系或实例关系，它体现的是"具体与抽象""个体与集体"的层次分类，其直观意义是"是一个""是一种""是一只"等。在类属关系中，其一个最主要的特征是属性的继承性，处在具体层的节点可以继承抽象层节点的所有属性。常用的类属关系如下。

- AKO(A-Kind-of)：表示一个事物是另一个事物的一种类型。
- AMO(A-Member-of)：表示一个事物是另一个事物的成员。
- ISA(Is-a)：表示一个事物是另一个事物的实例。

(2) 包含关系

包含关系也称为聚集关系，是指具有组织或结构特征的"部分与整体"之间的关系，它和类属关系的最主要的区别就是包含关系一般不具备属性的继承性。常用的包含关系的有 Part-of、Member-of，其含义为一部分，表示一个事物是另一个事物的一部分，或说是部分与整体的关系。用它连接的上下层节点的属性可能是很不相同的，即 Part-of 联系不具备属性的继承性。例如"轮胎是汽车的一部分"，其语义网络表示如图 2-15 所示。

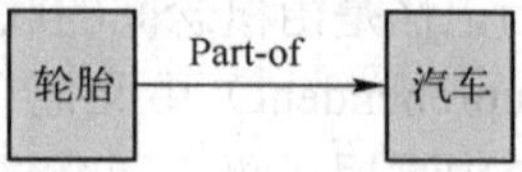

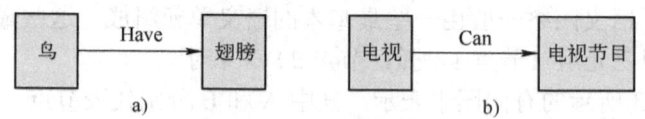

图 2-15　轮胎是汽车的一部分

(3) 属性关系

属性关系是指事物和其属性之间的关系。常用的属性关系如下。

- Have：表示一个节点具有另一个节点所描述的属性。
- Can：表示一个节点能做另一个节点的事情。

例如，"鸟有翅膀""电视机可以放电视节目"，其对应的语义网络表示如图 2-16 所示。

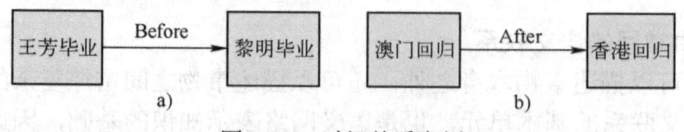

图 2-16　属性关系实例

(4) 时间关系

时间关系是指不同事件的发生时间之间的先后关系，所连接的节点间不具备属性继承性。常用的时间关系如下。

- Before：表示一个事件在另一个事件之前发生。
- After：表示一个事件在另一个事件之后发生。

例如，"香港回归之后，澳门也会回归了""王芳在黎明之前毕业"，其对应的语义网络表示如图 2-17 所示。

图 2-17　时间关系实例

(5) 位置关系

位置关系是指不同事物在位置方面的关系，所连接的节点间不具备属性继承性。常用的位置关系如下。
- Located-on：表示一物体在另一物体之上。
- Located-at：表示一物体在某一位置。
- Located-under：表示一物体在另一物体之下。
- Located-inside：表示一物体在另一物体之中。
- Located-outside：表示一物体在另一物体之外。

例如，"华中师范大学坐落于桂子山上"，其对应的语义网络表示如图 2-18 所示。

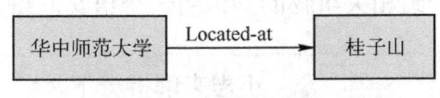

图 2-18　位置关系实例

（6）相近关系

相近关系，又称相似关系，是指不同事物在形状、内容等方面相似和接近。常用的相近关系如下。
- Similar-to：表示一事物与另一事物相似。
- Near-to：表示一事物与另一事物接近。

例如，"狗长得像狼"，其对应的语义网络表示如图 2-19 所示。

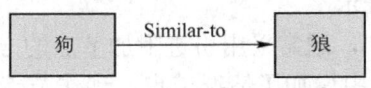

图 2-19　相近关系实例

（7）因果关系

因果关系是指由于某一事件的发生而导致另一事件的发生，适合表示规则性的知识。通常用 If-then 表示两个节点之间的因果关系，其含义是"如果……，那么……"。例如，"如果天晴，那么小明骑自行车上班"，其对应的语义网络表示如图 2-20 所示。

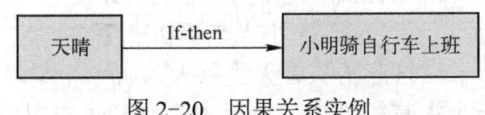

图 2-20　因果关系实例

（8）组成关系

组成关系是一种一对多的联系，用于表示某一事物由其他一些事物构成，通常用 Composed-of 表示。Composed-of 所连接的节点间不具备属性继承性。例如，"整数由正整数、负整数和零组成"，其对应的语义网络表示如图 2-21 所示。

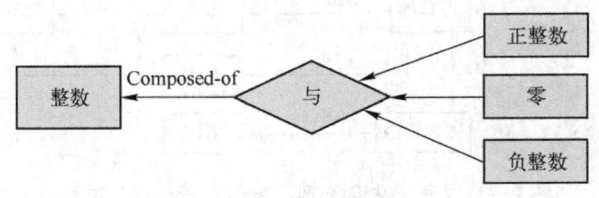

图 2-21　组成关系实例

3．语义网络表示知识的方法及步骤

（1）事实性知识的表示

对于一些简单的事实，例如"鸟有翅膀"和"轮胎是汽车的一部分"，要描述这些事实需要两个节点，用前面给出的基本语义联系或自定义的基本语义联系就可以表示。

对于稍微复杂一点的事实，比如在一个事实中涉及多个事物时，如果语义网络只用来表示一个特定的事物或概念，那么当有更多的实例时，就需要更多的语义网络，这样就使问题复杂化了。

通常把有关一个事物或一组相关事物的知识用一个语义网络来表示。

小志来解析一下

例如，动物能运动、会吃，鸟是一种动物，鸟有翅膀、会飞。用语义网络表示如图 2-22 所示。

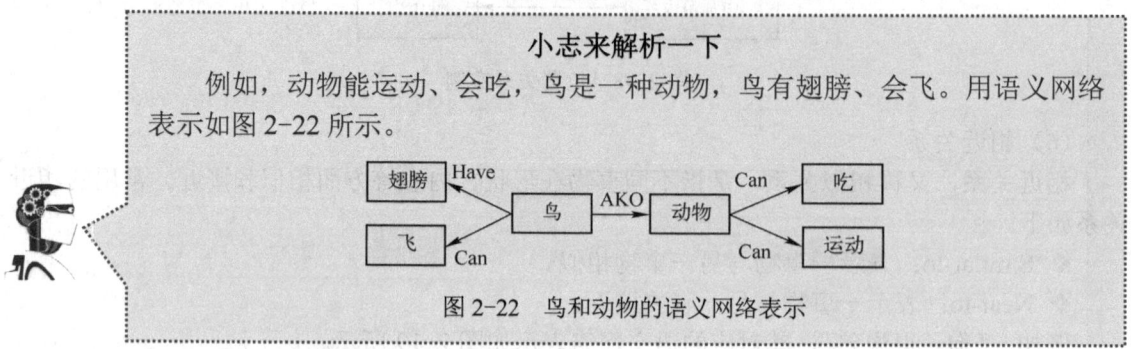

图 2-22　鸟和动物的语义网络表示

（2）情况、动作和事件的表示

在语义网络的知识表示法中，通常采用引进附加节点的方法来描述那些复杂的知识。西蒙（Simon）在提出的表示方法中增加了情况节点、动作节点和事件节点，允许用一个节点来表示情况、动作和事件。

1）情况的表示。

在用语义网络表示那些用不及物动词表示的语句，或没有间接宾语的及物动词表示的语句时，如果该语句的动作表示了一些其他情况，如动作作用的时间等，则需要增加一个情况节点用于指出各种不同的情况。

小志来解析一下

例如，小燕子这只燕子从春天到秋天占有一个巢。

需要设立一个占有权节点，表示占有物和占有时间等。用语义网络表示如图 2-23 所示。

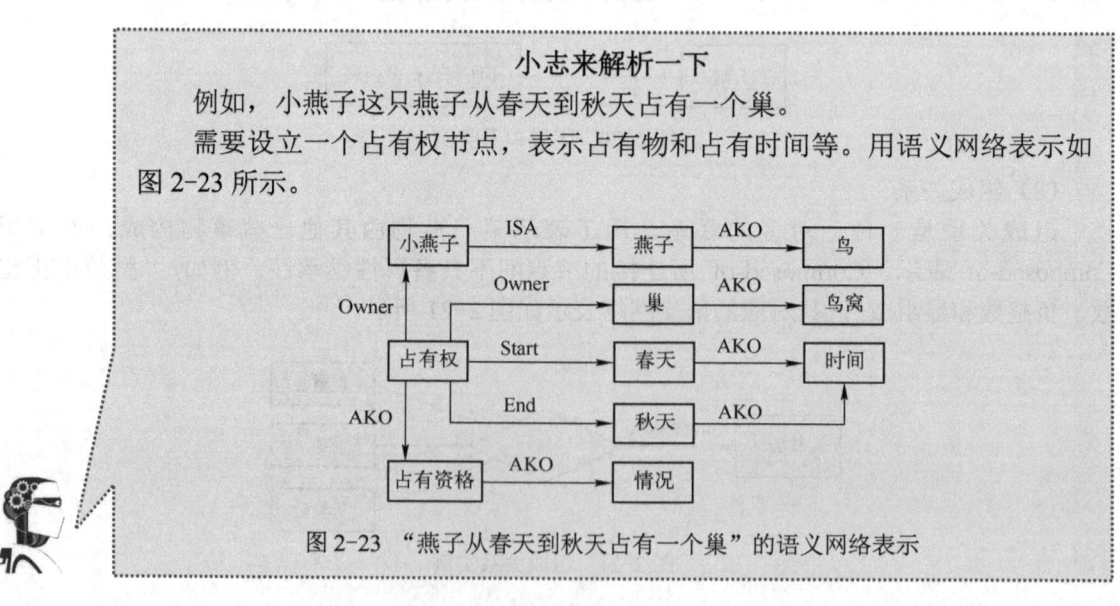

图 2-23　"燕子从春天到秋天占有一个巢"的语义网络表示

2）动作的表示。

有些表示知识的语句既有发出动作的主体，又有接受动作的客体（其实质表示的是一个三元关系）。在用语义网络表示这样的知识时，可以增加一个动作节点用于指出动作的主体和客体。

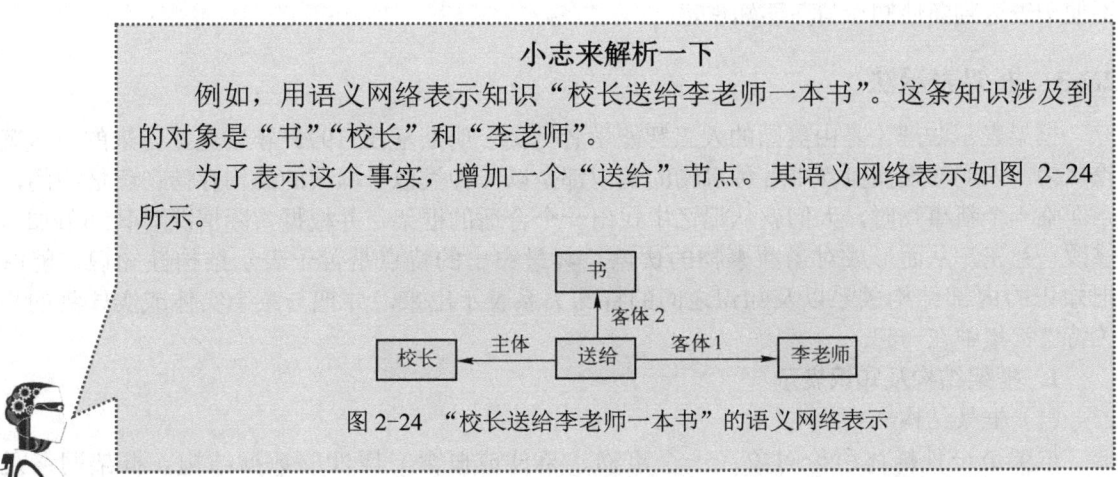

小志来解析一下

例如，用语义网络表示知识"校长送给李老师一本书"。这条知识涉及到的对象是"书""校长"和"李老师"。

为了表示这个事实，增加一个"送给"节点。其语义网络表示如图 2-24 所示。

图 2-24 "校长送给李老师一本书"的语义网络表示

3）事件的表示。

如果要表示的知识可以看成是发生的一个事件，那么可以增加一个事件节点来描述这条知识。

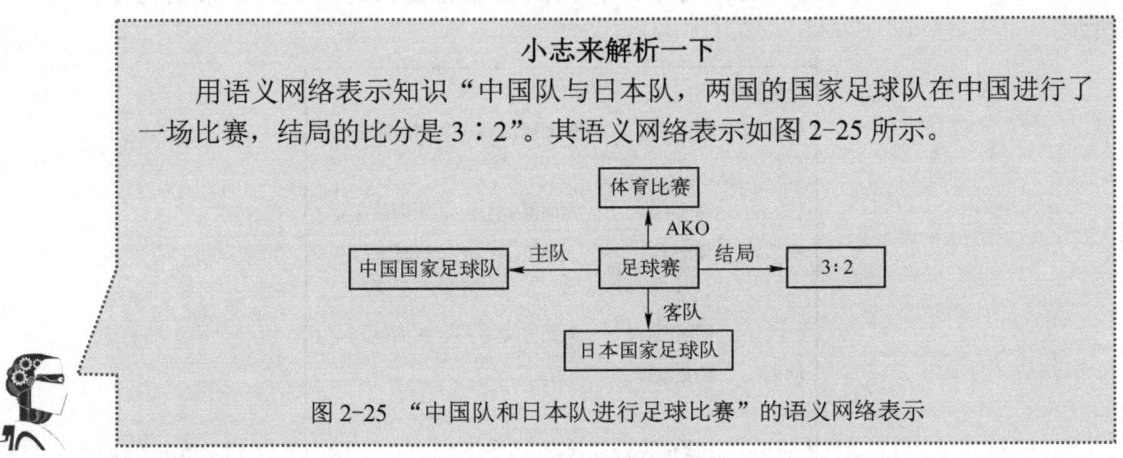

小志来解析一下

用语义网络表示知识"中国队与日本队，两国的国家足球队在中国进行了一场比赛，结局的比分是 3：2"。其语义网络表示如图 2-25 所示。

图 2-25 "中国队和日本队进行足球比赛"的语义网络表示

4．语义网络表示法的特点

语义网络表示法具有以下特点。

- ❖ 直观表示能力好：能把各个节点之间的联系以明确、简洁的方式表示出来；着重强调事物间的语义联系，体现了人类思维的联想过程，符合人们表达事物间关系的方式，因此把自然语言转换成语义网络较为容易。
- ❖ 表示能力强：具有广泛的表示范围和强大的表示能力，用其他形式的表示方法能表达的知识几乎都可以用语义网络来表示。

❖ 易于理解：作为一种结构化的知识表示法，把事物的属性以及事物间的各种语义联系结构化地显示并表示出来。

但是，语义网络表示法也存在着不足，如推理规则不十分明了，不能充分保证网络操作所得推论的严密性和有效性；同时，一旦节点个数太多，网络结构复杂，推理就难以进行，不便于表达判断性知识与深层知识。

2.2.3 框架表示法

框架表示法理论是由美国的人工智能学者马文·明斯基在 1975 年首先提出来的。该理论认为，人们对现实世界中各种事物的认识都是以一种类似于框架的结构存储在记忆中的，当面临一个新事物时，人们就从记忆中找出一个合适的框架，并根据实际情况对其细节加以修改、补充，从而形成对当前事物的认识。其最突出的特点是善于表示结构性知识，能够把知识的内部结构关系以及知识之间的特殊关系表示出来，并把与某个实体或实体集的相关特性都集中在一起。

1. 框架结构及知识表示

（1）框架结构

框架是一种描述所论对象（一个事物、事件或概念）属性的数据结构。框架网络是由不同的框架通过属性之间的关系而建立起来的联系，能够充分表达相关对象之间的各种关系。

框架通常由描述事物各个方面的若干槽（slot）组成，每一个槽也可以根据实际情况拥有若干个侧面（aspect），每一个侧面又可以拥有若干个值（value）。在框架系统中每个框架都有自己的名字，称为框架名，每个槽和侧面也都有自己的名字。框架结构如图 2-26 所示。

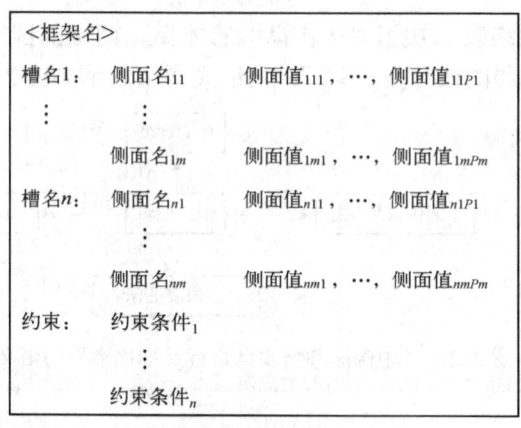

图 2-26　框架结构

其中，槽用于描述相关对象某一方面的属性，侧面用于描述相应属性的一个方面，槽和侧面所具有的属性值分别被称为槽值和侧面值。

（2）知识表示

框架是一种描述对象属性并反映相关对象间的各种关系的数据结构，并且可以把它视作知识单位。对于要表达的知识，其中可能包含着许多对象，各个对象之间有着各种各样的联系，将这些有关系的对象的框架联结起来，便形成了要表达知识的框架系统。

框架表示知识的具体步骤如下。

1）分析代表的知识对象及其属性，对框架中的槽进行合理设置。

在槽及侧面的设置上要考虑两方面的因素：

① 要符合系统的设计目标，凡是系统目标中所要求的属性，或是问题求解过程中可能用到的属性，都要设置相应的槽。

② 不能盲目地把所有的甚至无用的属性都用槽表示出来。

2）对各对象间的各种联系进行考察。使用一些常用的或根据具体需要定义一些表达联系的槽名，来描述上下层框架间的联系。

小志来解析一下

用框架表示一则地震消息，"某年某月某日，某地发生 6.0 级地震，三项地震前兆中波速比率为 0.45，水氡含量为 $0.43kBq/m^3$，地形改变率为 0.60"。其框架表示如图 2-27 所示。

```
框架名：〈地震〉
地    点：某地
日    期：某年某月某日
震    级：6.0
波速比率：0.45
水氡含量：0.43
地形改变率：0.60
```

图 2-27 地震消息的框架表示

2．框架表示法的特点

框架表示法有以下优点。

1）框架系统的数据结构和问题求解过程与人类的思维和问题求解过程相似。

2）框架结构表达能力强，层次结构丰富，提供了有效的组织知识的手段，只要对其中某些细节做进一步描述，就可以将其扩充为另一框架。

3）可以利用过去获得的知识对未来的情况进行预测，而实际上这种预测非常接近人的知识规律，因此可以通过框架来认识某一类事物，也可以通过一系列实例来修正框架对某些事物的不完整描述。

框架表示法与语义网络表示法存在着相似的问题：缺乏形式理论，没有明确的推理机制来保证问题求解的可行性和推理过程的严密性；由于许多实际情况与原型存在较大的差异，因此适应能力不强；框架系统中各个子框架的数据结构如果不一致会影响整个系统的清晰性，造成推理的困难。

2.2.4 产生式表示法

产生式表示法又称为产生规则表示法，"产生式"这一术语是由美国数学家波斯特在 1943 年首先提出来的，他根据串替代规则提出了一种称为 Post 机的计算模型，模型中的每一条规则称为一个产生式。它可以描述形式语言的语法，表示人类心理活动的认知过程。

1. 产生式的基本形式

产生式通常用于表示具有因果关系的知识,其基本形式是:

$$P \rightarrow Q \text{ 或者 IF } P \text{ THEN } Q$$

其中,P 是产生式的前提,用于指出该产生式的条件;Q 是一组结论或操作,用于指出当前提 P 所指的条件被满足时,应该得出的结论或应该执行的操作。

整个产生式的含义是:如果前提 P 被满足,则可推出结论 Q 或执行 Q 所规定的操作。

> **小志来举例**
> 知识表示如:IF 动物会飞 AND 会下蛋 THEN 该动物是鸟。
> 从上述可见,能够产生结论是因为条件成立了,或者前提 P 被满足了。

谓词逻辑中的蕴含式与产生式的基本形式相同,其实蕴含式只是产生式的一种特殊情况,但蕴含式只能表示精确知识,其真值或者为真、或者为假,而产生式不仅可以表示精确的知识,还可以表示不精确的知识。

2. 产生式的规范格式

用巴科斯范式(Backus-Naur Form,BNF)来描述产生式,它的形式描述及语义如表 2-3 所示。

表 2-3 产生式的语义规范格式

类别	表达式或含义
产生式	<产生式>::=<前提>→<结论>
前提	<前提>::=<简单条件>|<复合条件>
结论	<结论>::=<事实>|<操作>
复合条件	<复合条件>::=<简单条件> AND <简单条件> | <简单条件> OR <简单条件>
操作	<操作>::= <操作名>[(<变元>,……)]
符号	①→:产生 ②|:并操作 ③<>:必选项 ④[]:可选项

产生式又称为规则或产生式规则,产生式的"前提"有时又称为"条件""前提条件""前件""左部"等,其"结论"部分有时称为"后件"或"右部"。

> **小志来举例**
> 根据表 2-3,可以产生表 2-4 的常用结构。
>
> 表 2-4 产生式表示的常用结构及示例
>
> | 常用结构 | 示例 |
> | --- | --- |
> | 原因→结果 | 天下雨,地上湿 |
> | 条件→结论 | 如果把冰加热到 0℃ 以上,冰就会融化为水 |
> | 前提→操作 | 若能找到一根合适的杠杆,就能撬起那座大山 |
> | 事实→进展 | 夜来风雨声,花落知多少 |
> | 情况→行为 | 刚才开机了,意味着发出了捕获目标图像的信号 |

3. 产生式系统

把一组产生式放在一起，让它们互相配合，协同作用，一个产生式生成的结论可以供另一个产生式作为已知事实使用，以实现问题的解决，这样的系统称为产生式系统。产生式系统由规则库、综合数据库和控制系统组成，其组成部分主要功能如表 2-5 所示。

表 2-5 产生式系统的组成及功能描述

产生式系统 = 规则库 + 综合数据库 + 控制系统	
组成	功能描述
规则库	规则库用于描述相应领域内知识集合。规则库中存放的主要是过程性知识，有效地表达领域内的过程知识，用于实现对问题的求解
综合数据库	综合数据库又称为事实库、上下文、黑板等。它是一个用于存放问题求解过程中各种当前信息的数据结构。当规则库中某条产生式的前提可与综合数据库中的某些已知事实匹配时，该产生式就被激活，并把它推出的结论放入综合数据库中，作为后面推理的已知事实。显然，综合数据库的内容是不断变化的，是动态的
控制系统	控制系统又称为推理机构，由一组程序组成，负责整个产生式系统的运行，实现对问题的求解

产生式系统求解问题的流程如图 2-28 所示，具体有七个步骤。

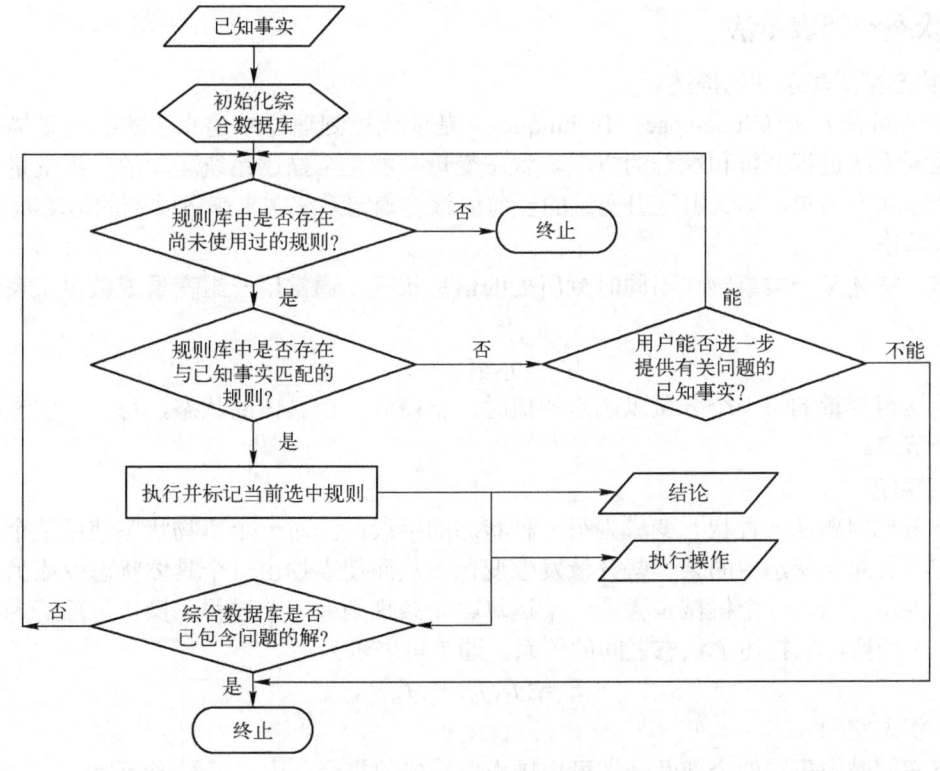

图 2-28 产生式系统求解问题流程

1）初始化综合数据库。
2）检查规则库中是否存在尚未使用过的规则，若有则执行第 3）步；否则转第 7）步。
3）选择可与综合数据库中已知事实相匹配的规则，如没有转第 6）步。
4）执行并标记当前选中规则，把所得到的结论作为新事实放入综合数据库；如果该规则的结论是一些操作，则执行这些操作。

5）检查综合数据库中是否包含了该问题的解，如是，问题求解结束；否则，转第2）步。

6）当规则库中没有与综合数据库中的已知事实相匹配的规则时，要求用户进一步提供关于该问题的已知事实，若能提供，则转第 2）步；否则，说明该问题无解，终止问题求解过程。

7）若知识库中不再有未使用规则，说明该问题无解，终止问题求解过程。

4．产生式表示法的特点

产生式表示法具有自然性、模块性和有效性的优点。产生式表示法使用"如果……则……"形式表示知识，与人类的判断性知识相像，直观、自然，便于推理，这是其自然性；规则库中的每条规则都是一个独立的知识单元，描述前提与结论之间的一种静态关系，其正确性能够独立的得到保证，各个规则之间不相互调用，这是其模块性；此外，产生式表示法除了可以表示确定知识外，稍做变形后可以表示不确定性知识，这是其有效性。

然而，产生式表示法在知识表示时具有效率低下的缺点，在产生式表示中，各规则之间的联系必须以综合数据库为媒介，其求解过程需要不断地、反复地执行"匹配-冲突消解-执行"过程；同时，对于具有结构关系或层次关系的知识，难以用产生式将其表示。

2.2.5 状态空间表示法

1．状态空间表示法的描述

状态空间表示法（State-space Techniques）是现代控制理论中建立在状态变量描述基础上的对控制系统进行分析和综合的方法。状态变量是能完全描述系统运动的一组变量。如果系统的外输入为已知，那么由这组变量的当前值就能确定系统在未来各时刻的运动状态。

（1）状态

状态，描述某一类事物在不同时刻所处的信息状况，通常用一组变量或数组来表示，如表示为

$$Q = \{q_1, q_2, \cdots, q_n\}$$

当给这组变量的每一个分量以确定的值时，就得到一个具体的状态，每一个状态都是事物的一个节点。

（2）操作

操作是把问题从一种状态变成为另一种状态的手段。当对一个事物状态使用某个可用操作时，它将引起该状态中的某一些分量发生变化，从而使事物由一个具体状态变成另一个具体状态。操作可以是一个机械步骤、一个运算、一条规则或一个过程。操作可理解为状态集合上的一个函数，它描述了状态之间的关系。通常可表示为

$$F = \{f_1, f_2, \cdots, f_m\}$$

（3）状态空间

状态空间是由事物的全部及一切可用操作所构成的集合，用三元组表示为

$$(\{Q_s\}, \{F\}, \{Q_g\})$$

其中，Q_s 表示初始状态，F 表示操作，Q_g 表示目标状态。

2．状态空间表示法示例

状态空间图是描述一个实体基于事件反应的动态行为，显示了该实体如何根据当前所处的状态对不同的事件做出反应。状态空间表示法的示例可参考如图 2-29 所示的航班管理的

状态图。

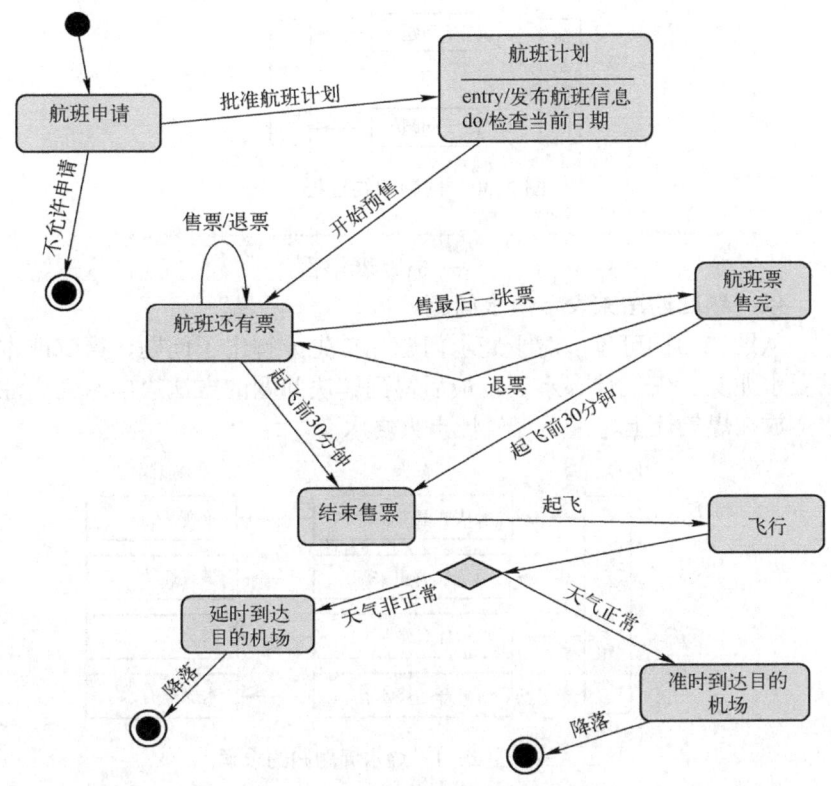

图 2-29 航班管理的状态图

利用状态空间表示法来解决问题的具体思路和步骤主要如下。
1）设定状态变量及确定值域。
2）确定状态组，分别列出初始状态集和目标状态集。
3）定义并确定操作集。
4）估计全部状态空间数，并尽可能列出全部状态空间或予以描述。
5）当状态数量不是很大时，按问题的有序元组画出状态空间图，依照状态空间图搜索求解。

依据上述的步骤，分析图 2-29 的航班管理，其状态空间表示见表 2-6。

表 2-6 航班管理的状态空间表示

状态	航班申请、航班计划、航班还有票、航班票售完、结束售票、飞行、延时到达目的机场、准时到达目的机场
操作	批准航班计划、开始预售、售票/退票、售最后一张票、起飞前 30 分钟、起飞等
状态空间	（{航班申请}，{批准航班计划}，{航班计划}）、 （{航班还有票}，{售最后一张票}，{航班票售完}）、 （{结束售票}，{起飞}，{飞行}）等

2.2.6 问题归约法

问题规约法是一种基于状态空间的问题描述与求解方法。它是根据已知问题的描述，通过一系列变换把此问题变为一个子问题集合，最后归约成一个本原问题，这些本原问题的解可以直接得到，从而解决了初始问题，问题归约的过程如图 2-30 所示。

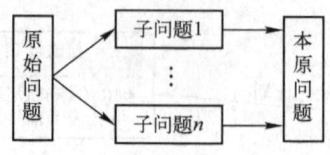

图 2-30　问题归约过程

小志来举例

以问题归约法来表示烧水问题。

从图 2-31 可见，对于烧水问题，首先分解出子问题，得到的本原问题是需要水龙头、煤气灶、水壶，最后得到解决问题的方法"向水壶中注满水，把水壶放在煤气灶上，最后煤气灶点火烧水"。

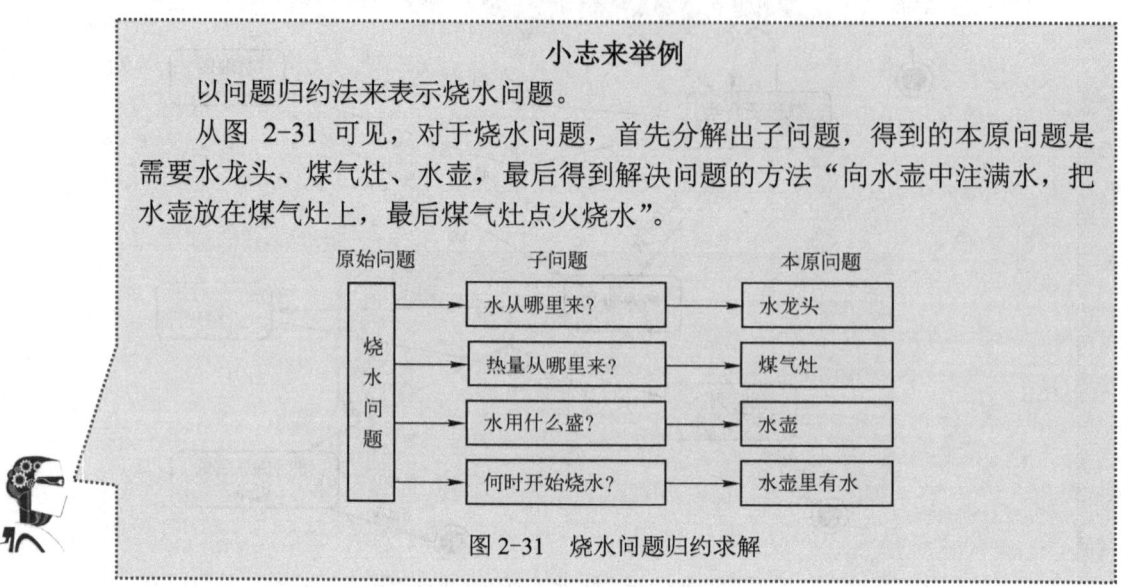

图 2-31　烧水问题归约求解

1．问题归约描述

（1）问题归约法的组成部分

问题归约法由三部分组成，如下所示。

- 一个初始问题描述。
- 一套把问题变换为子问题的操作符。
- 一套本原问题描述。

（2）问题归约的实质

问题归约法的实质是从目标（要解决的问题）出发逆向推理，建立子问题以及子问题的子问题，直到最后把初始问题归约为一个本原问题集合。

2．与或图表示法

与或图表示法是一种解决问题的手段和方法，用一个类似于图的结构来把问题归约为后继问题的替换集合，只要是可以抽象为节点之间关系的问题都可以用与或图来建模，进一步构建"与或网络"。比如，船舶零部件拆装流程可以用计算机语言进行流程图的建立，构建与或网络。

与或图是建模后由与节点及或节点组成的结构图，也叫问题归约图。与或图表示法是一种系统地将问题分解为互相独立的小问题，然后分而解决的方法，由终止节点、或节点和与节点组成。

- **终止节点**：对应于原问题的本原节点。

- **或节点**：只要解决某个问题就可解决其父辈问题的节点集合，如图 2-32b 所示，把一个原问题 P **变换**为子问题 P1、P2、P3，表示为（P1，P2，P3）。
- **与节点**：只有解决所有子问题，才能解决其父辈问题的节点集合，如图 2-32a 所示，把一个原问题 P **分解**为子问题 P1、P2、P3，（P1，P2，P3）各个节点之间用一段小圆弧连接标记。

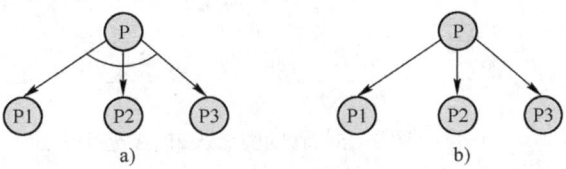

图 2-32 与图和或图

3．问题归约描述案例——汉诺塔

汉诺塔问题是一个源于印度古老传说的益智玩具。大梵天创造世界的时候做了三根金刚石柱子，在一根柱子上从下往上按照大小顺序摞着 64 片黄金圆盘，模型如图 2-33 所示。大梵天命令婆罗门做到以下三点。

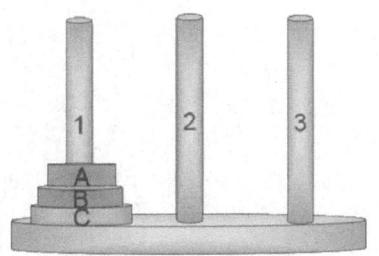

- ❖ 把圆盘从下面开始按大小顺序重新摆放在另一根柱子上。
- ❖ 在小圆盘上不能放大圆盘。
- ❖ 在三根柱子之间一次只能移动一个圆盘。

图 2-33 汉诺塔

小志来试试

为了说明问题，采用三个盘子 A、B、C 来阐述如何使用问题归约法解决汉诺塔问题。

小志来描述汉诺塔问题

用（C 盘的位置、B 盘的位置、A 盘的位置）来描述汉诺塔的目前状态，如下所示。

在图 2-34 中，原始问题的状态可以描述为（111），三个盘子 A、B、C 都在 1 号柱子上；解决问题后得到的目标状态可以描述为（333），三个盘子 A、B、C 都在 3 号柱子上。

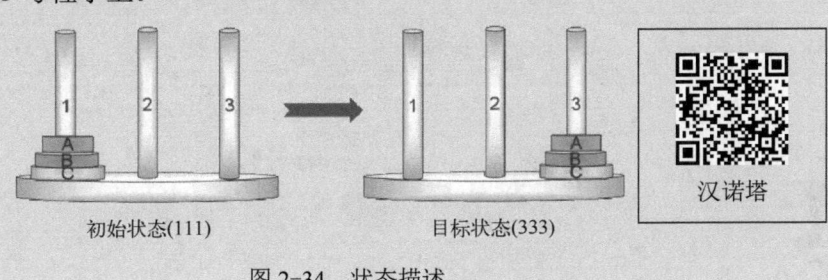

图 2-34 状态描述

小志来描述汉诺塔问题归约过程

原始问题可以归约为下列 3 个子问题。

- ❖ 子问题 1：移动圆盘 A 和 B 至柱子 2（借助柱子 3），见图 2-35。

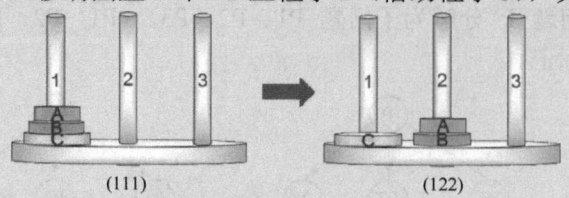

图 2-35　移动圆盘 A 和 B 至柱子 2

- ❖ 子问题 2：移动圆盘 C 至柱子 3，见图 2-36。

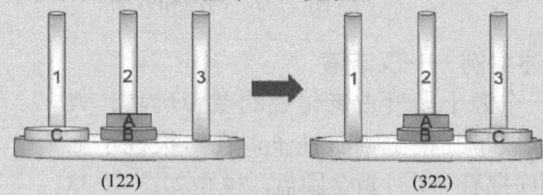

图 2-36　移动圆盘 C 至柱子 3

- ❖ 子问题 3：把圆盘 A 和 B 移至柱子 3（借助柱子 1），见图 2-37。

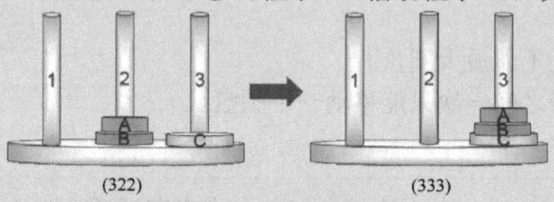

图 2-37　把圆盘 A 和 B 移至柱子 3

小志来描述汉诺塔问题归约全过程

汉诺塔用问题归约法求解的全过程，如图 2-38 所示。

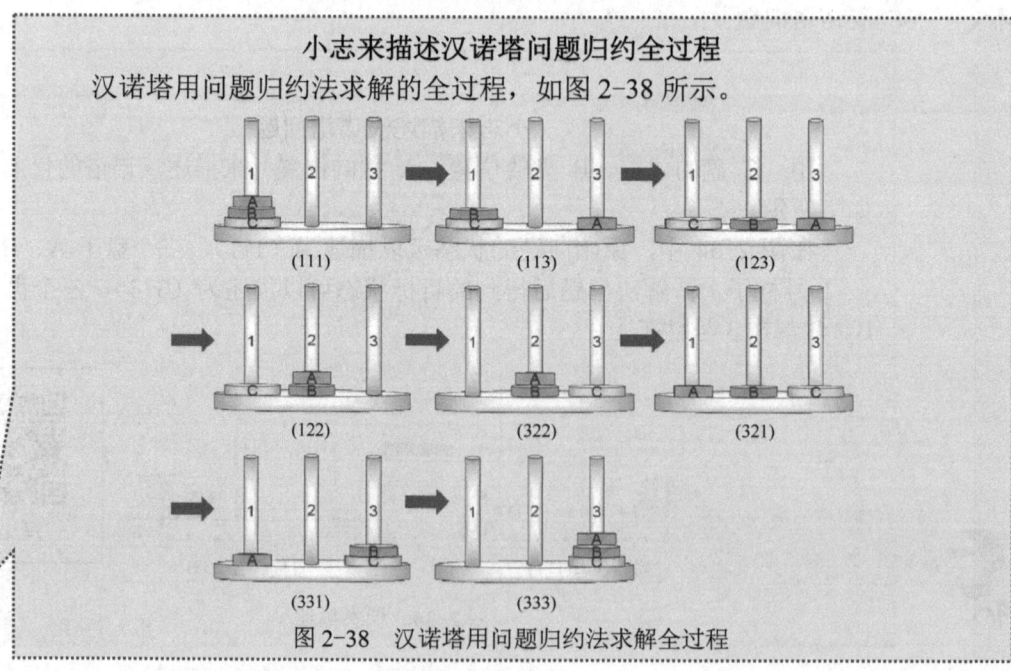

图 2-38　汉诺塔用问题归约法求解全过程

小志来用与或图描述汉诺塔问题归约全过程

用与或图描述汉诺塔的问题归约全过程,如图 2-39 所示。

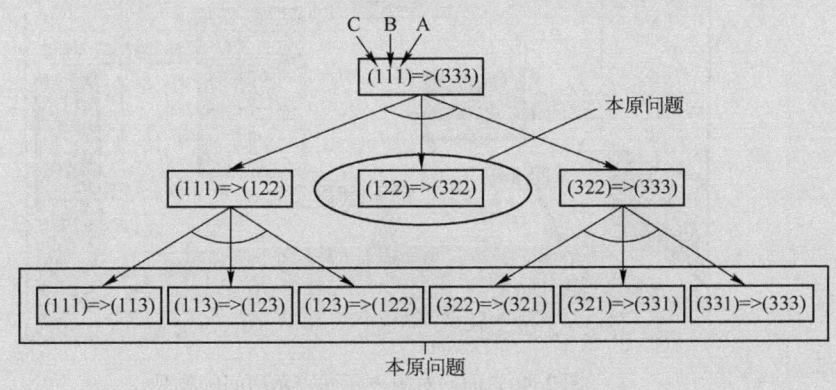

图 2-39 汉诺塔用问题归约全过程

从图 2-39 可以看到,3 个盘子的汉诺塔原始问题为(111)=>(333),该原始问题可以分解为 3 个子问题,即(111)=>(122)、(122)=>(322)和(322)=>(333),这 3 个子问题必须全部解决才行,所以用与图描述。另外,子问题(111)=>(122)还需分解为(111)=>(113)、(113)=>(123)和(123)=>(122)这 3 个子问题;子问题(322)=>(333)还需分解为(322)=>(321)、(321)=>(331)和(331)=>(333)这 3 个子问题,用与图描述。

最后,便得到本原问题:{(111)=>(113),(113)=>(123),(123)=>(122)},{(122)=>(322)}和{(322)=>(321),(321)=>(331),(331)=>(333)}。解决这些本原问题,汉诺塔的原始问题也就解决了。

2.2.7 面向对象表示法

面向对象的知识表示方法的基本出发点就是:客观世界是由一些实体组成的。这些实体有自己的状态,可以执行一定的动作。相似的实体抽象为较高层的实体,实体之间能以某种方式发生联系。所谓对象就是对这些实体的映像,对象中封装了数据成员(实例成员)和成员函数(方法)。数据成员可以用来描述对象的各种属性,这些属性是对外隐蔽的。外界可以且仅可以通过成员函数访问对象的私有成员,数据成员可以被初始化,可以通过成员函数来改变,因此对象可以动态地保存自己当前的状态。由于对象中还包含了操作(成员函数),因此可以把求解机制封装于对象之中,这样,对象既是信息的存储单元,又是信息处理的独立单元,它具有一定的内部结构和处理能力。各种类型的求解机制分布于各种对象,通过对象之间消息的传递完成整个问题的求解过程。用对象表示的知识与客观情况更为接近,这种表示方案比较自然,易于理解。

从图 2-40 可以看出,技术人员采用面向对象表示法将房间的物品分别抽象表示为隐私管理器、室内会话初始化开始、单例娱乐项目提供商、单例娱乐项目画面监控器、解渴物质容器、客厅分离器装饰、多用户缓冲区和访客监控接口等。

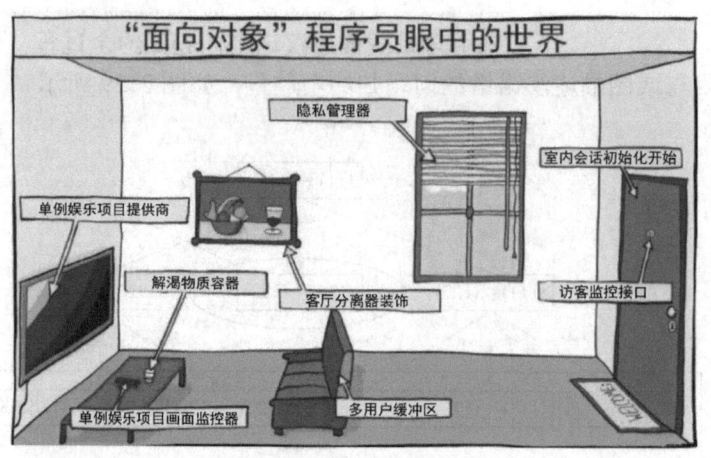

图 2-40 面向对象表示法表示房间的物品

1. 面向对象的基本概念

对象是由一组数据和与该数据相关的操作构成的实体。类由一组变量和一组操作组成，它描述了一组具有相同属性和操作的对象。每个对象都属于某一个类，每个对象都可由相关的类生成，类的生成过程就是实例化。表 2-7 为面向对象的基本组成。

表 2-7 面向对象的基本组成

概念	功能描述	举例
对象	客观世界中的任何事物	轿车、越野车、货车、消防车、救护车等

类	一组相似对象的抽象，是这些相似对象共同特性的汇总，可以实例化成具体的对象	将轿车、越野车、货车等车抽象以下类：
		移动的装载工具（类名为车）
		{
		　属性 1：长、宽、高
		　属性 2：位置
		　属性 n：…
		
		　操作 1：直线运动
		　操作 2：开关门
		}

继承	父类所具有的数据和操作可被子类继承	●"货车"继承类<移动的装载工具>的所有属性和操作 ●"货车"具有"货箱"的属性和操作
封装	对象之间除了互递消息之外，不再有其他的联系 ● 对象的状态只能由它的私有操作来改变 ● 当一个对象要改变另一个对象时，它只能向该对象发送消息，该对象接受消息后就会根据消息的模式找出相应的操作，并执行操作改变自己的状态	如利用货车运送轿车的工作，其封装过程如下： ① 货车开货箱门，发送消息给轿车 ② 轿车收到消息，直线运动进货箱，发送消息给货车 ③ 货车收到消息，关货箱门 ④ 货车开始运送
基本特征	模块性、继承性、封装性、多态性、易维护性、便于进行增量设计	

2. 面向对象的知识表示

按照对象方法学的观点，一个对象的形式的四元组表示为

$$S ::=< ID, DS, MS, MI >$$

- S 表示主题层，根据系统反映的主题（Subject）来命名。
- ID 表示对象名，是对象标识符，反映当前对象及其所属类别。
- DS 表示属性层，是数据结构，描述了当前对象的内部状态及静态属性。
- MS 表示操作层或服务层，是采用的方法集，表明了系统内部所具有的策略支持和服

务操作集合。
- MI 表示连接层，为消息接口，用于接收外部对象发送的信息，并可配备消息模式集及给定的参数表来传递相关信息。

小志来举例

以导弹跟踪系统在 T_k 时刻飞行观测为例，来说明面向对象的知识表示。

图 2-41 所示的导弹跟踪系统，采用面向对象的知识表示方法，对该系统进行数据处理，见表 2-8。该问题的研究主题 S 为导弹飞行观测数据类，对象 ID 为 T_k 时刻观测数据，属性层 DS 包括方位、速度等，操作层 MS 包括 GPS 测量、特征跟踪等，消息层 MI 包括观测命令、读数、显示等。

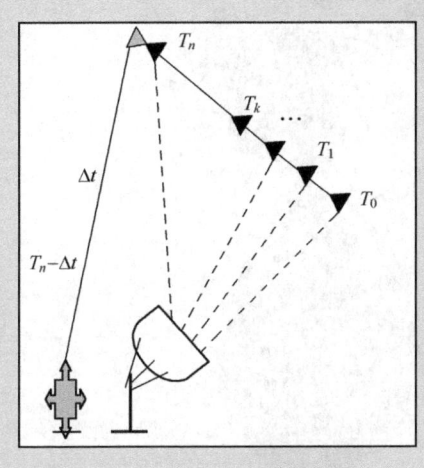

图 2-41 导弹跟踪系统示意图

表 2-8 导弹飞行观测数据的知识表示

主题 S	导弹飞行观测数据类
对象 ID	T_k 时刻观测数据
属性层 DS	方位 速度 加速度
操作层 MS	GPS 测量 特征跟踪 卡尔曼滤波 模板匹配
消息层 MI	观测命令 读数 显示 存储 处理 其他

3．面向对象表示方法的特点

面向对象表示方法是从对世界观测和认识的角度出发，实现对事物的描述表示，它具有如下特点。

（1）天然的层次性和结构性

"继承"带来了天然的层次性和结构性。在高层次，对象能封装复杂的行为，使具体细节对该层知识使用保持透明，从而降低问题描述和计算推理的复杂度；通过继承可以减少知识表达上的冗余，知识库的修改、增加、删减以及使用和维护都十分方便；对一个知识单元进行修改不会影响其他单元，每一知识单元中所包含的知识规则有限，推理空间小，提高了推理效率。

（2）良好的兼容性和灵活性

对象本身具有良好的兼容性和灵活性，它可以是数据，也可以是方法；可以是事实，也可以是过程；可以是一个框架，也可以是一个语义子网络。

（3）良好的扩展性和应用性

用几何语言来描述的话，面向对象的抽象机制实际上是将对象看成客观世界及其映射系统的分形元，因而事物都可以由这些分形元堆垒而成。分形的特征首先是不断的细分，这和知识结构的不断扩展是一致的。其次是"比例自相似性",使得人们有可能"从简单的原则衍生出复杂的系统"。

2.2.8 模糊逻辑表示法

在人类的日常生活中,人们每天都在使用许多不太清楚或含糊不清的模糊语言,比如,有点、稍微、略微、差不多、大概、一般、基本上、大多、相当、几乎等。它使人们不必用准确的百分比来表达,从而更简单、省力、有效。可是,这些模糊的认知色彩如果用机器就不可能直接表示,比如机器需要搞清楚"有点"具体是有多少,"差不多"具体是差多少,见图2-42。

图2-42 机器人不明白"注意高温"的模糊表述

模糊逻辑(Fuzzy Logic)就是来解决这些模糊性问题的,能使机器等人工智能按照类似人的思考方式去考虑推理一些类似于"远"和"近""快"和"慢"等具有模糊概念的问题。模糊逻辑使用隶属度代替布尔真值,在人工智能领域有重要的意义。

1. 隶属度及隶属度函数

(1)经典的布尔逻辑

布尔数值就是1和0,是和非,它是计算机逻辑的基础,其基本运算就是"与、或、非",体现在编程中就是"If…then…"。

布尔逻辑赋予计算机自动判断和决策的能力,但是却并不完美,甚至限制了计算机的能力,因为人类判断和决策往往没那么简单。比如布尔逻辑能够很好处理是非很清晰的场景,如图2-43a所示,用计算机可以轻松编写"如果下雨就提醒我出门带伞"这样的程序,因为下不下雨是一个清晰的是非逻辑。

然而人在实际决定带不带伞出门时,常会考虑降雨量的大小、雨会下多久。那多大的雨才算大雨而需要带伞(如图2-43b所示),多小的雨算小雨而不用带伞呢?这里并没有一个清晰的降雨量门槛决定人是否带伞。

a)　　　　　　　　b)

图 2-43　布尔问题与模糊问题

（2）隶属度

模糊逻辑并不会把一个命题直接分为真与假，在模糊逻辑中一个命题可以被称为"部分的真"。而对于真与假的归属，可以用隶属度来进行衡量。

一个元素 u 属于某个类别 A 的程度称为隶属度，隶属度是[0,1]内的一个取值，用来表示程度，隶属度的值越大，表明 u 属于 A 的程度越高，反之则表明 u 属于 A 的程度越低。

小志来举例

以模糊问题"如果下大雨才带雨伞"为例，来说明用隶属度解决问题的方法。

在小志的脑中，是不会区分"大雨、中雨和小雨"的，因为，"大雨、中雨和小雨"之间是没有严格的界限的，也就是说某一种雨量的大小并不完全归属于某一个类。为了解决这个问题，引入隶属度，对于某一大小降雨量的雨，就可以判断该降雨量的雨是属于大雨的程度，中雨的程度，还是小雨的程度，通过比较程度来判定类别。

图 2-44 为人类观测下雨总结得到的降雨量与隶属度的关系图，如对于 10mm 降雨，小雨的隶属度为 0.5，中雨的隶属度为 0.4，大雨的隶属度为 0.1；对于 100mm 降雨，小雨的隶属度为 0，中雨的隶属度为 0.3，大雨的隶属度为 0.7。从而得到 10mm 降雨是小雨，100mm 降雨是大雨的结论。

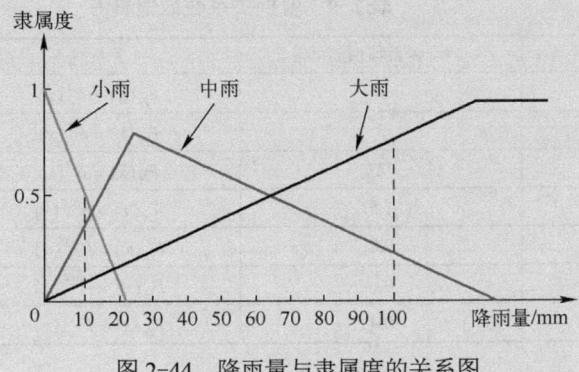

图 2-44　降雨量与隶属度的关系图

（3）隶属度函数

模糊变量是由若干个属性代表的隶属度函数定义的变量，某个属性的隶属度越高，则说明该变量越接近这个属性。如图 2-44 中雨量的大小是一种模糊变量，由三条曲线来描述小雨、中雨、大雨的隶属度，这三条曲线的数学方程称为隶属度函数，通常用 $F(x)$ 来表示。

在不同的具体问题中，往往需要选择不同的隶属度函数，对隶属度函数的选择通常依赖相关领域的专家知识。如图 2-45 所示是一些常用的隶属度函数，图 2-45a 为三角形函数，图 2-45b 为梯形函数，图 2-45c 为 Sigmoid 函数。

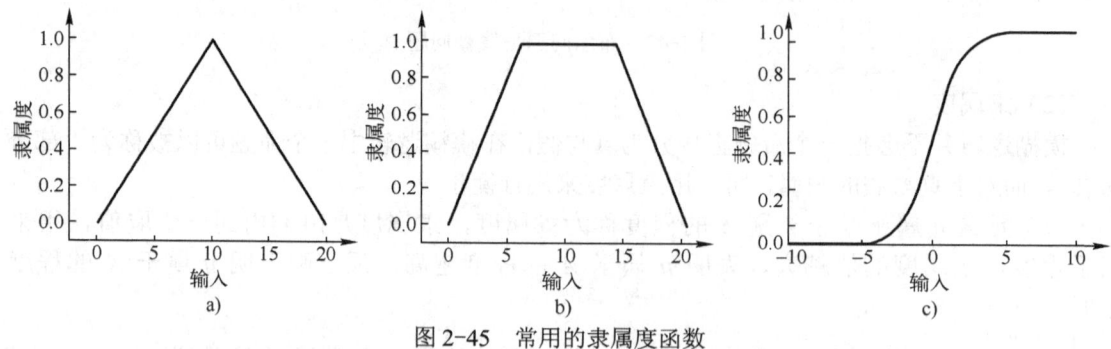

图 2-45　常用的隶属度函数

a）三角形函数　b）梯形函数　c）Sigmoid 函数

利用隶属度和隶属度函数来解释模糊问题，认为模糊问题的判断不是只有"真"和"假"两种逻辑真值，逻辑真值还具有离散的中间过渡的特点，通过穷举的方法表示过渡性，其真值可以是区间[0,1]内的任何值，这种逻辑称为多值逻辑。相比于经典的二值逻辑，多值逻辑本质上是一种精确的逻辑。

（4）限制词

使用"有点、稍微、略微、差不多、大概、一般、基本上、大多、相当"等限制词来修饰一个隶属度函数 $F(x)$，使得隶属度函数 $F(x)$ 的形状发生改变，变成一个新的隶属度函数。

新的隶属度函数 $F_H(x)$ 与原隶属度函数 $F(x)$ 的关系为

$$F_H(x) = F^\lambda(x)$$

其中，λ 表示变换关系数，具体的值可以参照表 2-9。

表 2-9　变换关系数取值参考

限制词	关系数值 λ	关系式	例子
极	4	$F_H(x) = F^4(x)$	极大雨、极高温
非常	3	$F_H(x) = F^3(x)$	非常大雨、非常高温
很	2	$F_H(x) = F^2(x)$	很大雨、很高温
相当	1.5	$F_H(x) = F^{1.5}(x)$	相当大雨、相当高温
比较	0.8	$F_H(x) = F^{0.8}(x)$	比较大雨、比较高温
略	0.6	$F_H(x) = F^{0.6}(x)$	略大雨、略高温
稍	0.4	$F_H(x) = F^{0.4}(x)$	稍大雨、稍高温

2．模糊集合

（1）经典集合

对于任意一个集合 A，论域中的任何一个元素 x，或者属于 A，或者不属于 A，集合 A

就称为经典集合。集合 A 也可以由其特征函数定义：

$$f_A(x) = \begin{cases} 1 & x \in A \\ 0 & x \notin A \end{cases}$$

（2）模糊集合

设存在一个普通集合 U，U 到[0,1]区间的任一映射 F 都可以确定 U 的一个模糊子集，称为 U 上的模糊集合 A，论域上的元素可以"部分地属于"集合 A。其中映射 F 叫作模糊集的隶属度函数，对于 U 上一个元素 x，F(x)叫作 x 对于模糊集的隶属度，也可写作 A(x)。

可以看出，经典集合可以看作一种退化的模糊集合，即论域中不属于该经典集合的元素隶属度为 0，其余元素隶属度为 1。

（3）模糊集合表示法

模糊集的表示方法有很多种，其中常用的有如下两种。

1）Zadeh 表示法。

$$A = \begin{cases} \sum_{u \in U} \dfrac{f_A(u)}{u} & \text{离散} \\ \int_u \dfrac{f_A(u)}{u} & \text{连续} \end{cases}$$

2）序偶表示法。

$$A = \{(u, f_A(u)) \mid u \in U\}$$

小志来举例模糊集合表示法

在考核中，学生的绩点为[0,5]区间上的实数。按照常识，绩点在 3 以下显然不属于"优秀"，绩点在 4.5 以上则显然属于"优秀"，这是没有问题的。然而，绩点为 4.4 时该怎么算？

假设各绩点对"优秀"的隶属度可以用如图 2-46 所示的曲线表示。

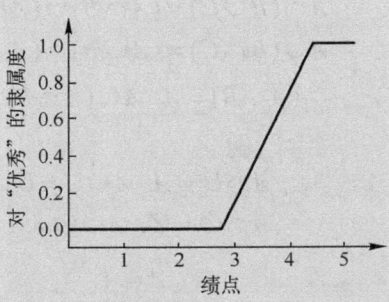

图 2-46 各绩点对"优秀"的隶属度

在这个例子中，设模糊集合"优秀"为 A，从图 2-46 所示的曲线可以求得隶属度函数为

$$f_A(u) = \begin{cases} 0 & 0 \leqslant u < 3 \\ \dfrac{2}{3}u - 2 & 3 \leqslant u < 4.5 \\ 1 & 4.5 \leqslant u \leqslant 5 \end{cases}$$

- 此处的论域是连续的，模糊集合用 Zadeh 表示法可以表示为

$$A = \int_{0 \leqslant u < 3} \frac{0}{u} + \int_{3 \leqslant u < 4.5} \frac{\frac{2}{3}u - 2}{u} + \int_{4.5 \leqslant u \leqslant 5} \frac{1}{u}$$

- 用序偶表示法可以表示为

$$A = \{(u,0) \mid 0 \leqslant u < 3\} + \left\{ \left(u, \frac{2}{3}u - 2\right) \middle| 3 \leqslant u < 4.5 \right\} + \{(u,1) \mid 4.5 \leqslant u \leqslant 5\}$$

（4）模糊集合的运算

模糊集合与经典集合一样，具有交、并、补等运算，也遵循经典集合的运算定律，如下所示。

1）交、并、补等运算。

- 交集运算：$\mu_{A \cap B}(u) = \min\{\mu_A(u), \mu_B(u)\}$
- 并集运算：$\mu_{A \cup B}(u) = \max\{\mu_A(u), \mu_B(u)\}$
- 补集运算：$\mu_{\bar{A}}(u) = 1 - \mu_A(u)$

2）运算定律。

- 幂等律： $A \cup A = A, \ A \cap A = A$
- 交换律： $A \cap B = B \cap A, \ A \cup B = B \cup A$
- 结合律：

$$(A \cup B) \cup C = A \cup (B \cup C)$$
$$(A \cap B) \cap C = A \cap (B \cap C)$$

- 分配律：

$$A \cap (B \cup C) = (A \cap B) \cup (A \cap C)$$
$$A \cup (B \cap C) = (A \cup B) \cap (A \cup C)$$

- 吸收律： $A \cap (A \cup B) = A, \ A \cup (A \cap B) = A$
- 两极律：

$$A \cap U = A, \ A \cup U = U$$
$$A \cap \varnothing = \varnothing, \ A \cup \varnothing = A$$

- 复原律： $\bar{\bar{A}} = A$
- 摩根律： $\overline{A \cup B} = \bar{A} \cap \bar{B}, \ \overline{A \cap B} = \bar{A} \cup \bar{B}$

3. 模糊逻辑

经典逻辑是二值逻辑，其中一个变元只有"真"和"假"（1 和 0）两种取值，不存在任何第三值。

模糊逻辑也属于一种多值逻辑，在模糊逻辑中，变元的值可以是[0,1]区间上的任意实数。设 P、Q 为两个变元，模糊逻辑的基本运算定义如下。

- 补集运算：$\bar{P} = 1 - P$
- 交集运算：$P \wedge Q = \min(P, Q)$，min 表示最小值函数

❖ 并集运算：$P \vee Q = \max(P, Q)$，max 表示最大值函数
❖ 蕴含运算：$P \rightarrow Q = ((1-P) \vee Q)$
❖ 等价运算：$P \leftrightarrow Q = (P \rightarrow Q) \wedge (Q \rightarrow P)$

4. 模糊关系

模糊关系可以看作经典关系的扩展。可以给出模糊关系的定义为：设 X 和 Y 是两个经典集合，$X \times Y$ 是 X 与 Y 的笛卡儿乘积，若将 $X \times Y = \{(x, y) | x \in X, y \in Y\}$ 看作退化的模糊集合，则 $X \times Y$ 上的模糊关系是 $X \times Y$ 的一个模糊子集，记为 R。一般来说，R 的隶属度函数表征的是 X 上元素 x 与 Y 上元素 y 关系的程度。

模糊关系也是一种模糊集合，若 $R(x,y)$ 取值为 0 或 1，这种模糊集合就等同于经典集合，模糊关系也退化为经典关系的形式。

情境操作

2.3 任务实施

2.3.1 任务 1 动物识别的产生式知识表示

任务目标

动物园里有 7 只动物：金钱豹、老虎、长颈鹿、斑马、鸵鸟、企鹅和信天翁。现需要用产生式知识表示，让机器人小志来辨识这 7 种动物，见图 2-47。

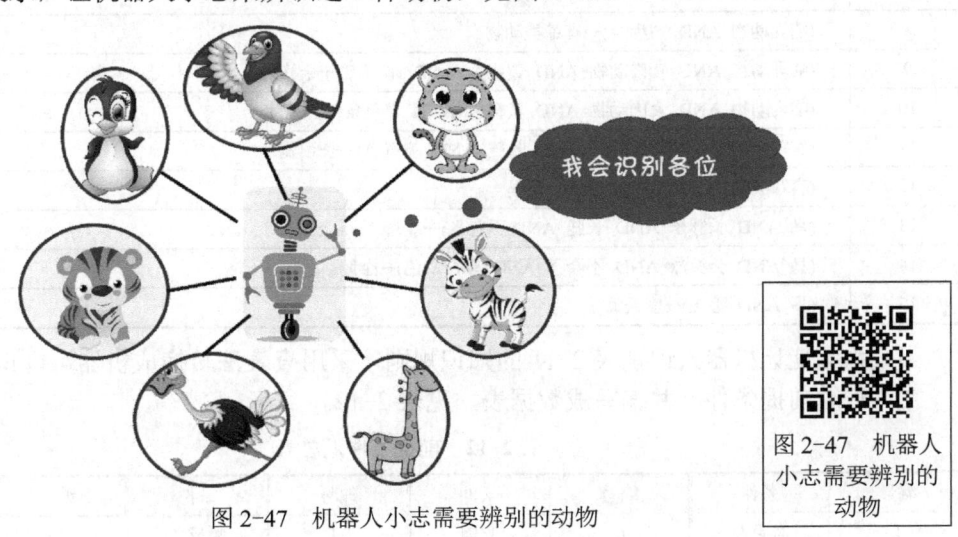

图 2-47 机器人小志需要辨别的动物

图 2-47 机器人小志需要辨别的动物

实施过程

1）列出动物们的特征表，见表 2-10。

表 2-10 动物们的特征表

动物	食肉类			哺乳类		有蹄类		鸟类			其他特征		
	吃肉	犬齿	爪	毛发	有奶	蹄	嚼反刍	羽毛	会飞	下蛋	肤色	纹路	其他
金钱豹	√	√	√	√	√						黄褐	暗斑点	
老虎	√	√	√	√	√						黄褐	黑色条纹	
长颈鹿				√		√	√					暗斑点	长腿长脖子
斑马				√		√	√					黑色条纹	
鸵鸟									√	√			长腿长脖子
企鹅								√		√	黑白二色		会游泳
信天翁								√	√				

2）根据产生式表示方式"<产生式> ∷=<前提>→<结论>"转化成知识规则，见表 2-11。

表 2-11 动物识别的产生式知识表示规则

序号	产生式规则
1	有毛发→哺乳动物
2	有奶→哺乳动物
3	有羽毛→鸟
4	(会飞 AND 下蛋)→鸟
5	(哺乳动物 AND 吃肉)→食肉动物
6	(有犬齿 AND 有爪 AND 眼盯前方)→食肉动物
7	(哺乳动物 AND 有蹄)→有蹄类动物
8	(哺乳动物 AND 嚼反刍)→有蹄类动物
9	(哺乳动物 AND 食肉动物 AND 黄褐色 AND 暗斑点)→金钱豹
10	(哺乳动物 AND 食肉动物 AND 黄褐色 AND 黑色条纹)→虎
11	(有蹄类动物 AND 长脖子 AND 长腿 AND 暗斑点)→长颈鹿
12	(有蹄类动物 AND 黑色条纹)→斑马
13	(鸟 AND 长脖子 AND 长腿 AND 不会飞)→鸵鸟
14	(鸟 AND 会游泳 AND 不会飞 AND 黑白二色)→企鹅
15	(鸟 AND 善飞)→信天翁

3）为了能让机器人识别表 2-11 的知识规则，采用查表法转换成机器可以识别的语言。
① 汇总前提条件，并编写成数据表，见表 2-12。

表 2-12 前提条件汇总表

编号	条件	编号	条件	编号	条件	编号	条件
1	有毛发	6	吃肉	11	嚼反刍	16	长腿
2	有奶	7	有犬齿	12	黄褐色	17	不会飞
3	有羽毛	8	有爪	13	暗斑点	18	会游泳
4	会飞	9	眼盯前方	14	黑色条纹	19	黑白二色
5	下蛋	10	有蹄	15	长脖子	20	善飞

② 汇总中间结论，并编写成数据表，见表 2-13。

表 2-13　中间结论汇总表

编号	中间结论	编号	中间结论	编号	中间结论	编号	中间结论
21	哺乳动物	22	鸟	23	食肉动物	24	有蹄类动物

③ 汇总结论，并编写成数据表，见表 2-14。

表 2-14　结论汇总表

编号	结论	编号	结论	编号	结论	编号	结论
25	金钱豹	27	长颈鹿	29	鸵鸟	31	信天翁
26	虎	28	斑马	30	企鹅		

④ 根据表 2-12、表 2-13、表 2-14 转换表 2-11 的知识规则，见表 2-15。

表 2-15　知识规则编码转换

编码代号	产生式规则
1→21	有毛发→哺乳动物
2→21	有奶→哺乳动物
3→22	有羽毛→鸟
4,5→22	(会飞 AND 下蛋)→鸟
21,6→23	(哺乳动物 AND 吃肉)→食肉动物
7,8,9→23	(有犬齿 AND 有爪 AND 眼盯前方)→食肉动物
21,10→24	(哺乳动物 AND 有蹄)→有蹄类动物
21,11→24	(哺乳动物 AND 嚼反刍)→有蹄类动物
21,23,12,13→25	(哺乳动物 AND 食肉动物 AND 黄褐色 AND 暗斑点)→金钱豹
21,23,12,14→26	(哺乳动物 AND 食肉动物 AND 黄褐色 AND 黑色条纹)→虎
24,15,16,13→27	(有蹄类动物 AND 长脖子 AND 长腿 AND 暗斑点)→长颈鹿
24,14→28	(有蹄类动物 AND 黑色条纹)→斑马
22,15,16,17→29	(鸟 AND 长脖子 AND 长腿 AND 不会飞)→鸵鸟
22,18,17,19→30	(鸟 AND 会游泳 AND 不会飞 AND 黑白二色)→企鹅
22,20→31	(鸟 AND 善飞)→信天翁

4）采用 Python 编写程序，将表 2-11 的知识规则存储在机器人小志的存储器内。

① 定义前提条件的数据结构，该数据结构称为综合数据库，详见学习情境 3。

```
dict_before={    '1':'有毛发','2':'有奶','3':'有羽毛','4':'会飞','5':'下蛋','6':'吃肉','7':'有犬齿',
                 '8':'有爪','9':'眼盯前方','10':'有蹄','11':'嚼反刍','12':'黄褐色','13':'暗斑点',
                 '14':'黑色条纹','15':'长脖子','16':'长腿','17':'不会飞','18':'会游泳',
                 '19':'黑白二色','20':'善飞','21':'哺乳动物','22':'鸟','23':'食肉动物','24':'有蹄类动物',
                 '25':'金钱豹','26':'虎','27':'长颈鹿','28':'斑马','29':'鸵鸟','30':'企鹅',
                 '31':'信天翁'}
```

② 编写知识规则代码，形成知识规则库，详见学习情境3。

```
#自定义函数，对已经整理好的综合数据库 real_list 进行最终的结果判断
def judge_last(list):
    for i in list:
        if(i=='23'):
            for i in list:
                if(i=='12'):
                    for i in list:
                        if(i=='21'):
                            for i in list:
                                if(i=='13'):
                                    print("黄褐色,暗斑点,哺乳动物,食肉动物->金钱豹\n")
                                    print("所识别的动物为金钱豹")
                                    return 0
                                elif(i=='14'):
                                    print("黄褐色,黑色条纹,哺乳动物,食肉动物->虎\n")
                                    print("所识别的动物为虎")
                                    return 0
                elif(i=='14'):
                    for i in list:
                        if(i=='24'):
                            print("黑色条纹,有蹄类动物->斑马\n")
                            print("所识别的动物为斑马")
                            return 0
                elif(i=='24'):
                    for i in list:
                        if(i=='13'):
                            for i in list:
                                if(i=='15'):
                                    for i in list:
                                        if(i=='16'):
                                            print("暗斑点,长腿,长脖子,有蹄类动物->长颈鹿\n")
                                            print("所识别的动物为长颈鹿")
                                            return 0
        elif(i=='20'):
            for i in list:
                if(i=='22'):
                    print("善飞,鸟->信天翁\n")
                    print("所识别的动物为信天翁")
                    return 0
                elif(i=='22'):
                    for i in list:
                        if(i=='17'):
                            for i in list:
                                if(i=='15'):
                                    for i in list:
```

```
                                if(i=='16'):
                                    print("不会飞,长脖子,长腿,鸟->鸵鸟\n")
                                    print("所识别的动物为鸵鸟")
                                    return 0
                    elif(i=='17'):
                        for i in list:
                            if(i=='22'):
                                for i in list:
                                    if(i=='18'):
                                        for i in list:
                                            if(i=='19'):
                                                print("不会飞,会游泳,黑白二色,鸟->企鹅\n")
                                                print("所识别的动物为企鹅")
                                                return 0
                    else:
                        if(list.index(i) != len(list)-1):
                            continue
                        else:
                            print("\n 根据所给条件无法判断为何种动物")
```

小志来提问

同学们有没有发现这样的问题：上述用代码编写的知识规则只完成表 2-11 中的第 9～15 条，那其他的规则呢？请详见学习情境 3 找答案。

5）有关搜索和推理的代码将在学习情境 3 实现。

6）案例分析欣赏。

本任务用产生式知识表示方法来描述 7 种动物，形成"机器脑"里的知识，从中我们了解到信天翁、企鹅、鸵鸟这三种动物都是鸟，但为什么企鹅和鸵鸟不会飞，而信天翁会飞呢？众所周知，这是物竞天择、适者生存的结果，它又能给我们带来什么样的启示？

企鹅为什么不会飞

从企鹅的起源来说，科学家们发现企鹅身上存在着尾综骨。鸟类的祖先是蜥蜴型的，在基因的继承过程中，保留了一个由脊椎骨组成的长尾巴。在物种进化过程中，鸟的尾骨最终缩成一块小的骨节，名为尾综骨，其主要作用是用来支持尾羽。不论是早期的始祖鸟，还是现今的鸟类，它们的骨架结构上都存在尾综骨，这也证明了企鹅的祖先也是拥有飞行本领的。再者，虽然企鹅已经不像其他鸟类那样拥有翮羽，但它的体内仍存在支撑翮羽的结构，它的鳍翅属于飞翼，小脑也是高度发达，这些证据都能证明其祖先拥有飞行的本领。除此之外，企鹅在睡觉时会把喙插在翅下，这种习惯特征也与鸟类相同。

从生物力学的角度来解释，也有科学家指出企鹅不会飞的原因是潜水的能量消耗远低于飞行而做出的最优选择。生活在太平洋、大西洋北部的海鸠，是一种和企鹅非常类似的海鸟，不同的是它仍然保留了飞行能力。根据科学研究结果指出，通过一种叫作双标水的同位素技术可以监控海鸠运动时的能量消耗。在测试海鸠飞行和潜水两种运动状态的能量消耗后可以发现，其潜水时所需的能量远低于其他鸟类，仅次于企鹅潜水的效率。但是，海鸠飞行时所需的能量不仅是飞行鸟类中最高的，而且远远高于其自身的基础代谢率。从生物力学的角度来说，这种低耗能潜水行为和高耗能飞行行为会让海鸠在进化中有失去飞行能力的可能。这也从侧面说明了企鹅失去飞行能力也可能是同种原因所造成的。

因为生活在隔绝性的海岛上，企鹅不需要花费极大的飞行气力去躲避天敌，所以在进化过程中逐步失去了飞行能力。这种情况也类似于鸡、鸭、鹅，它们在人类的饲养下，也逐渐丧失了飞行能力。

小志的温馨提示——了解自己的重要性

很多人对大学生的学习和生活都有这样的亲身写照："我来到大学后感到很迷茫，这里与我原本的想象并不一样""我只能在游戏中失去自我，上课越来越没劲""我是应该去找工作还是去考研，前途一片迷茫""我找工作的时候特迷茫，我不知道找什么样的工作""我刚就业的时候，一个月都换了 15 份工作，我不知道什么的工作适合我"……

从企鹅不会飞的资料可以知道，企鹅是典型的海鸟，虽然长着鸟的头和喙，以及两个翅膀，却不能飞行；相反，它一到海里就活蹦乱跳得像条鱼，并且能以每小时 18 千米的速度在水中飞驰。

在海鸠的生物进化历程中，海鸠了解自己的本领——既会飞也会游泳，但为了适应环境求生存，低耗能潜水行为和高耗能飞行行为，似乎让海鸠做出失去飞行能力的选择而坚持努力下去，于是进化成了企鹅，每天快活在南极游泳嬉戏。

刚进入大学生活学习的我们，为了避免日后的迷茫，在大学期间应该做到以下两点

一是"认识你自己"。认清自己的长处和短板，自己的兴趣所在，自己适合做什么，自己能够做什么，这些都很重要。如，一个想保送研究生的同学，必然会在功课上花费更多的时间；一个想提高社交能力的同学，必然会在社团活动中投入更多的精力；一个想考研的学生，必然会在大学一年级就学好相应的考试科目。

二是"坚持做自己"。使自己走出迷茫的方法只有一个，那就是去做。积跬步以至千里，如果根本就不迈出脚步，又怎么能够离开原点？所以，别等着想明白了再动手，有些事情想不明白，有些事情总在明白与不明白之间游荡。别觉得现在没有状态，状态不是等出来的，状态是做出来的。

2.3.2 任务2 传教士和野人过河问题的状态空间知识表示

任务目标

现需要机器人小志实现任务"用状态空间的知识表示方法来解决传教士和野人过河的问题",见图 2-48。具体要求如下。

图 2-48 传教士和野人过河问题

现有一条河,河的左岸有 3 个传教士、3 个野人和一艘小船。

1)约束条件一:小船一次最多可乘 2 人。

2)约束条件二:左岸、右岸和船上要么没有传教士,要么野人数量不超过传教士,否则野人会把传教士吃掉。

3)通过建立知识表示,确保所有的野人和传教士安全渡到右岸。

实施过程

1)设置状态变量并确定值域。

根据任务描述,设定 M 为传教士人数,C 为野人人数,B 为船数,要求 $M \geqslant C$ 且 $M \leqslant 3$、$C \leqslant 3$,L 表示左岸,R 表示右岸。其初始状态和目标状态如表 2-16 和表 2-17 所示。

表 2-16 初始状态

	L	R
M	3	0
C	3	0
B	1	0

表 2-17 目标状态

	L	R
M	0	3
C	0	3
B	0	1

2)确定状态组,分别列出初始状态集和目标状态集。

过河问题的状态空间只记录左岸状态,用以下三元组来表示:

$$(ML, CL, BL)$$

其中,$0 \leqslant ML \leqslant 3, 0 \leqslant CL \leqslant 3, BL \in \{0, 1\}$,则过河问题的原始问题表述为

$$S_0 : (3,3,1) \to S_g : (0,0,0)$$

其中，初始状态 S_0、目标状态 S_g，初始状态表示全部成员在河的左岸；目标状态表示全部成员从河的左岸全部渡河完毕。

3）定义并确定规则集合。

以河的左岸为基点来考虑，把船从左岸划向右岸定义为 P_{ij} 操作。其中，下标 i 表示船载的传教士人数，下标 j 表示船载的野人人数；同理，从右岸将船划回左岸称之为 Q_{ij} 操作，i、j 的定义同前。表 2-18 所示为所有过河操作规则集合。

表 2-18 过河操作规则

编号	坐船者		船行驶方向		操作表达式
	传教士	野人	从左向右	从右向左	
P_{10}	1	0	√		if$(ML,CL,BL=1)$then$(ML-1,CL,BL-1)$
P_{01}	0	1	√		if$(ML,CL,BL=1)$then$(ML,CL-1,BL-1)$
P_{11}	1	1	√		if$(ML,CL,BL=1)$then$(ML-1,CL-1,BL-1)$
P_{20}	2	0	√		if$(ML,CL,BL=1)$then$(ML-2,CL,BL-1)$
P_{02}	0	2	√		if$(ML,CL,BL=1)$then$(ML,CL-2,BL-1)$
Q_{10}	1	0		√	if$(ML,CL,BL=0)$then$(ML+1,CL,BL+1)$
Q_{01}	0	1		√	if$(ML,CL,BL=0)$then$(ML,CL+1,BL+1)$
Q_{11}	1	1		√	if$(ML,CL,BL=0)$then$(ML+1,CL+1,BL+1)$
Q_{20}	2	0		√	if$(ML,CL,BL=0)$then$(ML+2,CL,BL+1)$
Q_{02}	0	2		√	if$(ML,CL,BL=0)$then$(ML,CL+2,BL+1)$

由表 2-18 可以得到过河问题共有 10 种操作，其操作集为

$$F=\{P_{01},P_{10},P_{11},P_{02},P_{20},Q_{01},Q_{10},Q_{11},Q_{02},Q_{20}\}$$

4）采用 Python 编写程序将表 2-18 的知识规则和操作集存储在机器人小志的存储器内。

① 编写约束的知识规则。

```
#自定义全局变量
m=3      #m 表示传教士总人数
c=3      #c 表示野人总数
bn=2     #bn 表示船上能乘坐的人数

"""------------------------------------------
函数名称：checkok 函数
函数功能：用于判断当前状态是否合法
input：tm,tc,tn
return：可行返回 True，否则返回 False
------------------------------------------"""
def checkok(tm,tc,tn):
```

```
#保证数值不会越界，如果数值越界退出
if tm<0 or tm>m or tc<0 or tc>c:
    return False
#保证在左岸和右岸的传教士和野人的数量满足条件（传教士人数>=野人数）
elif (tm<tc and tm>0 and tc>0) or ((m-tm)<(c-tc) and m-tm>0 and c-tc>0):
    return False
#条件满足可以执行操作
else:
    #执行操作
    return True
```

② 编写船从左划向右操作代码。

```
"""------------------------------------------------
函数名称：LeftToRight 操作函数
函数功能：用于船从左划向右的状态改变
input：mm,cc,nn
return：没有返回值
------------------------------------------------"""
def LeftToRight(mm,cc,nn):
    for x in range(bn+1):
        for y in range(bn+1):
            if x + y >= 1 and x + y <= bn and (x>=y or x==0 or y==0):
                #船上要满足传教士数量大于等于野人数量或者没有传教士的情况
                tm,tc,tn=mm-x,cc-y,nn-1
```

③ 编写船从右划向左操作代码。

```
"""------------------------------------------------
函数名称：RightToLeft 操作函数
函数功能：用于船从右划向左的状态改变
input：mm,cc,nn
return：没有返回值
------------------------------------------------"""
def RightToLeft(mm,cc,nn):
    for x in range(bn+1):
        for y in range(bn+1):
            if x + y >= 1 and x + y <= bn and (x>=y or x==0 or y==0):
                #船上要满足传教士数量大于等于野人数量或者没有传教士的情况
                tm,tc,tn=mm+x,cc+y,nn+1
```

5）根据约束规则和操作，当状态数量不是很大时，画出合理的状态空间图，见图2-49。

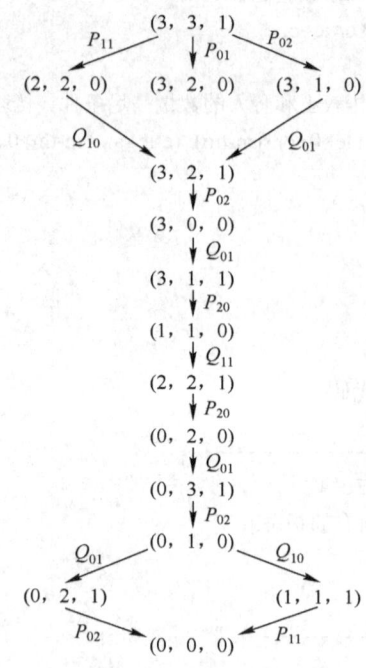

图 2-49 过河问题的状态空间图表示

6）编写程序实现图 2-49 所示的功能，这个代码将在学习情境 3 中实现。

7）案例分析欣赏。

通过状态空间知识表示的方法，我们可以把解决问题的原因或条件和状态结果联系起来，通过状态空间图，可以把问题分析得全面、透彻，从而获得更优的方案。

请欣赏一位老员工一直没有升职机会的故事。

一位老员工一直没有升职机会的故事

小明到公司工作两年多了，比小明后进公司的同事陆续都得到了升职的机会，小明却原地踏步，心里很不是滋味。在想"他们运气都这么好，也许关系比较硬吧……又或许是老板看我不顺眼……"

有一天，小明冒着被解聘的风险，找到老板理论。小明问："老板，我是否有过迟到、早退或乱章违纪的情况？"老板干脆地回答："没有啊，你一向很遵守规矩"。

小明问："那是公司领导对我有看法吗？"老板先是一怔，然后说："当然没有，我们都觉得你是个好员工。"

小明："为什么比我进公司晚，比我资历浅的人都可以得到重用升职，但我却一直在一个微不足道的岗位上工作了两年多，也没得到老板赏识，没有升职也没有加薪？"

老板一时不知道说啥好，愣住了，不一会笑笑说："你的事咱们等会儿再说，我这里有件急事，要不你临时先帮我处理一下？"

原来，一家公司的客户准备到公司来考察产品和实力状况，老板叫小明联系他们，问问什么时候过来。

"这可真是个非常重要的任务。"出门前,小明不忘调侃一句。心里在想,老让我干这种芝麻小事。

20分钟后,小明回到老板办公室汇报工作。

"联系好了吗?"老板马上问。

小明:"联系到了,他们说可能下星期才能过来。"

"具体是下星期几?"老板问。

小明:"这个我倒没有细问,不清楚。"

"他们一共多少人来啊?"老板问。

小明:"啊?您没让我问这个啊!"

"那他们是坐火车、飞机,还是怎么来?"老板问。

小明:"这个您也没让我打听啊!"

老板不再说什么了,他打电话叫李四过来。李四比小明晚到公司近一年,但现在已经是一个部门的负责人了,老板交给他刚才相同的任务。大概10分钟后,李四回来了。

"哦,老板,是这样的……"李四开始汇报:"他们是坐下星期三下午5点的飞机,大约晚上8点钟到,他们一行8个人,由采购招标部袁经理领队,我跟他们说了,我们会安排接机。另外,他们打算考察三天时间,具体行程到了以后双方再协商。为了工作方便,我建议把他们安排在附近的迎宾馆,既方便又有档次和诚意,如果您同意,明天我就提前预订房间。再有,下周天气预报有阵雨,我会随时跟他们联系,如果行程有变,我随时跟您汇报。"

李四出去后,老板拍了拍小明的肩膀说:"嗯,现在我们来继续谈谈你提的问题。"

小明:"额,不用了,我已经明白了,谢谢老板,打搅您了。"

从上述的故事可以知道,李四给老板的感觉是"靠谱",李四能全面分析每一项工作的前因后果,并用最优的行动方案为企业创造最大利润,而小明却做事没有头绪,缺乏条理,不懂得用状态空间方法来综合考虑问题,因此一直没有升职的机会。

2.3.3 任务3 摆放家具的面向对象知识表示

任务目标

现需要机器人小志实现任务"用面向对象的知识表示方法来解决房子摆放家具的问题",如图2-50所示。具体要求如下:

1)房子(House)有户型、总面积和家具,新房子没有任何的家具。

2)家具(House Item)有名称和占地面积(单位:m^2),其中席梦思(bed)占地$4m^2$、衣柜(chest)占地$2m^2$、餐桌(table)占地$1.5m^2$。

3)通过建立知识表示后,能查看房子的信息,包括户型、总面积、剩余面积、家具名称列表。

图 2-50　房子摆放家具

 实施过程

1）根据任务描述，采用面向对象的知识表示方法来描述房子和家具，见表 2-19 和表 2-20。

表 2-19　房子的类

主题 S	房子的类 House
名称 ID	ID:房号
数据 DS	house_type:户型 area:总面积 item_list:家具清单
操作 MS	add_item:添加家具
消息 MI	查看户型、总面积、剩余面积和家具清单

表 2-20　家具的类

主题 S	家具的类 HouseItem
名称 ID	name:家具名
数据 DS	area:面积
操作 MS	——
消息 MI	——

2）采用 Python 语言编写家具的类代码，如下。

```
class HouseItem:
    def __init__(self, name, area):
        # param name: 家具名称
        # param area: 占地面积
        self.name = name
        self.area = area

    def __str__(self):
        return "[%s] 占地面积 %.2f" % (self.name, self.area)
```

以下是测试家具类的代码，运行后得到如图 2-51 所示的结果。

```
# 1. 创建家具
bed = HouseItem("席梦思", 4)
chest = HouseItem("衣柜", 2)
table = HouseItem("餐桌", 1.5)
print(bed)
print(chest)
print(table)
```

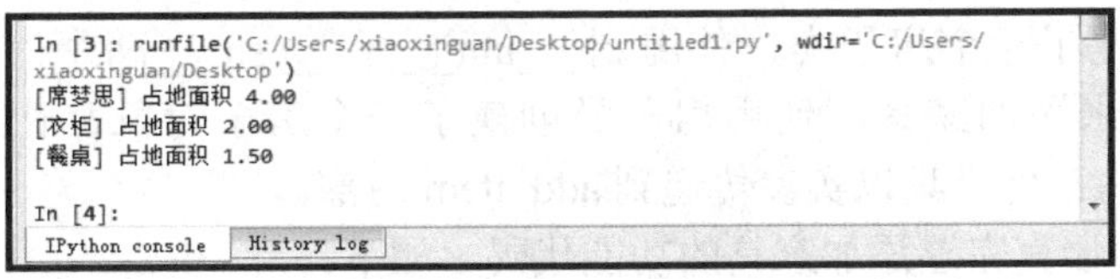

图 2-51 家具类的测试结果

从上看出，创建了一个家具类，使用到 __init__ 和 __str__ 两个内置方法，在测试时使用家具类创建了床、衣柜和餐桌三个家具对象，并且输出家具信息来进行查看。

3）采用 Python 语言编写房子的类代码，如下。

```
class House:
    def __init__(self, house_type, area):
        # param house_type: 户型
        # param area: 总面积
        self.house_type = house_type
        self.area = area
        # 剩余面积默认和总面积一致
        self.free_area = area
        # 默认没有任何的家具
        self.item_list = []

    def __str__(self):
        # Python 能够自动地将一对括号内部的代码连接在一起
        return ("户型：%s\n 总面积：%.2f[剩余：%.2f]\n 家具：%s"
                % (self.house_type, self.area, self.free_area, self.item_list))

    def add_item(self, item):
        print("要添加 %s" % item)
```

以下是测试房子类的代码，运行后得到如图 2-52 所示的结果。

```
# 2. 创建房子对象
my_home = House("两室一厅", 60)

my_home.add_item(bed)
my_home.add_item(chest)
my_home.add_item(table)
print(my_home)
```

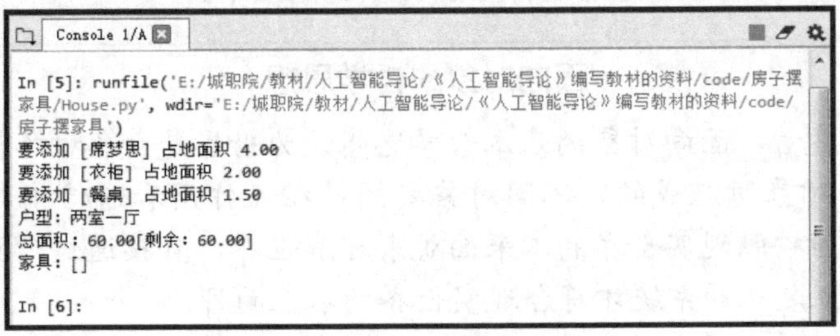

图 2-52 房子类的测试结果

从上看出，创建了一个房子类，使用到 __init__ 和 __str__ 两个内置方法，准备了一个 add_item 方法用来添加家具，使用房子类创建了一个房子对象，让房子对象调用了三次 add_item 方法，将三件家具以实参传递到 add_item 内部。

4）采用 Python 语言完善添加家具的功能代码，如下。

```python
def add_item(self, item):
    print("要添加 %s" % item)
    # 1. 判断家具面积是否大于剩余面积
    if item.area > self.free_area:
        print("%s 的面积太大，不能添加到房子中" % item.name)
        return

    # 2. 将家具的名称添加到名称列表中
    self.item_list.append(item.name)

    # 3. 计算剩余面积
    self.free_area -= item.area
```

5）代码测试结果如图 2-53 所示。

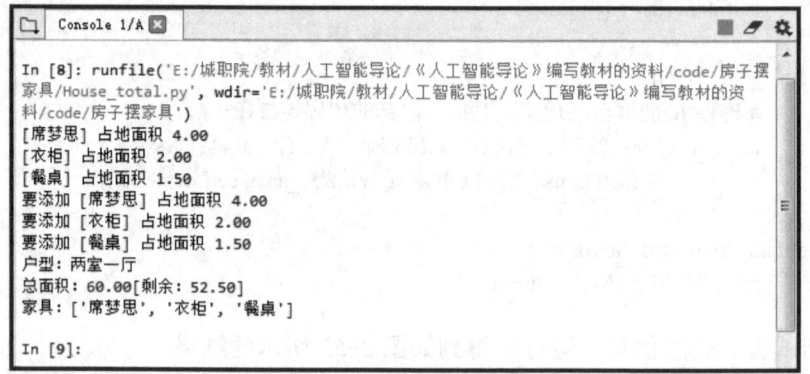

图 2-53　房子摆放家具的测试结果

6）案例分析欣赏。

本案例中涉及面向对象的知识表示方法，面向对象是当前计算机界关心的重点，也是主流的软件开发方法。除此以外，面向对象的方法还是一种从系统与要素的视角来探索世界、解决问题的哲学方法，有着广泛的应用。在日常生活中，人们经常使用"面向对象"的哲学方法来解决问题或者处理任务，通过这种方法可以提高效率。

面向对象的哲学思想

从世界观的角度看，面向对象的基本哲学思想认为世界是由各种各样具有自己的运动规律和内部状态的对象所组成的，不同对象之间的相互作用和通信构成了完整的现实世界。因此，人们应当按照现实世界的本来面貌来理解世界，直接通过对象及其相互关系来反映世界。这样建立起来的系统才符合现实世界的本来面目。

从方法学的角度看，面向对象的方法是面向对象的世界观在开发方法中的直接运用。

它强调系统的结构应该直接与现实世界的结构相对应，应该围绕现实世界中的对象来构造系统，而不是围绕功能来构造系统。

以半年内学会一门课程这一事情为例。按照"面向对象"的思想，对"学会课程"这个"长期"的目标进行细分，分出若干个学习子任务，称为"子对象"。然后再对这些"子对象"的学习内容进行学习。如果这个"子对象"足够小，那么人们能够在很短的时间内实现"学会子对象"的目标。若干个"子对象"加起来就实现了"学会了这门功课"的总体目标。若在实施的过程中，遇到因其他的事情而耽误的情况，就会导致在各个"子对象"之间有可能出现衔接问题，这时就需要一根"线"来贯串这若干个"子对象"。

其中，"学会了这门功课"是目标，学习各个"子对象"是方法，贯串这若干个子对象的那条"线"是完成动作的保证。这就是有了目标、有了实现目标的方法，再加上实现目标的保证，目标就能够实现。

近三十多年，我国实施"以经济建设为中心，坚持四项基本原则，坚持改革开放"的政策，使得我国的经济取得突飞猛进的发展，国家日益强大，人民生活日益幸福安康。在某种意义上，这个国家系统工程建设方针是采用面向对象的方法来制定的，经济建设是目标，坚持四项基本原则是实现目标的保证，改革开放是实现目标的方法，三者都具备，所以经济建设这一目标才能够实现。

掌握了面向对象的知识表示方法，相当于得到了一把打开问题大门的万能钥匙，形成"方法总比问题多"的局面，对于一些棘手的问题，都可以找到解决问题的方法，从而显出自己的智慧，使自己获得最后的成功。

运用面向对象方法解决问题彰显智慧的例子

在一次行军途中，拿破仑带领部队和一位工程师先到前面探路，他们来到了一条河边，河上没有桥，但部队又必须迅速通过此河。拿破仑就问工程师："告诉我，河有多宽？"

"对不起，阁下。"工程师回答道，"我的测量仪器都落在后面的部队里，他们离我们还有十几英里远。"

"我要你马上量出来。"拿破仑说。

"这做不到，阁下。"工程师说。

"我命令你马上给我量出河宽，不然我将处罚你！"拿破仑说。

工程师很快想出了一个办法：他摘下帽子，让帽檐和他的眼睛、还有河对岸的一点正好在一条直线上。然后，他小心地保持身体的直立，不断地向后退，等到眼睛、帽檐和这边河沿的相应一点刚好在一条直线上时，他就停了下来。他把自己所处的位置标好，接着用脚量出前后两点的距离。然后，他对拿破仑说："这就是河流大概的宽度"。拿破仑大为高兴，马上提升了他的职务。

工程师在缺少仪器的情形下，采用了面向对象的知识表示方法来解决"求河宽度"这一目标。他首先并没有孤立地对待河宽的问题，而是通过自身的高度、眼睛到对岸边的距离与河宽构造出一个三角形，也就是一个系统，关注三角形结构——由三条边组成，而不是三角形的功能，这三条边也就是这个系统的三个子对象。接着，通过保证眼睛到对岸边的距离与河宽这两个子系统之间夹角不变，即"小心地保持身体的直立，不断地向后退，等到眼睛、帽檐和这边河沿的相应一点刚好在一条直线上"，"继承"出另外一个形状、大小都相同的三角形系统，这就是贯串这个系统对象的主线，形成求解河宽的动作保证。最后，通过步长测量后退的距离 l 就可以得到河宽 h。如图 2-54 所示。

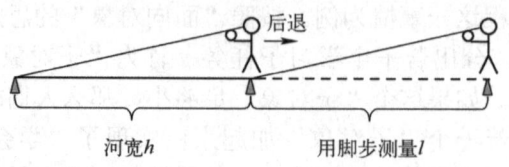

图 2-54 测量河宽

可见，工程师灵活运用了面向对象的哲学思想来解决问题，彰显了个人智慧。

2.3.4 任务 4　自动控制系统的模糊知识表示

任务目标

现需要机器人小志实现任务"用模糊逻辑的知识表示方法来解决某自动控制系统控制的问题"。具体要求如下。

1）该系统需要根据设备内温度、设备内湿度决定设备的运转时间。即输入变量是温度和湿度，输出为运转时间，如"温度= 64℃，湿度=22%"，需要根据模糊控制规则决定运转时间（单位：s）。

2）温度的论域是[0,100]，有三个模糊标记：低、中、高。

3）湿度的论域是[0%,60%]，有三个模糊标记：小、中、大。

4）运转时间的论域是[0,1000]，有三个模糊标记：短、中、长。

5）这些模糊标记在模糊规则中被使用。输入变量对各模糊标记的隶属度函数如图 2-55 所示。

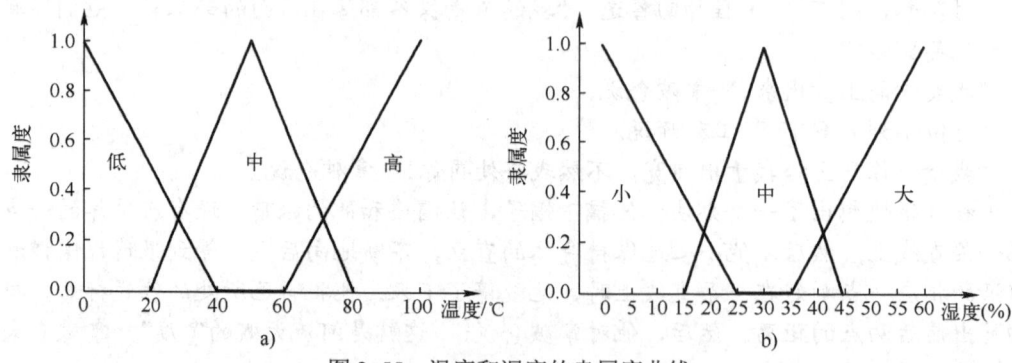

图 2-55 温度和湿度的隶属度曲线
a) 温度的隶属度曲线　b) 湿度的隶属度曲线

实施过程

1）根据图 2-55a 所示，得到模糊知识——温度的隶属度函数，分别如下所示。

① 低温

$$f_{LT}(t) = \begin{cases} 1-0.025t & 0 \leqslant t \leqslant 40 \\ 0 & 40 < t \leqslant 100 \end{cases}$$

② 中温

$$f_{MT}(t) = \begin{cases} 0 & 0 \leqslant t \leqslant 20, 80 < t \leqslant 100 \\ \dfrac{t}{30} - \dfrac{2}{3} & 20 < t \leqslant 50 \\ -\dfrac{t}{30} + \dfrac{8}{3} & 50 < t \leqslant 80 \end{cases}$$

③ 高温

$$f_{HT}(t) = \begin{cases} 0 & 0 \leqslant t \leqslant 60 \\ 0.025t - 1.5 & 60 < t \leqslant 100 \end{cases}$$

2）根据图2-55b所示，得到模糊知识——湿度的隶属度函数，分别如下所示。

① 小湿度

$$f_{LS}(s) = \begin{cases} 1-0.04s & 0 \leqslant s \leqslant 25 \\ 0 & 25 < s \leqslant 60 \end{cases}$$

② 中湿度

$$f_{MS}(s) = \begin{cases} 0 & 0 \leqslant s \leqslant 15, 45 < s \leqslant 60 \\ \dfrac{s}{15} - 1 & 15 < s \leqslant 30 \\ -\dfrac{s}{15} + 3 & 30 < s \leqslant 45 \end{cases}$$

③ 大湿度

$$f_{HS}(s) = \begin{cases} 0 & 0 \leqslant s \leqslant 35 \\ 0.04s - 1.4 & 35 < s \leqslant 60 \end{cases}$$

3）采用Python语言编写程序将模糊知识——温湿度的隶属度函数保存至机器人小志的存储器内，如下所示。

```
"""------------------------------------------------
函数名称：Low_temp 函数
函数功能：低温隶属度计算
input：温度 a
return：隶属度 y
------------------------------------------------"""
def Low_temp(a):
    if a>=0 and a<=40:
        y=-0.025*a+1
    else:
        y=0
    return y
"""------------------------------------------------
```

```
函数名称：Mid_temp 函数
函数功能：中温隶属度计算
input：温度 a
return：隶属度 y
----------------------------------------"""
def Mid_temp(a):
    if a>=0 and a<20:
        y=0
    elif a>=20 and a<50:
        y=a/30.0-2.0/3
    elif a>=50 and a<80:
        y=-1.0*a/30+8/3
    else:
        y=0
    return y
"""----------------------------------------
函数名称：High_temp 函数
函数功能：高温隶属度计算
input：温度 a
return：隶属度 y
----------------------------------------"""
def High_temp(a):
    if a>=0 and a<60:
        y=0
    else:
        y=0.025*a-1.5
    return y
"""----------------------------------------
函数名称：Low_damp 函数
函数功能：小湿隶属度计算
input：湿度 a
return：隶属度 y
----------------------------------------"""
def Low_damp(a):
    if a>0 and a<25:
        y=-0.04*a+1
    else:
        y=0
    return y
"""----------------------------------------
函数名称：Mid_damp 函数
函数功能：中湿隶属度计算
input：湿度 a
return：隶属度 y
----------------------------------------"""
def Mid_damp(a):
    if a>=0 and a<15:
        y=0
    elif a>=15 and a<30:
        y=a/15.0-1
```

```
            elif a>=30 and a<45:
                y=-1.0*a/15-3
            else:
                y=0
        return y
    """----------------------------------------------
    函数名称：High_damp 函数
    函数功能：大湿隶属度计算
    input：湿度 a
    return：隶属度 y
    ----------------------------------------------"""
    def High_damp(a):
        if a>=0 and a<35:
            y=0
        else:
            y=0.04*a-1.4
        return y
```

4）学习情境 3 将详细实现该自动系统的模糊推理并得到运行时间输出控制。

5）案例分析欣赏。

通过本任务学习了模糊逻辑的知识表示方法。这种模糊思维在处理模糊的或较精确的、不断变化和错综复杂联系中的各个因素时，引入了隶属度来综合考虑多种不确定因素对系统输出带来的影响，以不确定的发展趋势与现实状态来整体把握客观事物，形成了全息式、多维无定式思考的方式。

情境小结

本学习情境主要学习了有关知识与信息、数据的差异，知识的分类和特性，重点学习了逻辑、框架、产生式、状态空间、问题归约、面向对象和模糊等知识表示方法；通过情境操作详细了解到知识表示的实际过程，对于理解机器如何理解世界有了初步的认识。

课后习题

一、填空题

1）按知识的作用及表示可把知识划分为_____、_____、_____。

2）一个谓词可分为_____和_____两部分。

3）为了刻画谓词与个体的关系，在谓词逻辑中引入了两个量词：_____和_____。

4）在语义网络知识表示中，节点一般划分为_____和_____两种。

5）谓词公式不可满足的充要条件是_____。

二、选择题

1）关于与或图表示法的叙述中，正确的是（　　）。

　　A．与或图就是用"AND"和"OR"连接各个部分的图形，用来描述各部分的因果关系。

B. 与或图就是用"AND"和"OR"连接各个部分的图形,用来描述各部分之间的不确定关系。

C. 与或图就是用"与"节点和"或"节点组合起来的树形图,用来描述某类问题的层次关系。

D. 与或图就是用"与"节点和"或"节点组合起来的树形图,用来描述某类问题的求解过程。

2)已知初始问题的描述,通过一系列变换把此问题最终变为一个子问题集合,这些子问题的解可以直接得到,从而解决了初始问题。这种知识表示法叫(　　)。

  A. 状态空间法   B. 问题归约法
  C. 谓词逻辑法   D. 语义网络法

3)$A \cap (A \cup B) \Leftrightarrow A$ 称为(　　)。

  A. 结合律   B. 分配律
  C. 吸收律   D. 摩根律

4)$\overline{A \cap B} \Leftrightarrow \overline{A} \cup \overline{B}$ 称为(　　)。

  A. 结合律   B. 分配律
  C. 吸收律   D. 摩根律

三、简答题

1)一阶谓词逻辑表示法适合于表示哪种类型的知识,它有哪些特点?

2)为什么要研究知识表示?试述状态空间法、问题归约法、逻辑表示法的要点,并比较它们的关系。

四、应用题

1)下列知识是一些规则性知识:

①人人爱劳动。②所有整数不是偶数就是奇数。③自然数都是大于零的整数。

请用谓词公式表示这些知识。

2)将命题"某个学生读过《三国演义》"分别用谓词公式和语义网络表示。

五、案例分析题

请阅读以下的材料,并回答问题。

有人说:"生活就像心电图,一帆风顺就证明你挂了",如图 2-56 所示。面对未来的人生,面对即将要面对的学习、工作和生活上的压力,您将会怎么调节自己以渡过难关?请结合本学习情境所学,写出您的想法。

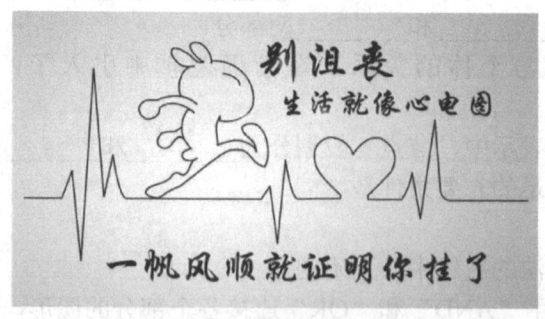

图 2-56　不平淡的人生

学习情境3　让机器使用知识——搜索与推理

学习重点：1）搜索的概念、意义及状态空间的概念；状态空间盲目搜索；启发式状态空间搜索；遗传算法搜索；

2）推理的概念、方法及基本类型；基于规则的演绎推理；产生式推理和不确定性推理。

学习难点：利用搜索和推理技术进行问题求解的实现过程。

 情境导入

思维过程，是人类认识客观世界后体现人类的智力功能的工作方式，往往直接体现在一个问题求解的过程中。搜索与推理，就是人类两个重要的思维过程。在问题求解过程中，人们所面临的大多数现实问题往往无法获得其一致信息，更没有现成的方法可以直接求解使用，此刻，人类会要么采用搜索的方式来尝试寻求相近的解决方法，要么采用推理的方式来尝试得到更完美的解答。

人工智能问题都可以看作是一个问题求解的过程，因此问题求解是人工智能的核心问题。利用学习情境2——知识表示技术，可以把所研究的问题用某种形式表示出来，

图3-1　机器使用知识——搜索和推理技术

利用本学习情境的搜索和推理技术，可以为机器构造搜索和推理思维方式，使它具有思维能力，从而实现利用这些知识进行求解问题的目的，如图3-1所示。

本学习情境先学习搜索技术，然后讨论问题求解的搜索原理概念、基于状态空间的盲目搜索、启发式状态空间搜索、与或树的搜索等，再学习推理的概念、方法及基本类型，以及对于确定性和不确定性知识如何推理的。通过学习知识的搜索和推理，一方面可以了解到机器是怎样探索问题和世界的；另一方面，了解遗传变异、物竞天择、适者生存的哲理，形成只有不断改变自己才能提高适应环境能力的世界观。

 情境目标

知识目标：
- ◆ 了解搜索和推理的定义和意义。
- ◆ 掌握状态空间的搜索策略及过程。
- ◆ 了解基于状态空间的盲目搜索分类和特点。
- ◆ 了解基于状态空间的启发式搜索过程。

- ◆ 了解正向、逆向、混合和双向等规则演绎推理方法。
- ◆ 了解产生式推理基本原理。
- ◆ 掌握基于概率和模糊原理的不确定性推理实现过程。

能力目标：
- ◆ 能用状态空间深度优选搜索原理描述出具体问题的求解过程。
- ◆ 能用启发式搜索原理描述出具体问题的求解过程。
- ◆ 能用遗传算法原理描述出具体问题的求解过程，形成努力改变自己去适应环境的世界观。
- ◆ 能用产生式推理原理描述出具体问题的求解过程。
- ◆ 能用模糊推理原理描述出具体问题的求解过程。

 知识链接

3.1 搜索和推理概述

3.1.1 搜索

人们平常所说的"搜索"是"寻找隐藏的东西"，与此相比，人工智能中所谓的搜索也没有本质上的不同。在人工智能中，这种被寻找的东西常常被称为"目标"或者"解"，如图3-2所示。

人工智能所研究的对象通常是既没有规则和稳定性，也没有普遍认同的应对策略的问题，这类问题称之为结构不良或非结构化的问题，最典型的代表是围棋的博弈。相对于结构化的问题，即能够通过形式化（或公式化）方法描述和求解的问题而言，这些非结构化的问题，一般很难获得其全部信息，更没有现成的算法可供求解使用，主要根据经验来求解问题。人类研究人工智能的一个重要原因便是希望智能系统能够以代价最小、性能最好的方式来解决这些非结构化的问题，产生所解决目标的动作序列为人类服务。

当人类遇到问题时，问题求解的第一步是目标的表示，清楚需要解决什么问题，达到什么目标，而第二步是搜索，即找

图3-2 机器会搜索

到解决方法的过程，最后通过实施来解决问题。人工智能系统处理问题的方式也是如此，需要明确目标—搜索—产生序列的动作输出。因此，求解一个问题主要包括3个阶段，即目标表示、搜索和执行。

一般给定一个问题就是确定该问题的一些基本信息，由以下4个部分组成。
- ❖ 初始状态集合：定义了问题的初始状态。
- ❖ 操作符集合：把问题从一个状态变换为另一个状态的集合。
- ❖ 目标检测函数：用来确定一个状态是不是目标。
- ❖ 路径费用函数：对每条路径赋予一定费用的搜索空间。

在人工智能中，搜索问题一般包括两个重要问题，即搜索什么和在哪里搜索。搜索什么

通常指的就是目标,而在哪里搜索就是搜索空间。搜索空间通常是指一系列状态的集合,因此也称为状态空间。和通常的搜索空间不同,人工智能中大多数问题的状态在问题求解之前不是全部知道的,人工智能中的搜索可以分成两个阶段,即状态空间的生成阶段和在该状态空间中对所求问题状态的搜索。由于一个问题的整个状态空间可能会非常大,在搜索之前生成整个空间会占用太大的存储空间,为此,状态空间一般是逐渐扩展的,"目标"状态是在每次扩展的时候进行搜索的。

1. 搜索的含义

根据问题的实际情况,不断寻求可用知识,从而构建一条代价最小的推理路线,使问题得以解决的过程称为搜索。

小志来举例

以"按图索骥"的典故为例,如图 3-3 所示。

"按图索骥"的意思是按照书上的图或条文去找好马。比喻机械地按老办法办事,也比喻按照线索寻找需要的东西。

以上寻找好马的过程就是搜索。

图 3-3 按图索骥

2. 搜索的分类

搜索的分类标准有很多,如可以按照是否使用启发性信息、问题的表示方式等进行分类。

(1)按照是否使用启发性信息分类

根据搜索过程中采用的搜索策略、是否使用启发性信息分为盲目搜索和启发式搜索,见图 3-4。

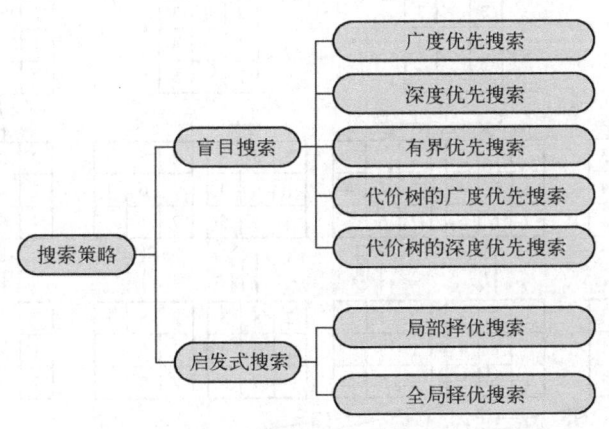

图 3-4 搜索按策略分类

1)盲目搜索。盲目搜索是按预定的控制策略进行搜索,在搜索过程中获得的中间信息并不会改变控制策略。因为这种搜索方法没有考虑问题本身的特性,所以其具有盲目性,效率不高,不便于复杂问题的求解。

盲目搜索通常包括无信息搜索、广度优先搜索与深度优先搜索等搜索方式。

2）启发式搜索。启发式搜索在搜索中加入了与问题有关的启发性信息，用于指导搜索朝着最有希望的方向前进，加速问题的求解过程。

启发式搜索通常包括局部择优搜索和全局择优搜索等搜索方式。

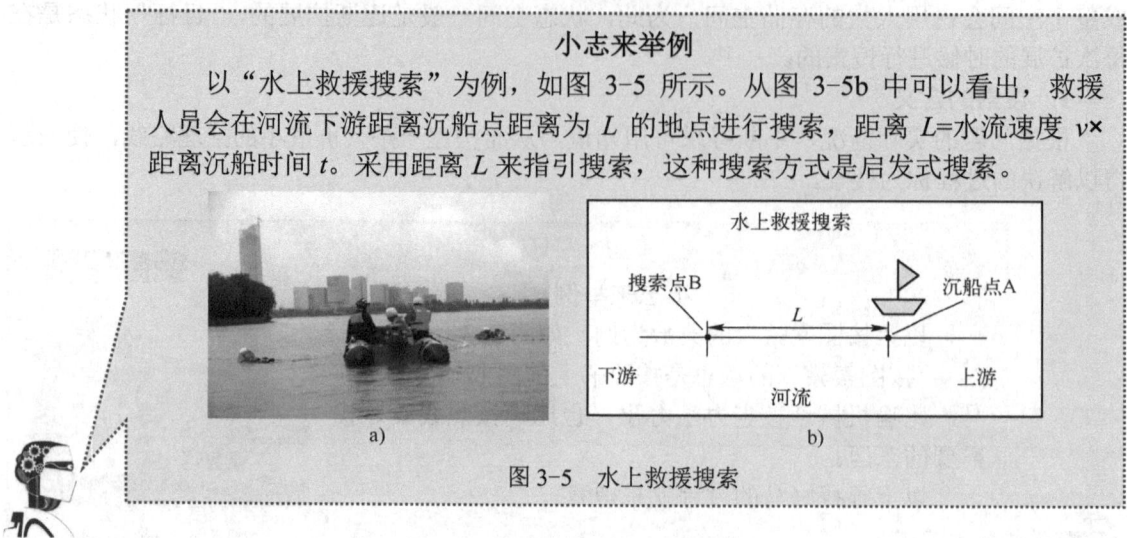

小志来举例

以"水上救援搜索"为例，如图 3-5 所示。从图 3-5b 中可以看出，救援人员会在河流下游距离沉船点距离为 L 的地点进行搜索，距离 L=水流速度 $v×$ 距离沉船时间 t。采用距离 L 来指引搜索，这种搜索方式是启发式搜索。

图 3-5 水上救援搜索

（2）根据问题的表示方式分为状态空间搜索和与或树搜索

1）状态空间搜索。状态空间搜索是指用状态空间法来表示问题所进行的搜索。八数码问题的状态空间搜索图如图 3-6 所示，根据此状态空间图可以搜索得到八数码问题的解决路径。

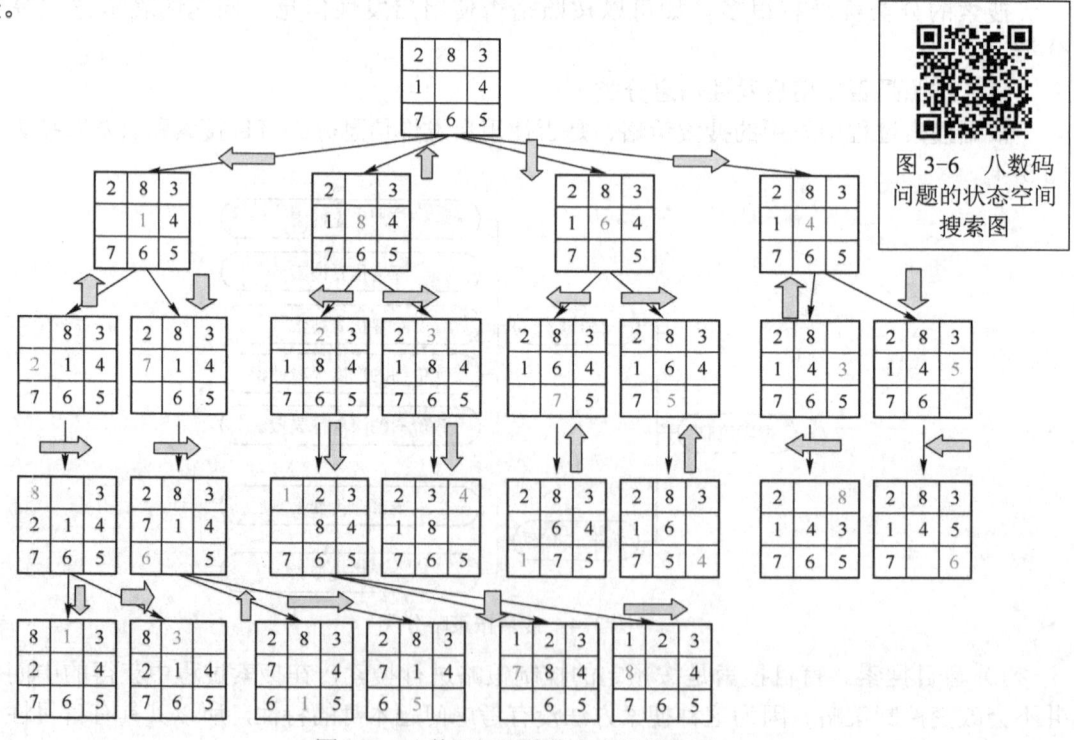

图 3-6 八数码问题的状态空间搜索图

基于状态空间搜索的原理形成了状态空间广度优先搜索、状态空间深度优先搜索、状态空间有限代价搜索等搜索方法。

2）与或树搜索。与或树搜索是指用问题规约法表示问题时进行的搜索。状态空间法和问题规约法是人工智能中最基本的两种问题表示和求解方法。

基于与或树搜索的原理形成了与或树的广度优先搜索、与或树的深度优先搜索、博弈树搜索、α-β剪枝搜索等搜索方法。

> **小志来举例**
>
> 以"城市交通图"为例描述与或树，如图 3-7 所示。
>
> 从图 3-7a 中可以看到 A、B、C、D、E 五个城市的连接网络图，城市间连线上的数字代表它们的距离，如城市 A 和 C 的连线上有数字 3，代表它们之间的距离为 3，表示为 $L_{AC}=3$。现在需要获取从城市 A 出发到城市 E 的最短路程，可以将图 3-7a 转换成图 3-7b，图 3-7b 就是从城市 A 出发到城市 E 路径选择的与或树。从图中看出，城市 A 到 E 共有 4 条路径可以选择。
>
>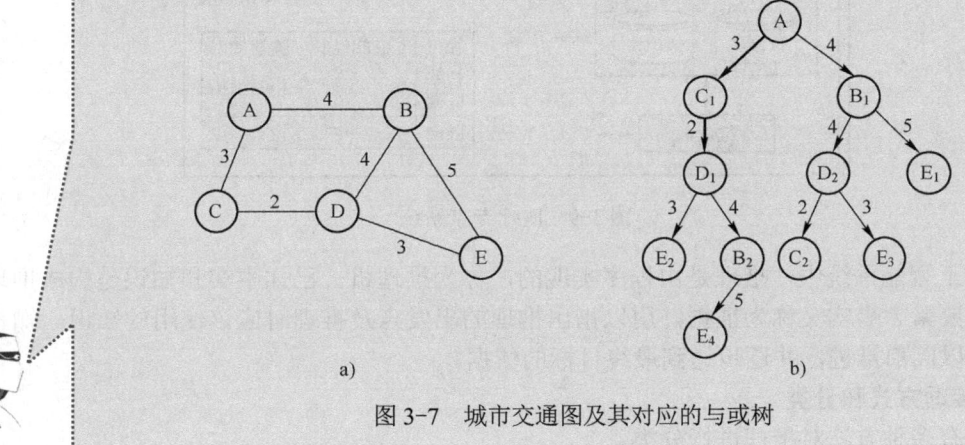
>
> 图 3-7 城市交通图及其对应的与或树

3.1.2 推理

人类每天都在不断地通过推理来处理问题，如医生根据病人的症状描述以及相关的检查，快速推断病型给出治病方案。为此，布莱希特在《伽利略传》中说"思考是人类一种最大的快乐"，海克尔在《宇宙之谜》中说"解决重大宇宙之谜的手段和途径，只能是纯科学的认识，而第一条是经验，第二条是推理"。可见，推理在人类的进化史中不断地突显作用。

1. 推理的含义

图 3-8 是一个简易的逻辑推理问题，它有以下的约束。

① 1 个空心小球=3 个条纹小球。

② 1 个条纹小球=2 个实心小球。

得到结论：1 个空心小球=6 个实心小球。

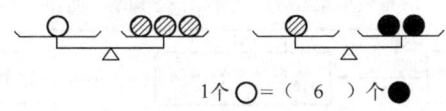

图 3-8 逻辑推理问题

从上述的问题可以看出构成这个逻辑问题的几个要素。首先,需要一门语言,这门语言受到语法规则的限制;其次,要有语义,来对语言进行分析解释;最后,需要推理规则,能够利用经过语义分析的语句中的要素进行推导,得出结论。

不难发现,**推理=语言+语义+推理规则**,其中,

- 语言:具有一个用法用以规定在这种语言中什么是合法的表达。
- 语义:用以把这种语言中的要素和某些主题中的要素联系起来。
- 推理规则:用以操作这种语言的语句。

总而言之,推理指的是从初始证据出发,按某种策略不断应用知识库中的已知知识,逐步推出结论的过程,如图3-9所示的医疗专家系统。

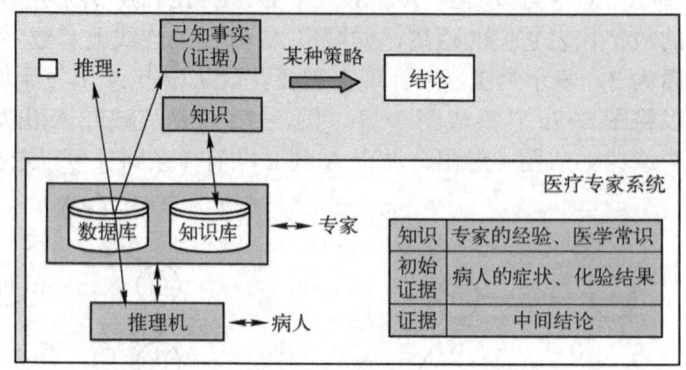

图3-9 医疗专家系统

在人工智能系统中,推理是由程序实现的,称为推理机。已知事实和知识是构成推理的两个基本要素。事实又称为证据,用以指出推理的出发点及推理时应该使用的知识。知识是使推理得以向前推进,并逐步达到最终目标的依据。

2. 推理方式和分类

可以有多种方法对推理进行分类。

(1)按推理的逻辑基础分类

按照推理的逻辑基础,推理可分为演绎推理、归纳推理和默认推理。

1)**演绎推理**(Deductive Reasoning):是从全称判断推导出单称判断的过程,即由一般性知识推出适合某一具体情况的结论,即一般到个别的推理,其核心是三段论,逻辑表示为

$$A \to B,\ B \to C \Rightarrow A \to C$$

常用的三段论是由一个大前提、一个小前提和一个结论这三部分组成的。大前提是已知的一般性知识或推理过程得到的判断;小前提是关于某种具体情况或某个具体实例的判断;结论是由大前提推出的,并且适合于小前提的判断。三段论的结论是蕴含在前提中的。

例如图3-10,车能运动,货车是车的一种,因此货车能运动。

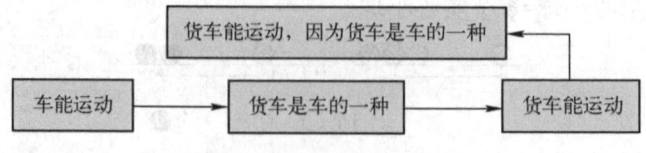

图3-10 货车能运动的演绎推理

2）**归纳推理**（Inductive Reasoning）：是从足够多的事例中归纳出一般性结论的推理过程，即个别到一般的推理。

根据所选事例的广泛性可以分为完全归纳推理和不完全归纳推理。如对某工厂的产品进行质量检查（如图 3-11 所示），当对该厂生产的每个产品都进行了质量检验，并且都合格时，则可推出结论"该厂生产的产品质量合格"，这是完全归纳推理；但是抽取该厂生产的部分产品进行质量检验，并且都合格时，则可推出结论"该厂生产的产品质量合格"，这是不完全归纳推理。

图 3-11　产品质量检验

3）**默认推理**（Default Reasoning）：是在知识不完全的情况下假设某些条件已经具备所进行的推理。如某厂生产的产品取得了"免检"资格，默认该厂生产的每件产品都质量合格，不需要质量检验。但如果该产品在实际使用中出现一例事故案例，将由此推出来该厂的产品全部有问题，就撤销了"免检"资格，需要重新进行质量检验认证。如图 3-12 所示，在我国的机动车管理规则中，只要是非营运轿车，从购车开始的六年内是不需要进行汽车质量检测的，这是一种默认推理。

图 3-12　默认推理例子

（2）按所用知识的确定性分类

按推理时所用的知识的确定性来划分，推理可分为确定性推理和不确定性推理。

1）**确定性推理**（**精确推理**）：是指推理时所用的知识与证据都是确定的，推出的结论也是确定的，其真值或者为真或者为假，没有第三种情况出现。

2）**不确定性推理**（**不精确推理**）：是指推理时所用的知识与证据不都是确定的，推出的结论也是不确定的。

（3）按推理过程的单调性分类

按推理过程中推出的结论是否越来越接近最终目标来划分，推理可分为以下两种。

1）**单调推理**：是指在推理过程中随着推理向前推进及新知识的加入，推出的结论越来越接近最终目标。

2）**非单调推理**：是指在推理过程中由于新知识的加入，不仅没有加强已推出的结论，反而要否定它，使推理退回到前面的某一步，然后重新开始。

小志来举例

以"宇称不守恒"为例描述非单调推理。

六十多年前，物理学界一致相信宇称守恒定律，也就是说一个粒子的镜像与其本身性质完全相同。在 1956 年，物理学家发现有两种介子，它们的自旋、质量、寿命、电荷等完全相同，多数人认为它们是同一种粒子，但它们的衰变性质又不一样，这种现象是宇称守恒定律的反例。于是，有人认为这是不同的两种粒子。

对此，李政道和杨振宁大胆地断言：这两种介子是完全相同的同一种粒子，但在弱相互作用的环境中，其运动规律却不一定完全相同，通俗地说，它们的衰变方式在"镜子里"和"镜子外"不一样，即在弱相互作用下是宇称不守恒的，后来被吴健雄的实验所验证。从此，"宇称不守恒"替代"宇称守恒"成为一条具有普遍意义的基础科学原理，而这种介子后来被称为 K 介子。

从上述的物理反例中看到科学探索一直在非单调推理中进行着。

图 3-13 宇称不守恒

（4）按是否使用启发性信息分类

按推理中是否运用与推理有关的启发性知识来划分，推理可分为以下两种。

1）**启发性推理**：是指在推理过程中运用与推理有关的启发性知识。

2）**非启发性推理**：是指在推理过程中未运用与推理有关的启发性知识。

3．推理的控制策略及分类

人工智能系统的推理过程实际上就是问题求解的过程，它不仅依赖于所用的推理方法，同时也依赖于推理的控制策略。推理的控制策略就是指如何使用知识使推理过程尽快达到目标的策略。由于人工智能系统的推理过程一般表现为一种搜索过程，因此，推理的控制策略又可以分为搜索策略和推理策略。

搜索策略指的是在知识库中寻找可利用的知识，从而构造一条代价较小的推理路线，主要解决推理线路、推理效果、推理效率等问题。主要包括是否使用启发性信息与问题的表示方式等，具体为状态空间盲目搜索、状态空间启发式搜索、与或树盲目搜索和与或树启发式搜索等。

推理策略指的是从推理线路、推理效果和推理效率等方面解决推理方向、冲突消解等问题，包括推理方向控制策略、求解策略、限制策略、冲突消解策略等。

推理方向控制策略用于确定推理的控制方向，可分为正向推理、逆向推理、混合推理和双向推理。求解策略是指仅求一个解，还是求所有解或最优解等。限制策略是指对推理的深度、宽度、时间、空间等进行的限制。冲突消解策略是指当推理过程中有多条知识可用时，如何从这多条可用知识中选出一条最佳知识用于推理的策略。

3.2 状态空间的搜索策略

3.2.1 状态空间搜索的基本思想

当用状态空间法解决问题时，有以下两个方面的因素需要考虑，第一，对于规模很大的问题，计算机无法保存其全部状态空间；第二，对于具体问题，与解有关的状态空间一般仅是全部状态空间的一部分。因此，在问题求解过程中，没有必要生成和保存该问题的全部状态空间，只要能够生成和保存与解有关的那部分状态空间即可。解决这一问题的方法是采用状态空间搜索技术。

状态空间搜索技术是基于状态空间图来实现的，其实现搜索的基本思路有以下三步。

1）把问题的初始状态作为当前扩展节点对其进行扩展，生成一组子节点。

2）检查问题的目标状态是否出现在这些子节点中。若出现，则搜索成功，找到了问题的解；若没出现，则再按照某种搜索策略从已生成的子节点中选择一个节点作为当前扩展节点。

3）重复上述过程，直到目标状态出现在子节点中，或者没有可供操作的节点为止。

所谓对一个节点进行"扩展"是指对该节点进行某个可用操作，生成该节点的一组子节点。如图 3-14 所示的八数码问题，通过向左、向上、向下、向右移动空格分别得到四个子节点。

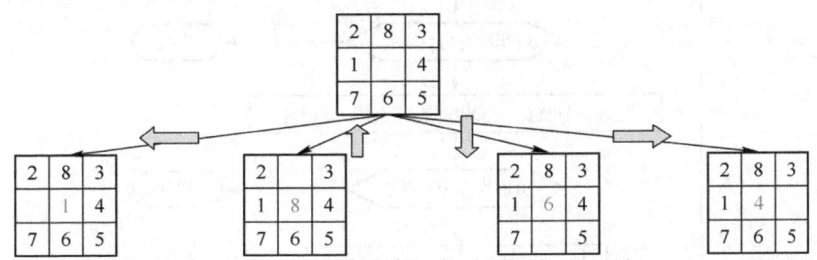

图 3-14 八数码问题的"扩展"节点

为了使状态空间搜索能顺利实现，需要定义如表 3-1 所示的算法数据结构和符号。

表 3-1 状态空间搜索的算法数据结构和符号

数据结构和符号	功能描述
OPEN 表	未扩展节点表，用于存放刚生成的节点
CLOSED 表	已扩展节点表，用于存放已经扩展或将要扩展的节点
S	用表示问题的初始状态
G	表示搜索过程所得到的搜索图
M	表示当前扩展节点新生成的且不为自己父辈的子节点集

3.2.2 图搜索的一般过程

图搜索策略可看作一种在图中寻找路径的方法。初始节点和目标节点分别代表初始数据库和满足终止条件的数据库。求得把一个数据库变换为另一数据库的规则序列问题，就等价于求得图中的一条路径，表 3-2 是图搜索过程的一般步骤。

表 3-2　图搜索过程的一般步骤

步号	步骤操作
（1）	把初始节点 S 放入未扩展节点表 OPEN 表，并建立目前仅包含 S 的图 G
（2）	检查 OPEN 表是否为空，若为空，则问题无解，失败退出
（3）	把 OPEN 表的第一个节点取出放入已扩展节点表 CLOSED 表，并记该节点为节点 n
（4）	考察节点 n 是否为目标节点。若是则得到了问题的解，成功退出
（5）	扩展节点 n，生成一组子节点。把这些子节点中不是节点 n 父辈的那部分子节点记入集合 M，并把这些子节点作为节点 n 的子节点加入 G 中
（6）	① 对那些没有在 G 中出现过的 M 成员设置一个指向其父节点（即节点 n）的指针，并把它放入 OPEN 表 ② 对那些原来已在 G 中出现过，但还没有被扩展的 M 成员，确定是否需要修改它指向父节点的指针 ③ 对那些先前已在 G 中出现过，并已经扩展了的 M 成员，确定是否需要修改其后继节点指向父节点的指针
（7）	按某种策略对 OPEN 表中的节点进行排序
（8）	转第（2）步

上述表对应的图搜索流程图如图 3-15 所示。对上述搜索过程需作如下几点说明。

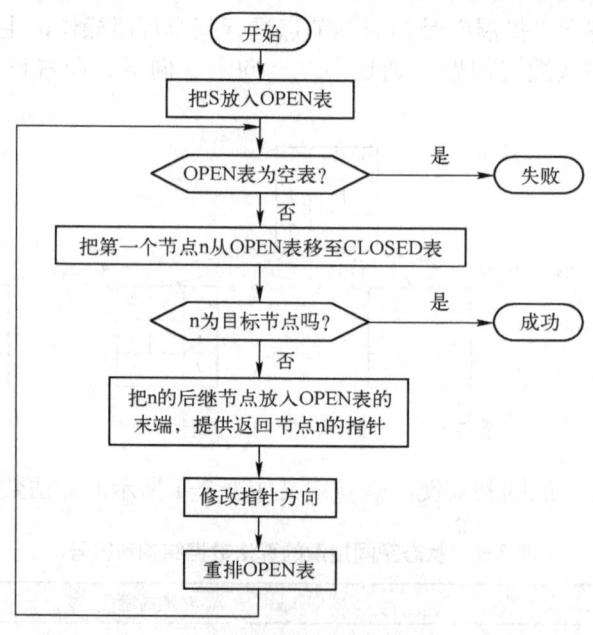

图 3-15　图搜索流程图

1）上述过程是状态空间的一般图搜索算法，它具有通用性，后面所讨论的各种状态空间搜索策略都是上述过程的一个特例。各种搜索策略的主要区别在于对 OPEN 表中节点的排列顺序不同。例如，广度优先搜索把先生成的子节点排在前面，而深度优先搜索则把后生成的子节点排在前面。

2）在第（5）步对节点 n 扩展后，生成并记入 M 的子节点有以下 3 种情况。
① 该子节点从未被任何节点生成过，由 n 第一次生成。
② 该子节点原来被其他节点生成过，但还没有被扩展，这一次又被 n 再次生成。
③ 该子节点原来被其他节点生成过，并且已经被扩展过，这一次又被 n 再次生成。

以上三种情况是对一般图搜索算法而言的。对于盲目搜索，由于其状态空间是树状结构，因此不会出现后两种情况，每个节点经扩展后生成的子节点都是第一次出现的节点，不必检查并修改指向父节点的指针。

3）在第（6）步针对 M 中子节点的不同情况进行处理时，如果发生第②种情况，那么，这个 M 中的子节点究竟应作为哪一个节点的后继节点呢？一般是由初始节点到该节点路径上所付出的代价来决定的，哪一条路径付出的代价小，相应的节点就作为它的父节点。所谓由原始节点到该节点路径上的代价，是指这条路径上的所有有向边的代价之和。如果发生第③种情况，除了需要确定该子节点指向父节点的指针外，还需要确定其后继节点指向父节点的指针。其依据是初始节点到该节点的路径上的代价。

4）图搜索过程的第（7）步对 OPEN 表上的节点进行排序，以便能够从中选出一个"最好"的节点作为第（3）步的扩展节点。这种排序可以是任意的，即盲目的（属于盲目搜索），也可以用以后要讨论的各种启发性思想或其他准则作为依据（属于启发式搜索）。每当被选作扩展的节点为目标节点时，这一过程就宣告成功。这时，能够重现从起始节点到目标节点的这条成功路径，其办法是从目标节点按指针向 S_0 追溯。当搜索树不再有未被扩展的节点时，过程就以失败告终（某些节点最终可能没有后继节点，所以 OPEN 表可能最后变成空表）。在失败终止的情况下，从起始节点出发，一定不能到达目标节点。

3.3 状态空间的盲目搜索

盲目搜索又叫作无信息搜索，一般适用于求解比较简单的问题，包括广度优先搜索、深度优先搜索和代价树搜索等搜索方法。

3.3.1 广度优先搜索

如果搜索是以接近起始节点的程度来依次扩展节点的，那么这种搜索就叫作广度优先搜索，如图 3-16 所示，搜索时，从节点 S 开始，对它的后继节点按从左至右的顺序搜索，然后再对下一级的后继节点按从左至右的顺序搜索，依此下去，这种搜索方式就是广度优先搜索。

从图 3-16 可见，广度优先搜索是逐层进行的；在对下一层的任一节点进行搜索之前，必须搜索完本层的所有节点。未扩展节点表 OPEN 表中的节点总是按进入的先后排序，先进入的节点排在前面，后进入的节点排在后面。

扫描右边的二维码，查看并学习什么是广度优先搜索。

广度优先搜索过程演示

1．广度优先搜索的基本过程

广度优先搜索是图搜索一般过程的特殊情况，其步骤如表 3-3 所示，将图搜索一般过程中的第（8）步具体化为本算法中的第（6）步，这实际是将 OPEN 表作为"先进先出"的队列进行操作。

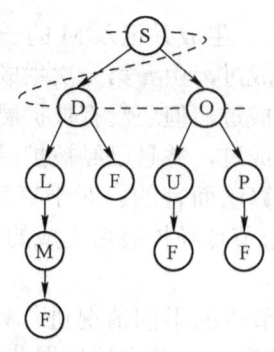

图 3-16　广度优先搜索示意图

广度优先搜索方法能够保证在搜索树中找到一条通向目标节点的最短途径。这棵搜索树提供了所有存在的路径，如果没有路径存在，那么对有限图来说，该法失败退出；对于无限图来说，则永远不会终止。

表 3-3　广度优先搜索的一般步骤

步号	步骤操作
(1)	把初始节点 S 放入 OPEN 表中
(2)	如果 OPEN 表为空，则问题无解，失败退出
(3)	把 OPEN 表的第一个节点取出放入 CLOSED 表，并记该节点为 n
(4)	考察节点 n 是否为目标节点。若是，则得于问题的解，成功退出
(5)	若节点 n 不可扩展，则转第 (2) 步
(6)	扩展节点 n，将其子节点放入 OPEN 表的尾部，并为每一个子节点设置指向父节点的指针，然后转第 (2) 步

2. 广度优先搜索的例子

小志来举例

以"八数码问题"为例来解释广度优先搜索。

在 3×3 的方格棋盘上，分别放置了写有数字 1、2、3、4、5、6、7、8 的八张牌，初始状态为 S_0，目标状态为 S_g，如图 3-17 所示。要求应用广度优先搜索策略寻找从初始状态到目标状态的解路径。

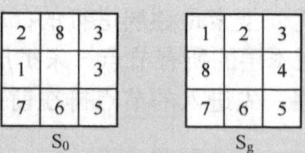

图 3-17　八数码问题

通过上、下、左、右移动棋盘中的空格得到新的状态，并按照广度优先搜索策略进行搜索，得到如图 3-18 所示的广度优先搜索树，从中可以看出搜索到第㉗步时，得到目标而结束。

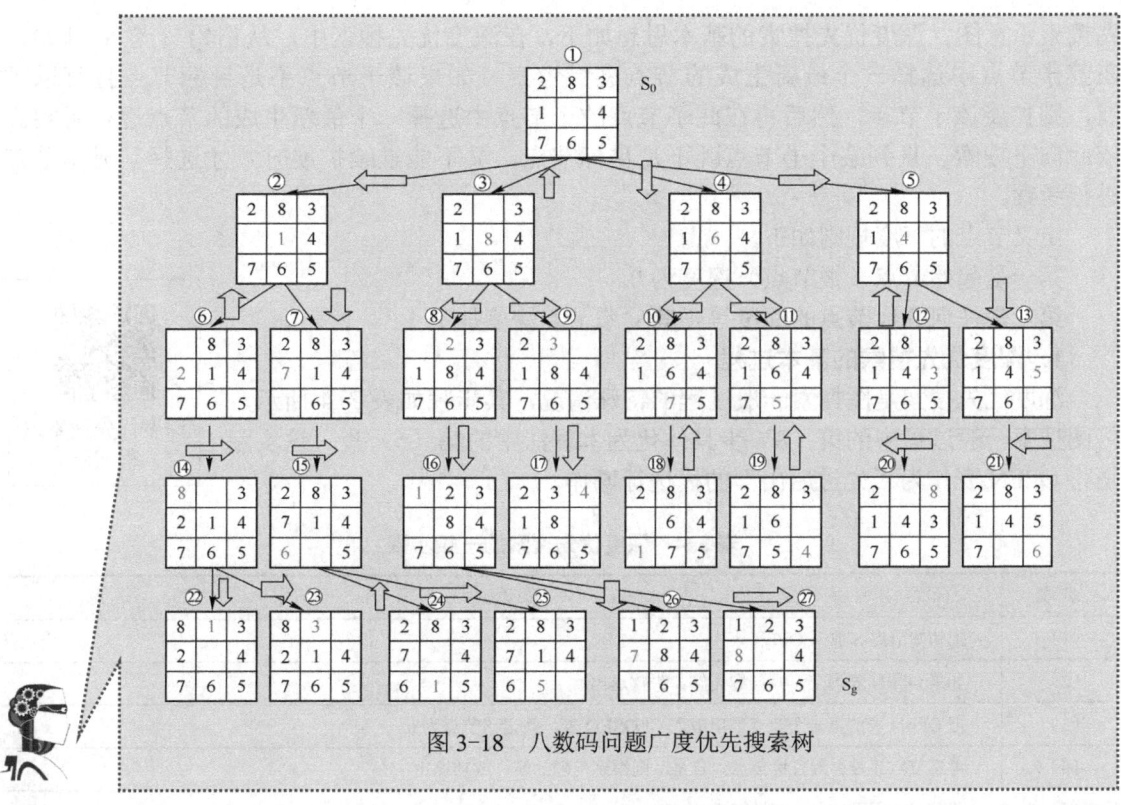

图 3-18　八数码问题广度优先搜索树

从图 3-18 可以看出，①号为初始状态，同时为首搜索节点；②、③、④、⑤为同级的搜索节点、为二级搜索节点，由首搜索节点①生成得到，当这级搜索节点都搜索完，才进入三级搜索节点⑥、⑦、⑧、⑨、⑩、⑪、⑫、⑬；三级节点都搜索完成后才进入下一级节点，如此循环下去，直到搜索节点㉗，得到目标状态 S_g。最后通过搜索节点㉗，回溯得到 S_0 至目标状态 S_g 的路径为①→③→⑧→⑯→㉗。

3. 广度优先搜索的注意事项

对于任意一个可扩展的节点，总是按照固定的操作符的顺序对其进行扩展（如图 3-18 所示，通过左移、上移、右移、下移空格操作而扩展）。在对任一节点进行扩展的时候，如果所得的某个子节点（状态）前面已经出现过，则立即将其放弃，不再重复扩展，即不送入 OPEN 表。

因此，广度优先搜索的本质是以初始节点为根节点，在状态空间图中按照广度优先的原则，生成一棵搜索树。

4. 广度优先搜索的特点

广度优先搜索的优点是只要问题有解，用广度优先搜索总可以得到解，而且得到的是路径最短的解。但广度优先搜索盲目性较大，当目标节点距初始节点较远时将会产生许多无用节点，搜索效率低。

3.3.2　深度优先搜索

深度优先搜索是另一种盲目搜索。图 3-19 是一个深度优

图 3-19　深度优先搜索示意图

先搜索示意图。深度优先搜索的基本思想如下，在深度优先搜索中，从初始节点 S 开始，在其子节点中选择一个最新生成的节点进行考察。如果该子节点不是目标节点且可以扩展，则扩展该子节点，然后再在此子节点的子节点中选择一个最新生成的节点进行考察。依此向下搜索，直到某个子节点既不是目标节点，又不能继续扩展时，才选择其兄弟节点进行考察。

定义节点的深度规则如下，

第一是起始节点（根节点）深度为 0。

第二是任何其他节点的深度等于其父辈节点深度加上 1。

1. 深度优先搜索的基本过程

深度优先搜索过程演示

深度优先搜索是图搜索一般过程的特殊情况，其步骤如表 3-4 所示，将图搜索一般过程中的第（8）步具体化为本算法中的第（6）步，这实际是将 OPEN 表作为"先进后出"的栈进行操作。

表 3-4 深度优先搜索的一般步骤

步号	步骤操作
（1）	把初始节点 S 放入 OPEN 表中
（2）	如果 OPEN 表为空，则问题无解，失败退出
（3）	把 OPEN 表的第一个节点取出放入 CLOSED 表，并记该节点为 n
（4）	考察节点 n 是否为目标节点。若是，则得到问题的解，成功退出
（5）	若节点 n 不可扩展，则转第（2）步
（6）	扩展节点 n，将其子节点放入 OPEN 表的首部，并为每一个子节点设置指向父节点的指针，然后转第（2）步

深度优先搜索步骤与广度优先搜索的差别只在于第（6）步，深度优先搜索是将其子节点放入 OPEN 表的首部，而广度优先搜索将其子节点放入 OPEN 表的尾部。深度优先搜索过程可以扫右边二维码查看。

在深度优先搜索中，搜索一旦进入某个分支，就将沿着该分支一直向下搜索。如果目标节点恰好在此分支上，则可较快地得到解。但是，如果目标节点不在此分支上，而该分支又是一个无穷分支，则就不可能得到解。所以深度优先搜索是不完备的，即使问题有解，它也不一定能求得解。

深度优先搜索的本质是以初始节点为根节点，在状态空间图中按照深度优先的原则，生成一棵搜索树。

2. 深度优先搜索的例子

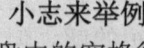

小志来举例

通过上、下、左、右移动棋盘中的空格得到新的状态，并按照深度优先搜索策略进行搜索，得到如图 3-20 所示的八数码问题深度优先搜索树，从中可以看出搜索到第 6 层子节点时，还未得到解决问题的路径，可见，通过深度优先搜索得到的解决方案不一定是最简解。

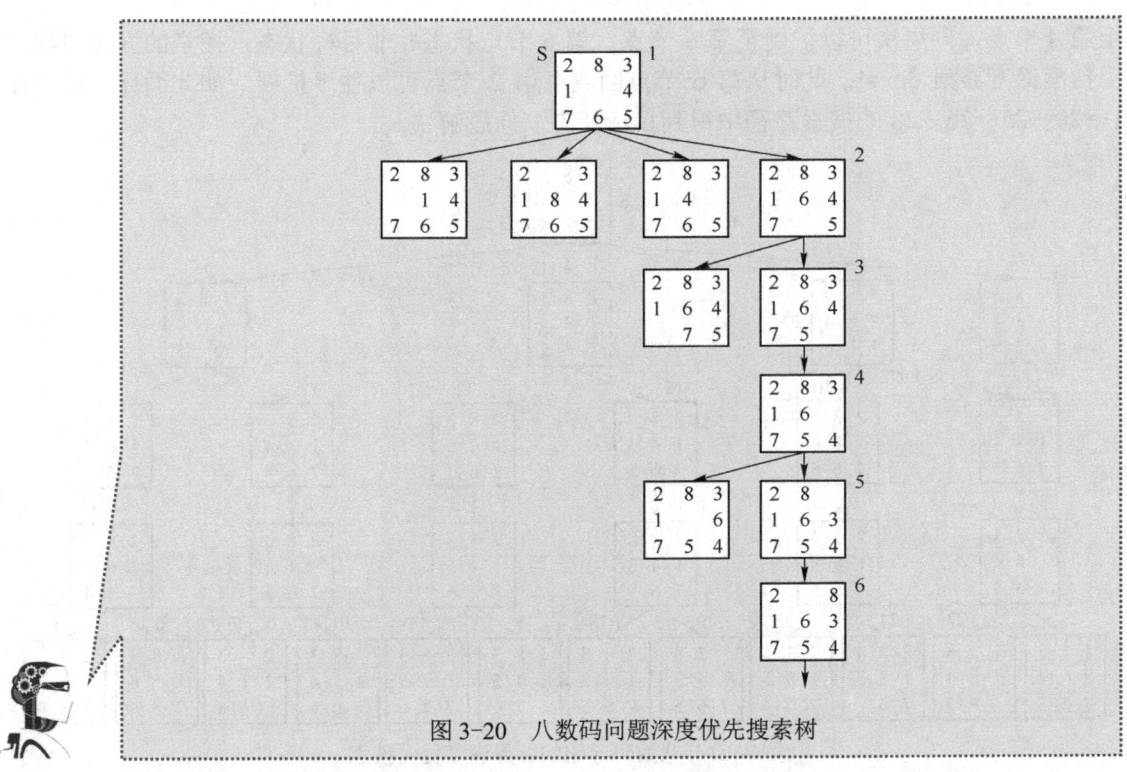

图 3-20 八数码问题深度优先搜索树

从图 3-20 可以看出,深度优先搜索采用的策略是先扩展最新产生的(最深的)节点,在搜索过程中,如果目标节点不在当前搜索的分支上时,需要回溯至最初的节点再进行搜索,这时候会造成搜索效率低的问题。

3. 有界深度优先搜索策略

有界深度优先搜索是为了防止搜索过程沿着无益的路径扩展下去,设定一个节点扩展的最大深度,即深度界限,使深度优先搜索过程具有完备性。

对状态空间的深度优先搜索引入搜索深度界限,设为 dm,当搜索深度达到了深度界限而仍未出现目标节点时,就换一个分支进行搜索,其搜索步骤如表 3-5 所示。

表 3-5 有界深度优先搜索的一般步骤

步号	步骤操作
(1)	把初始节点 S 放入 OPEN 表中
(2)	如果 OPEN 表为空,则问题无解,失败退出
(3)	把 OPEN 表的第一个节点取出放入 CLOSED 表,并记该节点为 n
(4)	考察节点 n 是否为目标节点。若是,则得到问题的解,成功退出
(5)	若节点 n 的深度 $d(n)=dm$,则转第(2)步
(6)	若节点 n 不可扩展,则转第(2)步
(7)	扩展节点 n,将其子节点放入 OPEN 表的首部,并为每一个子节点设置指向父节点的指针,然后转第(2)步

图 3-21 是采用有界深度优先搜索策略解决八数码问题的示意图,并设定了搜索深度界限 dm=4。从图 3-21 中看出,搜索从 S_0 开始,第一次按深度优先搜索至第 5 节点时,第 5 节点状态并非目标状态,搜索的深度已经超过了搜索深度界限 dm=4;此时从第 5 节点回溯

至第 4 节点，同层次可以扩展至第 6 节点，第 6 节点状态并非目标状态，搜索的深度也超过了搜索深度界限 dm=4；此时从第 6 节点回溯至第 2 节点可以往下扩展，如此循环，最后在 1→20→25→26→28 的搜索路径中得到目标状态，问题解决。

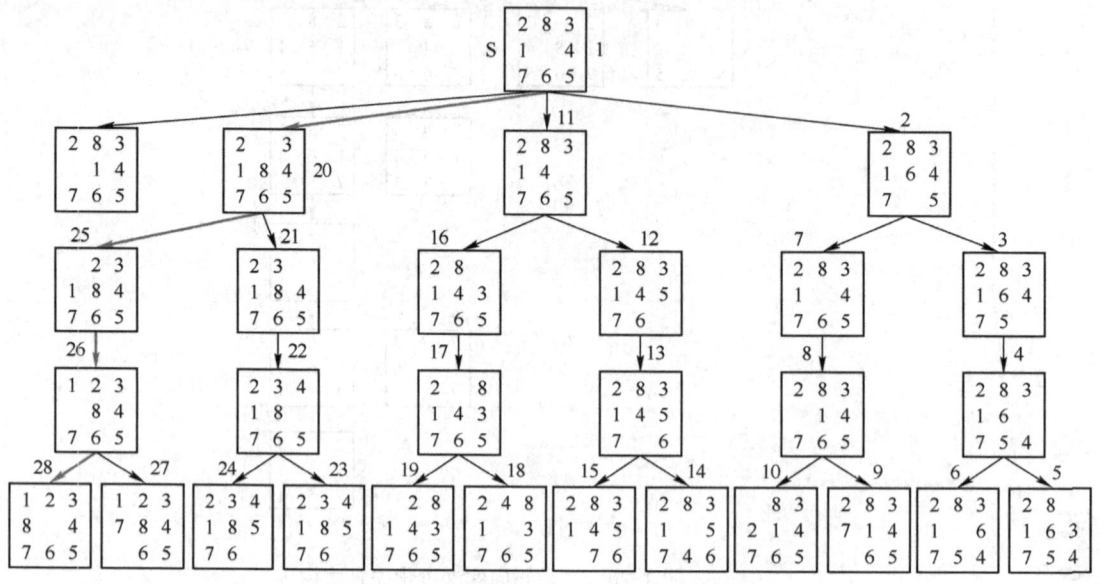

图 3-21　八数码问题的有界深度优先搜索

有界深度优先搜索存在以下两个问题。

① 如果问题有解，且其路径长度≤dm，则上述搜索过程一定能求得解。但是，若解的路径长度>dm，则上述搜索过程就得不到解。这说明在有界深度优先搜索中，深度界限的选择是很重要的。

② 要恰当地给出 dm 的值是比较困难的。即使能求出解，它也不一定是最优解。

3.3.3　代价树搜索

在一般的搜索策略中，我们都进行了一种假设，认为状态各自的代价都相同，且为一个单位量，从而使用路径长度代替路径的代价。但是对许多实际问题，这样的假设是不实际的。例如，对于城市交通问题，各城市之间的距离不可能是相同的。

1. 代价树

通常，把每条边上都标有其代价的树称为代价树。在代价树中，若用 $g(x)$ 表示从初始节点 S 到节点 x 的代价，用 $c(x1,x2)$ 表示从父节点 $x1$ 到子节点 $x2$ 的代价，则有

$$g(x2) = g(x1) + c(x1, x2)$$

考虑边的代价的搜索方法，代价树搜索的目的是找到一条代价最小的解路径。代价树搜索方法包括代价树的广度优先搜索和代价树的深度优先搜索。

2. 代价树的广度优先搜索

代价树的广度优先搜索采用的思想是每次从 OPEN 表中选择节点往 CLOSED 表传送时，总是选择其中代价最小的节点。也就是说，OPEN 表中的节点在任一时刻都是按其代价从小到大排序的，代价小的节点排在前面，代价大的节点排在后面，而不管节点在代价树中处于什么位置上。

如果问题有解,代价树的广度优先搜索一定可以求得解,并且求出的是最优解。代价树的广度优先搜索一般步骤见表3-6。

表3-6 代价树的广度优先搜索的一般步骤

步号	步骤操作
(1)	把初始节点S放入OPEN表中,置S的代价$g(S)=0$
(2)	如果OPEN表为空,则问题无解,失败退出
(3)	把OPEN表的第一个节点取出放入CLOSED表,并记该节点为n
(4)	考察节点n是否为目标。若是,则找到了问题的解,成功退出
(5)	若节点n不可扩展,则转第(2)步;否则转第(6)步
(6)	扩展节点n,为每一个子节点都配置指向父节点的指针,计算各子节点的代价,并将各子节点放入OPEN表中。并根据各子结点的代价对OPEN表中的全部结点按由小到大的顺序排序。然后转第(2)步

3. 代价树的广度优先搜索例子

> **小志来举例**
>
> 以"城市交通图"为例来描述代价树的广度优先搜索。设有5个城市,它们之间的交通线路如图3-22所示,图中的数字表示两个城市之间的交通费用,即代价。用代价树的广度优先搜索,求从A市出发到E市,费用最小的交通路线。
>
> 首先将交通图转化为代价树。具体转化方法为:首先从起始节点A开始,把与它直接相邻的节点作为它的子节点;接着对其他节点也做相同的处理,若一个节点已经为某节点的直系父辈节点时,就不能作为这个节点的子节点。图中除了起始节点A之外,其他节点都可能要在代价树中出现多次,为了区分它们的多次出现,分别用下标1,2,……标出,得到如图3-23所示的代价树。
>
> 对此代价树进行广度优先搜索,可得到最优解,即路径A→C_1→D_1→E_2为最优解,其代价为8。

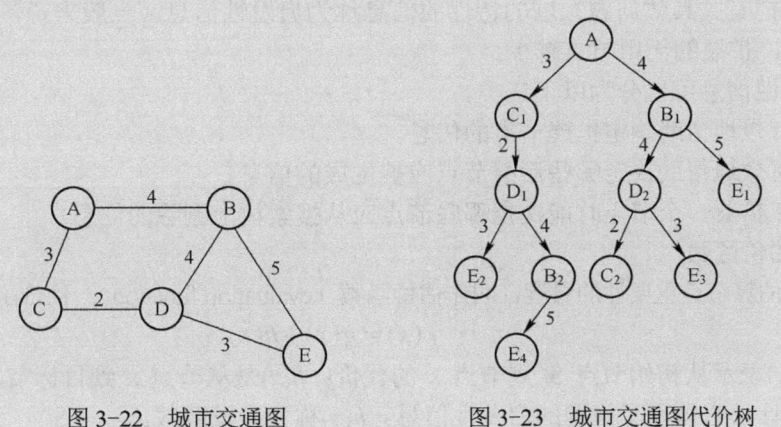

图3-22 城市交通图   图3-23 城市交通图代价树

4. 代价树的深度优先搜索

与代价树的广度优先搜索不同,代价树的深度优先搜索是从刚扩展出的子节点中选择一个代价最小的节点送入 CLOSED 表进行考察，而不是在整个 OPEN 表中选择代价最小的。代价树的深度优先搜索的一般步骤见表 3-7。

表 3-7 代价树的深度优先搜索的一般步骤

步号	步骤操作
（1）	把初始节点 S 放入 OPEN 表中，置 S 的代价 $g(S)=0$
（2）	如果 OPEN 表为空，则问题无解，失败退出
（3）	把 OPEN 表的第一个节点取出放入 CLOSED 表，并记该节点为 n
（4）	考察节点 n 是否为目标。若是，则找到了问题的解，成功退出
（5）	若节点 n 不可扩展，则转第（2）步；否则转第（6）步
（6）	扩展节点 n，为每一个子节点都配置指向父节点的指针，计算各子节点的代价，并将各子节点放入 OPEN 表中。将这些子节点按代价由小到大放入 OPEN 表的首部。然后转第（2）步

3.4 状态空间的启发式搜索

前面介绍的广度优先搜索、深度优先搜索，以及代价树搜索等搜索的本质是，以初始节点为根节点，按照既定的策略对状态空间图进行遍历，并希望能够尽早发现目标节点。由于对状态空间图遍历的策略是既定的，因此这些方法统称为盲目搜索方法。盲目搜索具有较大的盲目性，产生的无用节点较多，有效率不高、耗费过多的计算空间与时间等缺点。由于前面所述的搜索策略主要的差别是 OPEN 表中待扩展节点的顺序问题，人们就试图找到一种方法用于排列待扩展节点的顺序，即选择最有希望的节点加以扩展，从而实现提高搜索效率的目的。

基于上述的思想，对于具体问题进行搜索求解时，先分析具体问题所具有的特性信息，然后把这种特性信息用于引导搜索从而提高效率，这种搜索策略便是启发式搜索。

3.4.1 启发性信息和估价函数

1. 启发性信息

通常把有关具体问题领域的特性的信息称为启发性信息。一般来说，启发性信息的启发能力越强，扩展的无用节点越少。

启发性信息可以分为以下三类。

1）有效地帮助确定扩展节点的信息。
2）有效地帮助决定哪些后继节点应被生成的信息。
3）在扩展一个节点时能决定哪些节点应从搜索树上删除的信息。

2. 估价函数

用来估算节点重要性的量度，叫作估价函数（evaluation function）。估价函数的一般形式为

$$f(x) = g(x) + h(x)$$

其中，$g(x)$ 表示从初始节点 S_0 到节点 x 的代价；$h(x)$ 是从节点 x 到目标节点 S_g 的最优路径的代价的估计，它体现了问题的启发性信息。$h(x)$ 称为启发函数。

一个节点的"重要性"有几种不同的定义方法。在状态空间问题中，一种方法是估算目标节点到此节点的距离；另一种方法认为，解答路径包括被估价过的节点，并计算整条路径的长度或难度。每个不同的衡量标准只能考虑该问题中这个节点的某些决定性特性，或者对给定节点与目标节点进行比较，以决定其相关特性。

小志来举例

以"八数码问题"为例来解释估价函数的作用。初始状态 S_0，目标状态 S_g，如图 3-24 所示。要求用广度优先搜索策略来寻找从初始状态到目标状态的解路径。

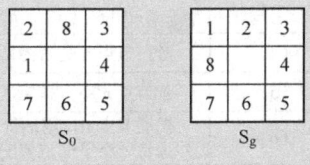

图 3-24 八数码问题的初始状态和目标状态

- 设估价函数为 $f(n)=g(n)+h(n)$，其中
  - $g(n)$：表示节点 n 在搜索树中的深度。
  - $h(n)$：表示节点 n 中"不在位"的数码个数。
- 计算初始状态 S_0 的估价函数值 $f(S_0)$。

初始状态 S_0 处在首节点，n=0，节点 n 在搜索树中的深度 $g(0)=0$，另外从图 3-24 看出，数字"1、2、8"不在其正确的位置上，得到 $h(0)=3$。

最后得到 $f(S_0)=g(0)+h(0)=3$。

从上得出以下结论，某节点中的"不在位"的数码个数越多，说明它离目标节点越远，即代价越大，这正是启发性信息的作用。

3.4.2 A 算法

在图搜索算法中，如果能在搜索的每一步都利用估价函数 $f(n)=g(n)+h(n)$ 对 OPEN 表中的节点进行排序，则该搜索算法为 A 算法。由于估价函数中带有问题自身的启发性信息，因此，A 算法也被称为启发式搜索算法。

可根据搜索过程中选择扩展节点的范围，将启发式搜索算法分为以下两种。

- 全局择优搜索算法：从 OPEN 表的所有节点中选择估价函数值最小的一个进行扩展。搜索的一般步骤如表 3-8 所示。

表 3-8 全局择优搜索算法的一般步骤

步号	步骤操作
（1）	把初始节点 S_0 放入 OPEN 表，计算 $f(S_0)$
（2）	如果 OPEN 表为空，则问题无解，失败退出
（3）	把 OPEN 表的第一个节点取出放入 CLOSED 表，并记该节点为 n
（4）	考察节点 n 是否为目标。若是，则找到了问题的解，成功退出
（5）	若节点 n 不可扩展，则转第（2）步；否则转第（6）步
（6）	扩展节点 n，用估价函数 $f(x)$ 计算每个子节点的估价值，并为每一个子节点都配置指向父节点的指针。把这些子节点都送入 OPEN 表中，然后对 OPEN 表中的全部节点按估价值从小至大的顺序进行排序。然后转第（2）步

- 局部择优搜索算法：仅从刚生成的子节点中选择估价函数值最小的一个进行扩展。搜索的一般步骤如表 3-9 所示。

表 3-9 局部择优搜索算法的一般步骤

步号	步骤操作
（1）	把初始节点 S_0 放入 OPEN 表，计算 $f(S_0)$
（2）	如果 OPEN 表为空，则问题无解，失败退出
（3）	把 OPEN 表的第一个节点取出放入 CLOSED 表，并记该节点为 n

步号	步骤操作
（4）	考察节点 n 是否为目标。若是，则找到了问题的解，成功退出
（5）	若节点 n 不可扩展，则转第（2）步；否则转第（6）步
（6）	扩展节点 n，用估价函数 $f(x)$ 计算每个子节点的估价值，并按估价值从小到大的顺序放到 OPEN 表中的首部，并为每一个子节点都配置指向父节点的指针，然后转第（2）步

小志来举例

用全局择优搜索算法求解"八数码问题"，寻找从初始状态到目标状态的解路径。初始状态为 S_0，目标状态为 S_g，如图 3-25 所示。

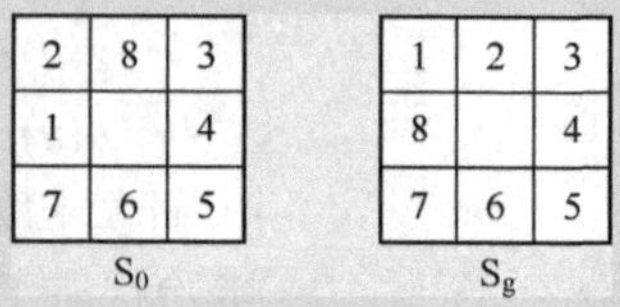

- 设估价函数为 $f(n)=g(n)+h(n)$，其中
  - $g(n)$：表示节点 n 在搜索树中的深度。
  - $h(n)$：表示节点 n 中"不在位"的数码个数。
- 该问题的全局择优搜索树如图 3-26 所示，在图 3-26 中，每个节点旁边的数字是该节点的估价函数值，该数值的计算方法如表 3-10 所示。

图 3-25 用全局择优搜索算法求解八数码问题

表 3-10 各节点的估价值

节点	$g(n)$	$h(n)$	$f(n)$
S_0	0	3	3
S_1	1	3	4
S_2	2	2	4
S_3	3	1	4
S_g	4	0	4

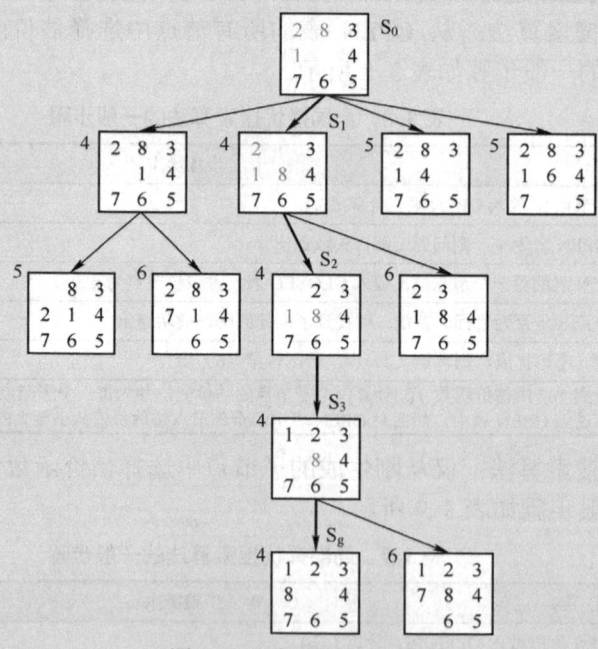

图 3-26 全局择优搜索树

- 该问题的解为：$S_0 \rightarrow S_1 \rightarrow S_2 \rightarrow S_3 \rightarrow S_g$。

3.5 遗传算法搜索

遗传算法是仿真生物遗传学和自然选择机理，通过人工方式所构造的一类搜索算法，从某种程度上说，遗传算法是对生物进化过程进行的数学方式仿真。

遗传算法的思想来源于生物进化论，种群中的个体根据对环境的适应能力而被大自然所选择或淘汰。进化的结果反映在个体的结构上，即由染色体的基因决定，通过个体之间的交叉、变异来适应大自然环境。遗传算法是用数学方式或计算机方式将生物的染色体展现为一串数码，仍叫染色体，有时也叫个体；适应能力用对应着一个染色体的一个数值来衡量；染色体的选择或淘汰按所面对的问题是求最大还是最小来决定。

遗传算法是一种基于空间搜索的算法，它通过自然选择、遗传、变异等操作以及达尔文的进化论，模拟自然进化过程来寻找所求问题的解答，具有以下特点。

1）遗传算法是对参数集合的编码，而非针对参数本身进行进化。
2）遗传算法是从问题解的编码组开始，而非从单个解开始搜索。
3）遗传算法利用目标函数的适应度这一信息，而非利用导数或其他辅助信息来指导搜索。
4）遗传算法利用选择、交叉、变异等算子，而不是利用确定性规则进行随机操作。

遗传算法已用于求解带有应用前景的一些问题，如遗传程序设计、函数优化、排序问题、人工神经网络、分类系统、计算机图像处理和机器人运动规划等。

3.5.1 遗传算法的结构

霍兰德提出的遗传算法通常被称为简单遗传算法（SGA）。现以此作为主要讨论对象，加上适应的改进，来分析遗传算法的结构和机理。在讨论中会结合销售员旅行问题（TSP）来说明。

1. 编码与译码

许多应用问题结构很复杂，但可以化为简单的位串形式编码表示，我们将问题结构变换为位串形式编码表示的过程叫编码；而与之相反，将位串形式编码表示变换为原问题结构的过程叫译码。我们把位串形式编码表示叫染色体。

对 TSP 可以按一条回路城市的次序进行编码，比如码串"134567829"表示从城市 1 开始，依次是城市 3、4、5、6、7、8、2、9，最后回到城市 1。一般情况是从城市 w_1 开始，依次经过城市 $w_2,\cdots,w_n$，最后回到城市 w_1，就有如下编码表示，

$$w_1\ w_2\ \cdots\ w_n$$

由于该路径是回路，记 $w_{n+1}=w_1$。它其实是 $1,\cdots,n$ 的一个循环排列。要注意 $w_1,w_2,\cdots,w_n$ 是互不相同的。

2. 适应度函数

为了体现染色体的适应能力，引入了对问题中的每一个染色体都能进行度量的函数，叫适应度函数。通过适应度函数来决定染色体的优劣程度，它体现了自然进化中的优胜劣汰原则。对要优化的问题来说，适应度函数就是目标函数。TSP 的目标是路径总长度为最短，路径总长度的倒数就可以看作 TSP 的适应度函数，即

$$f(w_1,w_2,\cdots,w_n)=1/\sum_{j=1}^{n}d(w_j,w_{j+1})$$

请注意其中 $w_{n+1}=w_1$。适应度函数要能有效反映每一个染色体与问题的最优解染色体之间的差异，一个染色体与问题的最优解染色体之间的差异越小，则对应的适应度函数值之差就越小，否则就越大。适应度函数的取值大小与求解问题对象的意义有很大的关系。

3．遗传操作

简单遗传算法的遗传操作主要有三种，即选择（Selection）、交叉（Crossover）和变异（Mutation）。改进的遗传算法大量扩充了遗传操作，以达到更高的效率。

选择操作也叫复制操作，根据个体的适应度函数值所度量的优劣程度，决定它在下一代是被淘汰还是被遗传。一般地，适应度较大（优良）的个体将有较大的存在机会，而适应度较小（低劣）的个体继续存在的机会也较小。简单遗传算法采用赌轮选择机制，令 $\sum f_i$ 表示种群的适应度值之总和，f_i 表示种群中第 i 个染色体的适应度值，它产生后代的能力正好为其适应度值所占份额 $f_i/\sum f_i$。

交叉操作是将被选择出的两个个体 P1 和 P2 作为父母个体，将两者的部分码值进行交换。假设有如图 3-27 所示的八位长的两个个体。

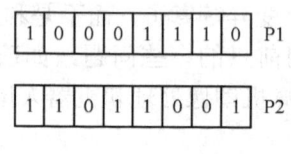

图 3-27　遗传个体

产生一个在 1～7 之间的随机数 c，假如现在产生的随机数是 3，将 P1 和 P2 的低三位交换，P1 的高五位与 P2 的低三位组成数串 10001001，这就是 P1 和 P2 的一个后代 Q1 个体；P2 的高五位与 P1 的低三位组成数串 11011110，这就是 P1 和 P2 的一个后代 Q2 个体。其交换过程如图 3-28 所示。

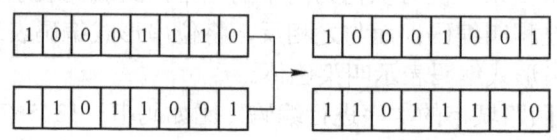

图 3-28　交叉示意图

变异操作是改变数码串的某个位置上的数码。我们以最简单的二进制编码表示方式来说明，二进制编码表示的每一个位置上的数码只有 0 与 1 这两种可能，比如用如下二进制编码表示。

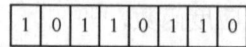

其码长为 8，随机产生一个 1～8 之间的数 k，假如现在 $k=5$，对从右往左的第 5 位进行变异操作，将原来的 0 变为 1，得到如下数码串。

| 1 | 0 | 1 | 1 | 0 | 1 | 1 | 0 |

二进制编码表示的简单变异操作是将 0 与 1 互换，即 0 变异为 1，1 变异为 0。

现在简单介绍 TSP 的变异操作，随机产生一个 $1 \sim n$ 之间的数 k，即对回路中的第 k 个城市的代码 w_k 作变异操作，又产生一个 $1 \sim n$ 之间的数 w，替代 w_k，并将 w_k 加到尾部，得到如下的数码串。

$$w_1\, w_2 \cdots w_{k-1}\, w\, w_{k+1} \cdots w_n\, w_k$$

这个串有 $n+1$ 个数码，注意，w 其实在此串中重复出现了，必须删除与 w 相重复的数码，才能得到合法的染色体。

4．控制参数

并不是所有被选择了的染色体都要进行交叉操作和变异操作，而是以一定的概率进行。一般，在程序设计中交叉发生的概率要比变异发生的概率大若干个数量级，交叉概率取 0.6～0.95 之间的值，变异概率取 0.001～0.01 之间的值。

种群的染色体总数叫种群规模，它对算法的效率有明显的影响，规模太小不利于进化，而规模太大将导致程序运行时间长。对不同的问题可能有各自适合的种群规模，通常种群规模为 30～100。

另一个控制参数是个体的长度，有定长和变长两种，它对算法的性能也有影响。

3.5.2 遗传算法的基本原理

遗传算法类似于自然进化，通过作用于染色体上的基因寻找好的染色体来求解问题。与自然界相似，遗传算法对求解的问题本身一无所知，它所需要做的仅是对算法所产生的每个染色体进行评价，并基于适应度值来选择染色体，使适应性好的染色体有更多的繁殖机会。在遗传算法中，通过随机方式产生若干个所求解问题的数字编码，即染色体，形成初始种群；通过适应度函数给每个个体一个数值评价，淘汰低适应度的个体，选择高适应度的个体进行遗传操作，经过遗传操作后的个体集合形成下一代新的种群，对这个新种群进行下一轮进化。这就是遗传算法的基本原理，其执行过程步骤如表 3-11 所示。

表 3-11　遗传算法的一般步骤

步号	步骤操作
（1）	初始化种群
（2）	计算种群上每个个体的适应度值
（3）	按由个体适应度值所决定的某个规则选择将进入下一代的个体
（4）	按概率 Pc 进行交叉操作
（5）	按概率 Pm 进行变异操作
（6）	没有满足某种停止条件，则转第（2）步，否则进入第（7）步
（7）	输出种群中适应度值最优的染色体作为问题的满意解或最优解

程序的最简单的停止条件有两种，一是完成了预先给定的进化代数则停止，二是种群中的最优个体在连续若干代没有改进或平均适应度在连续若干代基本没有改进时停止。

根据遗传算法思想可以画出如图 3-29 所示的简单遗传算法框图。

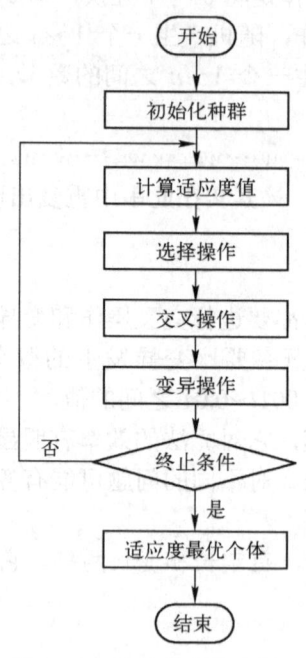

图 3-29 简单遗传算法框图

3.5.3 遗传算法的性能

遗传算法求得的解是一个满意解，影响解质量的因素有种群的数量、适应度函数、交叉和变异。

首先要注意的是种群的规模要适当，种群规模太小，种群中就没有充分的多样性，不利于适应度值高的染色体的进化，致使算法得不到满意的解。可以认为种群规模大有利于种群的进化，使得种群健壮发展，但染色体多，每进行一轮进化花费的机器时间就多，致使算法的效率较低。

适应度函数的构造对遗传算法的性能影响较大，由于适应度是衡量染色体优劣的准则，有时优劣染色体的适应度值没有拉开距离，必须提升优良染色体的适应度值，降低劣弱染色体的适应度值，给优良染色体更多的生存机会，以达到提高进化速度的目标。

对遗传算法的性能影响最大的也许是交叉和变异操作，有很多文献对此进行了研究和改进。交叉和变异操作并不是都要进行，对某些问题用遗传算法求解时，其性能主要由交叉操作决定，甚至没有变异操作时算法的性能更好；而对另外的某些问题用遗传算法求解时，其性能主要由变异操作决定，甚至不要交叉操作更合适。

更重要的是，不同的问题要构造一些性能更优的交叉和变异操作，这样才能保证算法的高效率，构造时往往需要对所要求解的问题进行分析并运用一些经验。

3.6 基于规则的演绎推理

基于规则的演绎推理可以分为正向推理、逆向推理和混合推理。

1. 正向推理

正向推理的基本思想是进行数据驱动的推理,是按照由条件推出结论的方向进行的推理方式。它从一组事实出发,使用一定的推理规则,来证明目标事实或命题成立。

正向推理的推理过程是先向综合数据库提供一些初始已知事实,控制系统利用这些数据与知识库中的知识进行匹配,将其结论作为新的事实添加到综合数据库中。重复上述过程,用更新过的综合数据库中的事实再与知识库中另一条知识匹配,将其结论更新至综合数据库中,直到没有可匹配的新知识且不再有新的事实加入到综合数据库中为止。然后测试是否得到解,有解则返回解,无解则提示运行失败。

2. 逆向推理

逆向推理的基本思想是进行目标驱动的推理,首先选定一个假设目标,寻找支持该假设的证据,若所需的证据都能找到,则原假设成立;若无论如何都找不到所需要的证据,说明原假设不成立,为此需要另作新的假设。

逆向推理具有不必使用与目标无关的知识、目的性强、利于向用户提供解释等优点,但选择起始目标时具有盲目性,比正向推理复杂。

3. 混合推理

正向和逆向的演绎推理都存在一定的局限性。为了克服这些局限,充分发挥各自的长处,可进行混合推理。

1)先正向后逆向:先进行正向推理,帮助选择某个目标,即从已知事实演绎出部分结果,然后再用逆向推理证实该目标或提高其可信度。

2)先逆向后正向:先假设一个目标进行逆向推理,然后再利用逆向推理中得到的信息进行正向推理,以推出更多的结论。

4. 双向推理

双向推理是采用正向推理与逆向推理同时进行,且在推理过程中的某一步骤上"碰头"的一种推理。

3.7 产生式推理

通常把利用产生式知识表示方法所进行的推理称为产生式推理,把由此所产生的系统称为产生式系统。按照推理的控制方向,产生式推理可分为正向、逆向和混合三种方式。正向推理过程见表 3-12,逆向推理过程见表 3-13。

表 3-12 产生式正向推理的一般步骤

步号	步骤操作
(1)	推理开始前,把用户提供的初始证据放入综合数据库
(2)	推理开始后,检查综合数据库中是否包含了问题的解,若已包含,则求解结束,并成功退出;否则,执行下一步
(3)	检查知识库(即规则库)中是否有可用知识,若有,形成当前可用知识集,执行下一步;否则,转(5)
(4)	按照某种冲突消解策略,从当前可用知识集中选出一条知识进行推理,并将推出的新事实加入综合数据库中,然后转(2)
(5)	询问用户是否可以进一步补充新的事实,若可补充,则将补充的新事实加入综合数据库中,然后转(3);否则表示无解,失败退出

表 3-13 产生式逆向推理的一般步骤

步号	步骤操作
(1)	将问题的初始证据和要求证的目标（称为假设）分别放入综合数据库和假设集
(2)	从假设集中选出一个假设，检查该假设是否在综合数据库中。若在，则该假设成立，此时，若假设集为空，则成功退出，否则，仍执行(2)。若该假设不在数据库中，则执行下一步
(3)	检查该假设是否可由知识库的某个知识导出。若不能由某个知识导出，则询问用户该假设是否可由用户证实的原始事实，若是，该假设成立，并将其放入综合数据库，再重新寻找新的假设；若不是，则转(5)。若能由某个知识导出，则执行下一步
(4)	将知识库中可以导出该假设的所有知识构成一个可用知识集
(5)	检查可用知识集是否为空，若知识集为空，失败退出；否则，执行下一步
(6)	按冲突消解策略从可用知识集中取出一个知识，继续执行下一步
(7)	将该知识的前提中的每个子条件都作为新的假设放入假设集，转(2)

产生式推理主要由规则库、综合数据库和控制系统组成，见图 3-30。规则库是用于描述相应领域内知识的产生式集合；综合数据库是一个用于存放问题求解过程中的各种信息的数据结构；控制系统包括控制和推理机两个部分，由一组程序组成，负责整个产生式系统的运行，实现对问题的求解。

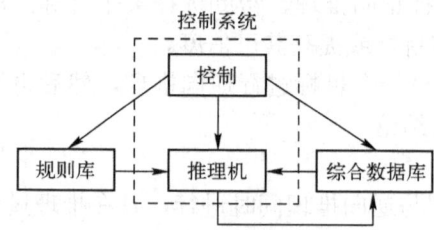

图 3-30 产生式推理的基本结构

产生式推理的基本思想是先查询问题的解是否在综合数据库中，若不存在，则取出规则库中对应的规则进一步进行推理。产生式推理是基于规则库的规则查询来实现的，因此产生式推理实质上是一种基于规则的演绎推理。

小志来举例

用产生式推理方式来进行动物识别，设有以下两条规则。

① r_1:IF 动物有羽毛 THEN 动物是鸟。

② r_2:IF 动物是鸟 AND 动物善飞 THEN 动物是信天翁。

假设已知有以下事实：动物有羽毛，动物善飞。要求采用产生式推理，求证：动物是信天翁。

小志来正向推理

动物识别的正向推理过程如图 3-31 所示。

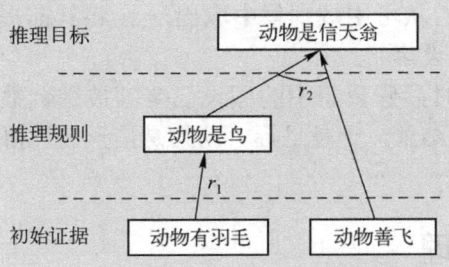

图 3-31　动物识别的正向推理过程

① 由于已知事实"动物有羽毛",即 r_1 的前提条件满足,因此 r_1 可用,承认 r_1 的结论,即推出新的事实"动物是鸟"。

② 此时,r_2 的两个前提条件均满足,因此 r_2 可用,承认 r_2 的结论,即推出新的事实"动物是信天翁"。

③ 由于信天翁已经是一种具体的动物,因此已求出该动物是信天翁。

小志来逆向推理

动物识别的逆向推理过程如图 3-32 所示。

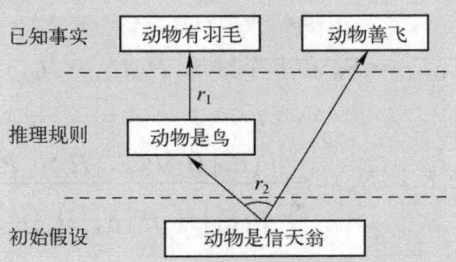

图 3-32　动物识别的逆向推理过程

① 推理开始前,综合数据库和假设集均为空。

② 推理开始后,先将初始证据"动物有羽毛"和"动物善飞"放入综合数据库,把"动物是信天翁"放入初始假设集。

③ 然后从假设集中取出一个假设"动物是信天翁",查找该假设是否为综合数据库中的已知事实,回答为"N"。再检查"动物是信天翁"是否能被规则库中的规则所导出,发现"动物是信天翁"可由 r_2 导出,于是 r_2 被放入可用规则集。

④ 接着从可用规则集中取出 r_2,将其前提条件"动物是鸟"和"动物善飞"分别作为新的子假设放入假设集。

⑤ 在当前假设集中，取出一个假设"动物是鸟"，检查该假设是否为综合数据库中的已知事实，回答为"N"。再检查"动物是鸟"是否能被规则库中的规则所导出，发现该子假设可由 r_1 导出，于是 r_1 被放入可用规则集。

⑥ 接着从可用规则集中取出 r_1，将其前提条件"动物有羽毛"作为新的假设放入假设集。

⑦ 此时，假设集中的假设已全部被综合数据库中的已知事实所满足，推理过程成功结束，于是目标"动物是信天翁"得证。

3.8 不确定性推理

3.8.1 概率推理

概率推理就是由给定的变量信息来计算其他变量的概率信息的过程。假设给定证据集合 E 为变量集合 Y 的子集，其中变量取值用 e 表示，即 $E=e$，此时若希望计算条件概率 $P(Y_i = y_i | E = e)$ 的值，即在给定证据变量取值后求变量 $Y_i = y_i$ 的概率，这个过程被称为概率推理。

在基于概率的不确定推理中，概率一般解释为专家对证据和规则的主观信任度。对概率推理起着支撑作用的是 Bayes 公式。

Bayes 公式用于不确定推理的原始条件是：已知前提 E 的概率 $P(E)$ 和结论 H 的先验概率 $P(H)$，并已知 H 成立时 E 出现的条件概率 $P(E|H)$。推理的目的是推出 H 的后验概率 $P(H|E)$。

如果有多个证据 $E_1,E_2,\cdots,E_m$ 和多个结论 $H_1,H_2,\cdots,H_n$，并且每个证据都以一定程度支持结论，则

$$P(H_i | E_1 E_2 \cdots E_m) = \frac{P(E_1 | H_i)P(E_2 | H_i)\cdots P(E_m | H_i)P(H_i)}{\sum_{j=1}^{n} P(E_1 | H_j)P(E_2 | H_j)\cdots P(E_m | H_j)P(H_j)}$$

此时，只要已知 H_j 的先验概率 $P(H_j)$ 及 H_i 成立时证据 $E_1,E_2,\cdots,E_m$ 出现的条件概率 $P(E_1|H_j),P(E_2|H_j),\cdots,P(E_m|H_j)$，就可利用上述条件计算出在 $E_1,E_2,\cdots,E_m$ 出现的情况下 H_i 的条件概率 $P(H_i|E_1,E_2,\cdots,E_m)$。

3.8.2 模糊推理

从不精确的前提集合中得出可能的不精确结论的推理过程，通常称为模糊推理，又称近似推理。在人的思维中，推理过程常常是近似的。例如，人们根据条件语句（假言）"若西红柿是红的，则西红柿是熟的"和前提（直言）"西红柿非常红"，立即可得出结论"西红柿非常熟"。这种不精确的推理不能用经典的二值逻辑或多值逻辑来完成。

1. 模糊规则

模糊规则是在进行模糊推理时依赖的规则，通常可以用自然语言表述。如"如果张三比较胖，则张三需要进行较多锻炼"。

2. 模糊语言

模糊语言是由语言变量和语言算子组成的。
- 语言变量：对应自然语言中的一个词或者一个短语、句子。它的取值就是模糊集合。
- 语言算子：用于对模糊集进行修饰。作用类似于自然语言中常用的"可能""大约""比较""很"等，表示可能性、近似性或程度。

3. 模型语言一般形式

模糊语言通常采用"如果—则"的基本形式，完整的形式是"如果（条件）→则（结论）"，逻辑表达为

$$\text{If } x \text{ is } A \text{ then } y \text{ is } B（若 x 是 A，那么 y 是 B）。$$

其中，设 A 的论域是 U，B 的论域是 V，A 与 B 均是语言变量的具体取值，即模糊集，x 与 y 是变量名。规则中的"If x is A"又称前件，"y is B"又称后件。"如果张三比较胖则运动量比较大"中，x 就是"张三"，y 为"运动量"，"比较胖"和"比较大"分别为 x 和 y 的取值之一。

模糊集 A 与 B 之间的关系是 $A \times B$ 上的模糊蕴含关系，记作 $A \rightarrow B$，其定义有多种，常见的两种是最小运算和积运算。

> **小志来举例**
>
> 例如："如果炉温低，则应施加高电压"。
> 设 x："炉温"，A："低炉温"，y："电压"，B："高电压"，则上述规则可表示为
> "如果 x 是 A，则 y 是 B"，记为 $A \rightarrow B$。

4. 模糊推理

模糊推理是通过模糊规则将输入转化为输出的过程。其推理过程可以用三段来描述，如下所示。
- 大前提（规则）：若 x 是 A，那么 y 是 B。
- 小前提（输入）：x 是 C。
- 结论（输出）：y 是 D。

在模糊推理中，小前提没有必要与大前提的前件一致（A 与 C 不必完全一致），结论没有必要与大前提的后件一致（B 与 D 不必完全一致）。

关于模糊蕴含的推理方式有两种：肯定式的推理和否定式的推理。

5. 模糊计算过程

生活中经常能遇到这样的情况：要根据几个变量的输入，以及一组自然语言表述的经验规则，来决定输出。这就是一个模糊计算的过程。

> **小志来举例**
>
> 如在灌溉问题中，要根据温度、湿度等变量决定灌溉时间的多少。这个决定灌溉时间的过程，需要依据一些从以往的灌溉中得到的经验。这些经验往往来自领域内专家，并且以规则的形式表述，例如：当温度高而且湿度小的时候，灌溉时间为长。

模糊计算的过程可以分为四个模块：模糊规则库、模糊化、推理方法和去模糊化，如图 3-33 所示。模糊规则库是专家提供的模糊规则；模糊化是根据隶属度函数从具体的输入得到模糊集隶属度的过程；推理方法是从模糊规则和输入得到相关模糊集的隶属度的模糊结论的方法；去模糊化就是将模糊结论转化为具体的、精确的输出的过程。

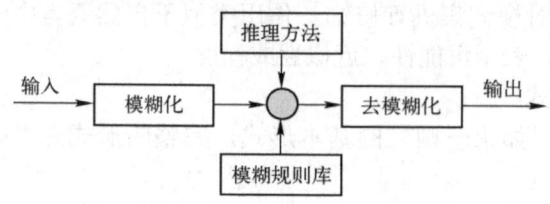

图 3-33 模糊计算示意图

 情境操作

3.9 任务实施

3.9.1 任务 1 过河问题的状态空间深度优先搜索应用

🛠 任务目标

经过学习情境 2 的任务 2 的学习，现需要采用状态空间的深度优先搜索策略使得机器人小志可以搜索过河的路径，如图 3-34 所示。具体要求和学习情境 2 的任务 2 相同。

图 3-34 小志解决过河问题

🏷 实施过程

1）回顾学习情境 2 的任务 2 已完成的功能。

通过学习情境 2 的任务 2，已经为传教士和野人过河问题设置状态变量，并确定值域、列出初始状态集和目标状态集、定义并确定规则集合，最后还用采用 Python 编写程序，将过河的知识规则和操作集存储在机器人小志的存储器内，详见学习情境2的任务2。

2）根据3.3.2节中介绍的深度优先搜索策略的知识分析搜索过程。

深度优先搜索策略的基本思想是从某一节点开始向深度搜索，即扩展该节点得到子节点，一直往子代的方向进行搜索，如果遇到目标，记录此搜索的过程，然后回溯至可以扩展分支的节点，再如此循环；如果遇到不可求解或不可扩展的节点，也回溯至可以扩展分支的节点，直到所有节点都搜索完毕才结束。

如图 3-35 所示。过河问题的搜索初始节点为（3，3，1），代表着河的左边有 3 个传教士、3 个野人和 1 只船，节点和操作符号代表的意思可以在学习情境2的任务2中查得。深度优先搜索过程如下。

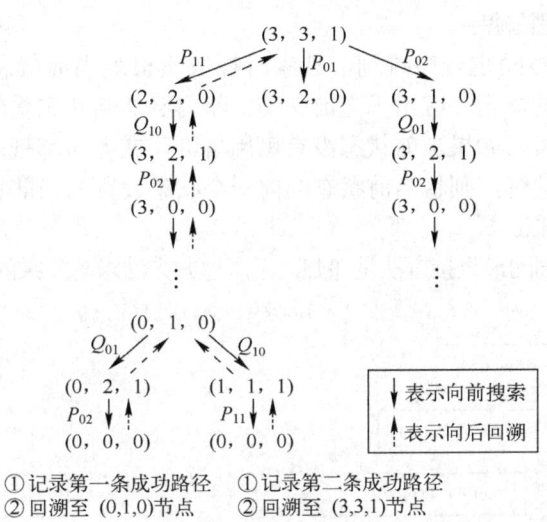

图 3-35 过河问题的深度优先搜索过程

首先，对初始节点（3，3，1）采用 P_{11} 操作得到子节点（2，2，0），该节点符合规则约定，向前搜索一步，再对节点（2，2，0）采用 Q_{10} 操作得到子节点（3，2，1），该节点符合规则约定，又向前搜索了一步，如此循环向前搜索，最后到目标节点（0，0，0），此时把搜索得到的第一条成功路径保存起来；接着从节点（0，0，0）向第一条搜索路径的反方向进行回溯，回溯到节点（0，1，0）时，发现节点（0，1，0）还可以采用 Q_{10} 操作扩展出另外一个节点（1，1，1），由此节点往前搜索至目标节点（0，0，0），此时把搜索得到的第二条成功路径保存起来；接着从节点（0，0，0）往反方向进行回溯，回溯至初始节点（3，3，1），再扩展出其他子节点进行搜索，直到完成所有节点的搜索。

上述的搜索过程如表 3-14 所示。

表 3-14 过河问题的深度优先搜索过程

序号	方向	过程
（1）	向前搜索	（3，3，1）→（2，2，0）→（3，2，1）→（3，0，0）→…→（0，1，0）→（0，2，1）→（0，0，0）
（2）	向后回溯	（0，0，0）→（0，2，1）→（0，1，0）
（3）	向前搜索	（0，1，0）→（1，1，1）→（0，0，0）

(续)

序号	方向	过程
(4)	向后回溯	(0, 0, 0) → (1, 1, 1) → (0, 1, 0) →…→ (3, 0, 0) → (3, 2, 1) → (2, 2, 0) → (3, 3, 1)
(5)	向前搜索	(3, 3, 1) → (3, 2, 0) →…
…	…	…

从表 3-14 看出，搜索的过程是一个不断向前进行的判断和变换操作，最后找到目标状态，然后往回寻找其他可能的实现过程，在计算机技术里用递归和回溯方法来实现。

小志来解释递归和回溯

① 回溯策略

将规则按固定顺序排列，搜索时针依次检测当前状态的每一条规则，找到第一条可用的规则，应用于当前状态，将得到的新状态重新设置为当前状态，并重复以上搜索，如果当前状态没有可用规则，或者所有规则都已经被试探过，仍未找到问题的解，则将当前状态的前一个状态设置为当前状态，这就是回溯。

② 递归方法

实现回溯的最直接方法是递归，采用递归方法求解阶乘的过程如图3-36所示。

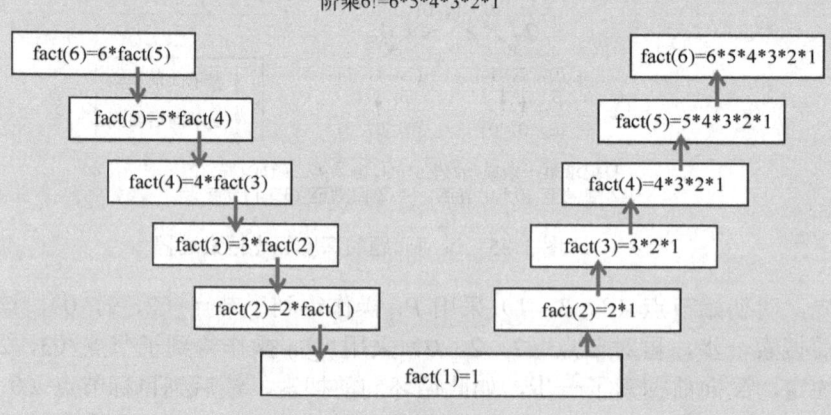

图 3-36 递归求阶乘

如图 3-36 所示，为了能求得 6!，需要先求得 5!，为了能求得 5!，需要先求得 4!，如此下去发现 1! =1，是有解的，接着往回求得 2!，再求得 3!，如此下去最后求得 6!。

上述的思想就是递归思想，递归是程序运行时的一种现象，也是解决某些特定问题时较迭代算法来说更自然、更优雅的代码组织方式，是在函数的定义中使用函数自身的方法。

3）采用 Python 语言编写程序实现以上的深度优先搜索过程。

```
"""--------------------------------------------------
函数名称：tryto 函数
```

```
函数功能：深度优先搜索寻找可行路径递归
input：左边传教士人数 mm,左边野人数 cc,左边船的数量 nn
return：有路径返回 True 并且输出路径，否则返回 False
--------------------------------------------------"""
def tryto(mm,cc,nn):
    tm,tc,tn=mm,cc,nn
    #最终状态（0，0，0）
    if mm==0 and cc==0 and nn==0:
        global Path_num                              # 路径数量
        Path_num+=1                                  # 路径数量+1
        print("第{}条路：".format(Path_num))           # 输出路径
        print(Path)                                  # 打印出路径链表 Path 的路径
        return True
    # 递归
    if nn==1:   # 船在左边
        for x in range(bn+1):
            for y in range(bn+1):
                if x + y >= 1 and x + y <= bn and (x>=y or x==0 or y==0):
                    # 船上要满足传教士人数大于等于野人人数或者没有传教士的情况
                    tm,tc,tn=mm-x,cc-y,nn-1
                    if isok(tm,tc,tn)==True:
                        tryto(tm,tc,tn)              # 深度递归
                        Path.pop(Path.index((tm,tc,tn)))   # 将该状态从 Path 中弹出
    else:       # 船在右边
        for x in range(bn+1):
            for y in range(bn+1):
                if x + y >= 1 and x + y <= bn and (x>=y or x==0 or y==0):
                    tm,tc,tn=mm+x,cc+y,nn+1
                    if isok(tm,tc,tn)==True:
                        tryto(tm,tc,tn)              # 深度递归
                        Path.pop(Path.index((tm,tc,tn)))   # 将该状态从 Path 中弹出
```

4）采用 Python 语言编写测试程序代码。

```
"""--------------------------------------------------
函数名称：main 函数
函数功能：主函数
input：None
return：None
--------------------------------------------------"""
def main():
    # 输入
    global m,c,bn
    m=int(input("请输入传教士人数 m："))
    c=int(input("请输入野人人数 c："))
    bn=int(input("请输入船上可乘坐的人数 n："))
    # 将第一个状态写入 Path
```

```
        Path.append((m,c,1))

    T_start=time.clock()         # 开始时间

    if m>=c:                     # 如果初始时传教士人数就比野人人数少，则无需执行 tryto()函数
        tryto(m,c,1)
    if Path_num==0:              # 如果 Path_num=0，则输出没有可行路径
        print("没有可行路径！")

    T_end=time.clock()           # 结束时间
    Time=T_end-T_start           # 路径搜索所用时间

    print("\n 程序运行所用时间{}秒".format(Time))

    input()                      # 等待输入退出
```

5）测试结果见图 3-37，按照深度优先搜索的方法小志为传教士找到了四种行动方案。

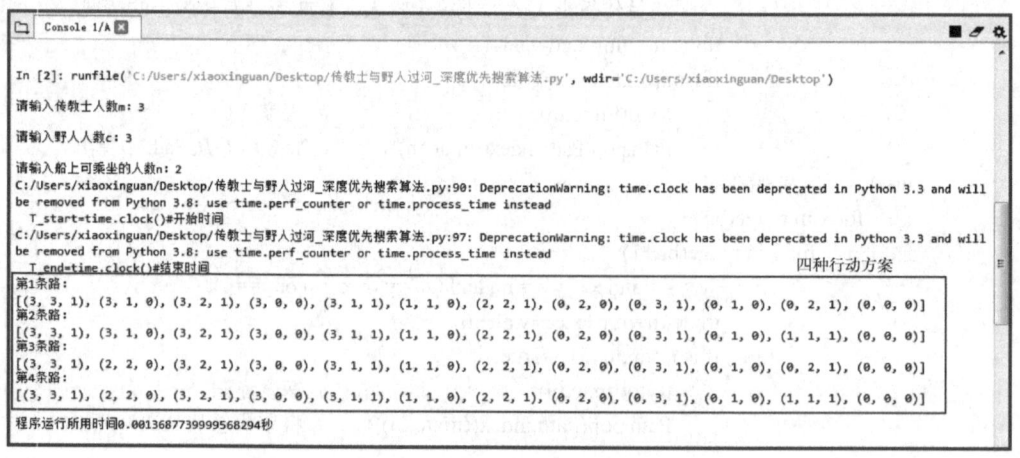

图 3-37　过河问题的测试结果

3.9.2　任务 2　八数码问题的启发式搜索应用

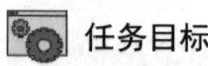 任务目标

现需要机器人小志实现任务"用启发式搜索方法来解决八数码问题"。

具体要求如下：八数码问题是在 3×3 的九宫格棋盘上，摆有 8 个刻有数码 1～8 的将牌。棋盘中有一个空格，允许紧邻空格的某一将牌移到空格中，这样通过平移将牌就可以将某一将牌布局变换为另一布局。针对给定的一种初始布局或结构（初始状态），问如何移动将牌，实现从初始状态到目标状态的转变。图 3-38 表示了一个具体的八数码问题求解。

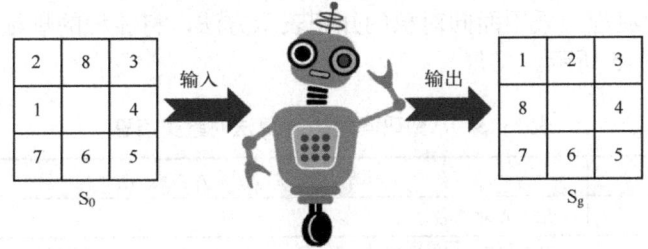

图 3-38 小志解决八数码问题

实施过程

1）规划搜索策略

搜索可以分为盲目搜索和启发式搜索，本任务要求使用启发式搜索。根据状态空间的启发式搜索知识，本任务将采用 A 算法来实现。设估价函数为

$$f(n) = g(n) + h(n)$$

估价函数 $f(n)$ 把到达节点的代价 $g(n)$ 和从该节点到目标节点的代价 $h(n)$ 结合起来对节点进行评价。在八数码问题中，$g(n)$ 为从初始状态到节点 n 所需要的步数，$h(n)$ 表示到达节点 n 的状态与目标状态相比有多少个"不在位"的数码。详见 3.4.2 中图 3-25 和表 3-10。

2）根据 A 算法进行搜索，搜索流程如图 3-39 所示，并设计综合数据库，即知识表示。

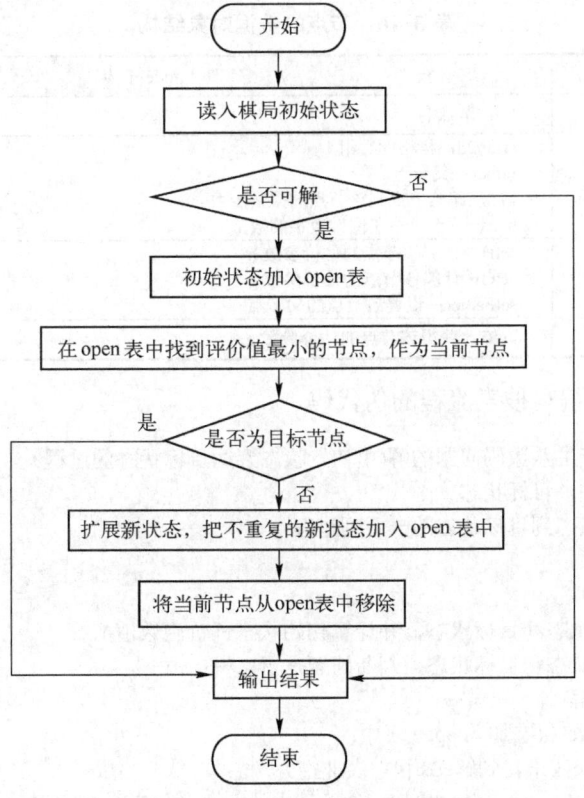

图 3-39 A 算法实现八数码问题流程

根据图 3-39 的流程，采用面向对象的知识表示方法，将流程的规则表示出来，定义 A 算法对象类，如表 3-15 所示。

表 3-15　八数码问题的 A 算法对象类信息

主题 S	A 算法
名称 ID	ID：A 对象名
数据 DS	openList：开放列表 closeList：封闭列表 startNode：起始状态 endNode：终点 currentNode：当前处理的节点 pathlist：最后生成的路径 step：搜索步数
操作 MS	searchOneNode：扩展某一节点 searchNear：扩展相邻节点 start：寻找解决路径
消息 MI	getMinFNode：获得 openlist 中估价函数 F 值最小的节点 nodeInOpenlist：判断节点是否在 openlist 中 nodeInCloselist：判断节点是否在 closeList 中 endNodeInOpenList：判断目标节点是否在 openlist 中 getNodeFromOpenList：获得 openlist 中某一节点 showPath：显示解决路径

其中，节点的数据对象结构见表 3-16。

表 3-16　节点的数据对象结构

主题 S	node 节点
名称 ID	ID：节点名
数据 DS	array2d：棋格的数组 father：父节点 g：从起始节点到该节点的搜索步数 h：该节点"不在位"数字的数量
操作 MS	setH：计算该节点的估价参数 h setG：计算该节点的估价参数 g setFather：设置该节点的父节点
消息 MI	getG：获得该节点的估价参数 g

3）根据图 3-39，编写搜索流程的伪代码。

```
算法的功能：产生八数码问题的解(由初始状态到达目标状态的过程)
输入：初始状态，目标状态
输出：从初始状态到目标状态的一系列过程
算法描述：
Begin：
    读入初始状态和目标状态，并计算初始状态评价函数值 f；
    根据初始状态和目标状态，判断问题是否可解；
    If(问题可解)
        把初始状态加入 open 表中；
        While（未找到解&&状态表非空）
        ① open 表中找到评价值最小的节点，作为当前节点；
        ② 判断当前节点状态和目标状态是否一致，若一致，则退出；否则，跳转到③；
```

③对当前节点，分别按照上、下、左、右方向移动空格位置来扩展新的状态节点，计算新扩展节点的评价值 f 并记录其父节点；
④判断新扩展的状态节点是否重复，若不重复，则把其加入到 open 表中；
⑤把当前节点从 open 表中移除；
End While
End If
输出结果；
End

4）根据表 3-15 中的对象类设计，结合伪代码的编写方法，采用 Python 语言编写程序代码。

① 八数码棋格数据表示。

设计二维数组 array2d[x][y]表示棋格，见图 3-40。

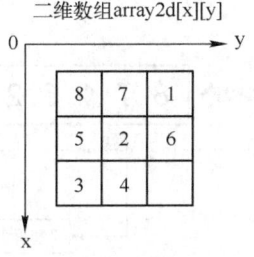

图 3-40 棋格表示

显示出棋格，代码如下所示。

```
"""--------------------------------------------------
函数名称：showMap 函数
函数功能：显示棋格
input：棋格二维数组 array2d
return：None
--------------------------------------------------"""
def showMap(array2d):
    for x in range(0, 3):
        for y in range(0, 3):
            print(array2d[x][y], end=')
        print(" ")
    print("--------")
```

棋格的数字移动，代码如下所示。

```
"""--------------------------------------------------
函数名称：move 函数
函数功能：移动棋格上的数字
input：棋格二维数组 array2d，srcX 表示需移动数字当前行号，srcY 表示需移动数字当前列号，
       drcX 表示需移动数字目标行号，drcY 表示需移动数字目标列号
return：None
--------------------------------------------------"""
```

```
def move(array2d, srcX, srcY, drcX, drcY):
    temp = array2d[srcX][srcY]
    array2d[srcX][srcY] = array2d[drcX][drcY]
    array2d[drcX][drcY] = temp
    return array2d;
```

② 判断八数码问题是否可解。

八数码问题的一个状态实际上是数字 0~8 的一个排列，对于任意给定的初始状态和目标状态，不一定有解，也就是说从初始状态不一定能到达目标状态。因为排列有奇排列和偶排列两类，从奇排列不能转化成偶排列，反之亦如此。判断方法如下。

如果数字 0~8 的随机排列为 "871526340"，用 $F(X)$ 表示数字 X 前面比它小的数字的个数，全部数字的 $F(X)$ 之和为 $Y=\sum(F(X))$。如果 Y 为奇数，则称原数字的排列是奇排列；如果 Y 为偶数，则称原数字的排列是偶排列。见图 3-41。

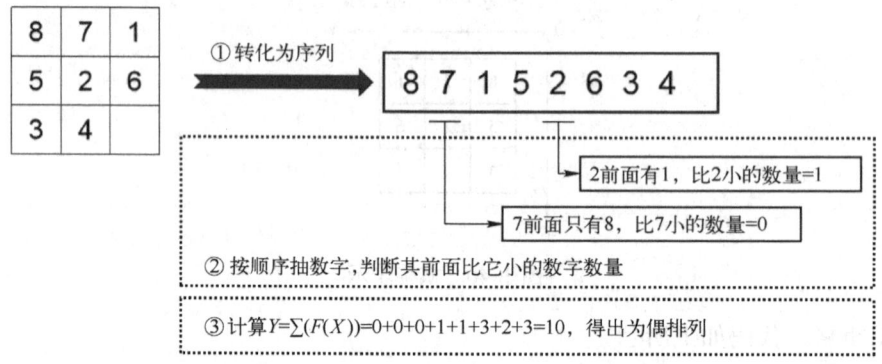

图 3-41　数字排列的奇偶性判断方法

对于数字排列 "871625340"，得到 $Y=0+0+0+1+1+2+2+3=9$，则该排列为奇排列。

因此，可以在运行程序前检查初始状态和目标状态的奇偶性是否相同，相同则问题可解，应当能搜索到路径。否则无解。

判断八数码问题可解的代码如下。

```
# 计算是奇排列还是偶排列
def getStatus(array2d):
    y = 0;
    for i in range(0, 3):
        for j in range(0, 3):
            for m in range(0, i+1):
                for n in range(0, j):
                    if array2d[i][j] > array2d[m][n]:
                        y += 1;
    return y;
```

③ 结合表 3-16 实现节点 node 对象的代码如下。

```
# 描述 A 算法中的节点数据
class Node:
```

```python
def __init__(self, array2d, g = 0, h = 0):
    self.array2d = array2d          # 二维数组
    self.father = None              # 父节点
    self.g = g                      # g 值
    self.h = h                      # h 值

# 估价公式
def setH(self, endNode):
    for x in range(0, 3):
        for y in range(0, 3):
            for m in range(0, 3):
                for n in range(0, 3):
                    if self.array2d[x][y] == endNode.array2d[m][n]:
                        self.h += abs(x*y - m*n)
def setG(self, g):                  # 设置估价参数 g
    self.g = g

def setFather(self, node):          # 设置节点的父节点
    self.father = node

def getG(self):                     # 获取节点的估价参数 g
    return self.g
```

④ 结合表 3-15 实现 A 算法对象的代码如下。

A 算法的数据 DS 代码如下。

```python
class A:
    """
    A 算法
    python 2.7
    """
    def __init__(self, startNode, endNode):
        """
        startNode:    寻路起点
        endNode:      寻路终点
        """
        # 开放列表
        self.openList = []
        # 封闭列表
        self.closeList = []
        # 起点
        self.startNode = startNode
        # 终点
        self.endNode = endNode
        # 当前处理的节点
        self.currentNode = startNode
        # 最后生成的路径
        self.pathlist = []
        # step 步
        self.step = 0
        return;
```

A 算法的操作 MS 代码如下。

```python
def searchOneNode(self,node):
    """
    搜索一个节点
    """
    # 忽略封闭列表
    if self.nodeIncloseList(node):
        return
    # g 值计算
    gTemp = self.step

    # 如果不在 openList 中,就加入 openList
    if self.nodeInopenList(node) == False:
        node.setG(gTemp)
        # h 值计算
        node.setH(self.endNode);
        self.openList.append(node)
        node.father = self.currentNode
    # 如果在 openList 中,判断 currentNode 到当前点的 g 是否更小
    # 如果更小,就重新计算 g 值,并且改变其父节点 father
    else:
        nodeTmp = self.getNodeFromopenList(node)
        if self.currentNode.g + gTemp < nodeTmp.g:
            nodeTmp.g = self.currentNode.g + gTemp
            nodeTmp.father = self.currentNode
    return;

def searchNear(self):
    """
    搜索下一个可以动作的数码
    找到 0 所在的位置并以此进行交换
    """
    flag = False
    for x in range(0, 3):
        for y in range(0,3):
            if self.currentNode.array2d[x][y] == 0:
                flag = True
                break;
        if flag == True:
            break;

    self.step += 1
    if x - 1 >= 0:
        arrayTemp = move(copy.deepcopy(self.currentNode.array2d), x, y, x - 1, y)
        self.searchOneNode(Node(arrayTemp));
    if x + 1 < 3:
        arrayTemp = move(copy.deepcopy(self.currentNode.array2d), x, y, x + 1, y)
        self.searchOneNode(Node(arrayTemp));
    if y - 1 >= 0:
        arrayTemp = move(copy.deepcopy(self.currentNode.array2d), x, y, x, y - 1)
        self.searchOneNode(Node(arrayTemp));
    if y + 1 < 3:
        arrayTemp = move(copy.deepcopy(self.currentNode.array2d), x, y, x, y + 1)
        self.searchOneNode(Node(arrayTemp));

    return;
```

```python
def start(self):
    """
    开始寻路
    """
    # 根据奇排列和偶排列判断是否有解
    startY = getStatus(self.startNode.array2d)
    endY = getStatus(self.endNode.array2d)

    if startY%2 != endY%2:
    return False;
    # 将初始节点加入开放列表
    self.startNode.setH(self.endNode)
    self.startNode.setG(self.step)
    self.openList.append(self.startNode)

    while True:
        # 获取当前开放列表里 F 值最小的节点
        # 并把它添加到封闭列表，从开发列表中删除它
        self.currentNode = self.getMinFNode()
        self.closeList.append(self.currentNode)
        self.openList.remove(self.currentNode)
        self.step = self.currentNode.getG()

        self.searchNear();

        # 检验是否结束
        if self.endNodeInopenList():
            nodeTmp = self.getNodeFromopenList(self.endNode)
            while True:
                self.pathlist.append(nodeTmp);
                if nodeTmp.father != None:
```

A 算法的操作 MI 代码如下。

```python
def getMinFNode(self):
    """
    获得 openlist 中 F 值最小的节点
    """
    nodeTemp = self.openList[0]
    for node in self.openList:
        if node.g + node.h < nodeTemp.g + nodeTemp.h:
            nodeTemp = node
    return nodeTemp

def nodeInopenList(self,node):    # 判断节点是否在 openList 表中
    for nodeTmp in self.openList:
        if nodeTmp.array2d == node.array2d:
```

```
                return True
            return False

        def nodeIncloseList(self,node):    # 判断节点是否在 closeList 表中
            for nodeTmp in self.closeList:
                if nodeTmp.array2d == node.array2d:
                    return True
            return False

        def endNodeInopenList(self):    # 判断目标节点是否在 openList 表中
            for nodeTmp in self.openList:
                if nodeTmp.array2d == self.endNode.array2d:
                    return True
            return False

        def getNodeFromopenList(self,node):    # 从 openList 表中获取节点 node
            for nodeTmp in self.openList:
                if nodeTmp.array2d == node.array2d:
                    return nodeTmp
            return None

        def showPath(self):    # 显示棋格
            for node in self.pathlist[::-1]:
                showMap(node.array2d)
```

⑤ 编写测试代码进行测试，测试结果见图 3-42。

```
import A           # 导入 A 算法
import time        # 用于记录程序运行时间

if __name__ == '__main__':

    ## 构建 A
    a = A.A(A.Node([[2,8,3],[1,0,5],[4,7,6]]), A.Node([[1,2,3],[4,5,6],[7,8,0]]));
    T_start=time.clock()    # 开始时间
    print("A start:");
    ## 开始寻路
    if a.start():
        a.showPath();
    else:
        print("no way");
    T_end=time.clock()      # 结束时间
    Time=T_end-T_start      # 路径搜索所用时间

    print("\n 程序运行所用时间{}秒".format(Time))
```

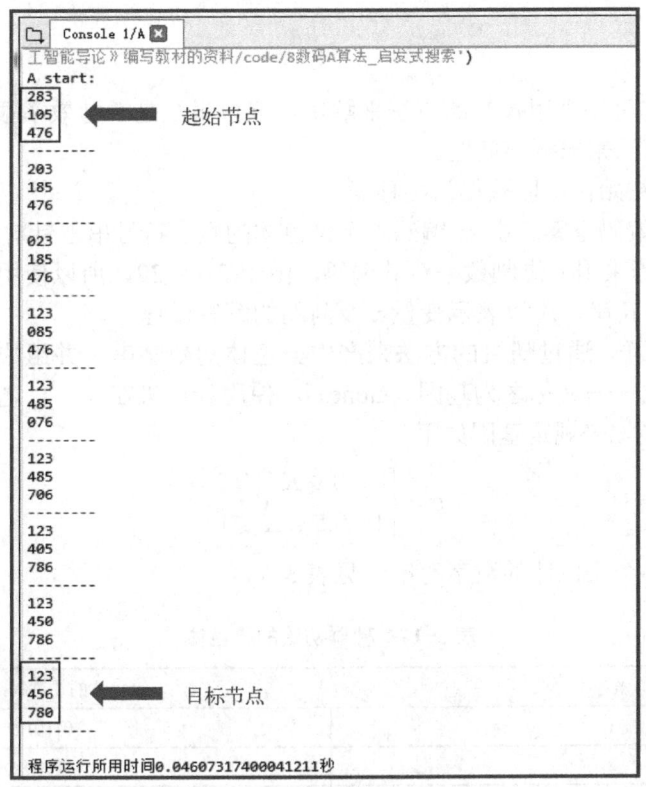

图 3-42 八数码测试结果

3.9.3 任务 3 函数最大值的遗传算法搜索应用

任务目标

现需要机器人小志实现任务"用遗传算法搜索方法来求得任一函数的极值问题",如图 3-43 所示。

具体要求如下:现在有函数 $f(x)=x^2$,让小志求 $x\in[0,31]$ 的最大值。一齐来学习小志是如何实施的吧!

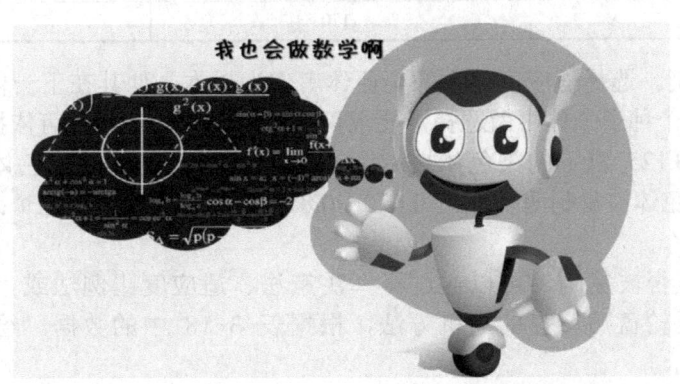

图 3-43 小志用遗传算法解决函数的极值问题

实施过程

对该问题虽然也可以采用枚举的方法来解决，但枚举法是一种效率很低的方法，因此可以运用所学的遗传算法来求解该问题。

1）对问题进行初始化，以获得初始种群。

① 确定适当的编码方案。由 x 编码表示染色体的数字符号串。针对本题，自变量 x 的定义域为[0,31]，考虑采用二进制数来对其编码，由于 $2^5 = 32$，所以使用 5 位无符号二进制数组成染色体数字字符串，用以表示变量 x 及问题的解答过程。

② 选择初始种群。通过随机的方法来产生染色体的数字串，并组成初始种群。例如，为得到数字串的某位——又称之为基因（Genes），使用计算机在 0~1 之间产生随机数 K，并按照数 K 的变化区域来规定基因如下。

$$g = \begin{cases} 0 & 0 \leqslant K < 0.5 \\ 1 & 0.5 \leqslant K \leqslant 1 \end{cases}$$

于是随机生成 4 个染色体的数字符串，见表 3-17。

表 3-17 种群初始的染色体

编号	染色体的二进制数字串
1	01101
2	11000
3	01000
4	10011

计算染色体符号串在种群中的适应度，见表 3-18。

表 3-18 初始种群染色体及对应的适应度

编号	染色的二进制数字体串	适应度 $f(x) = x^2$	占整体百分比（%）
1	01101	169	14.4%
2	11000	576	49.2%
3	01000	64	5.5%
4	10011	361	30.9%
总计		1170	100%

③ 选择和复制。选择适应度值大的染色体串作为母本，使其在下一代中有更多的机会繁衍子孙。要在四个种子个体中做选择，要求仍然得到四个染色体，可依据适应度概率比例制定规则：低于 0.125 以下的染色体被淘汰；在 0.125~0.375 的染色体被复制一个；在 0.375~0.625 的染色体被复制两个；在 0.625~0.875 的染色体被复制三个；在 0.875 以上的染色体可被复制四个。

某个染色体是否被复制，可以通过概率决策法、适应度比例法或"轮盘赌"的随机方法来判断。采用轮盘赌转盘的随机方法，根据表 3-18 中的数据，绘制出的轮盘赌转盘，如图 3-44 所示。

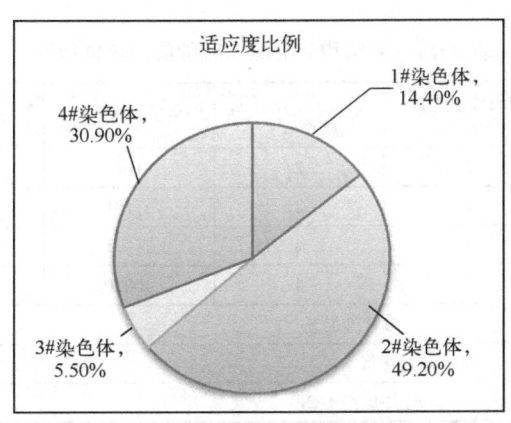

图 3-44 染色体适应度比例的轮盘赌转盘

对应于上例，按照适应度的计算，经复制操作后，得到新的染色体种群见表 3-19。

表 3-19 新的种群的初始染色体

编号	染色体的二进制数字串
1	01101
2	11000
3	11000
4	10011

初始种群染色体准备复制操作的各项计算数据，见表 3-20，其中 f_A 为种群染色体适应度的均值，在本例中，$f_A=293$。

表 3-20 初始种群染色体准备复制操作的各项数据

编号 i	初始种群（随机产生）	x_i值（无符号整数）	适应度 $f(x_i)=x^2$	选择概率 $f(x_i)/\Sigma f(x_i)$	期望值 $f(x_i)/f_A$	实际复制数（或转轮法）
1	01101	13	169	0.144	0.58	1
2	11000	24	576	0.492	1.97	2
3	01000	8	64	0.055	0.22	0
4	10011	19	361	0.309	1.23	1
总计（Σ）			1170	1.00	4.00	4.0
平均（A）			293	0.25	1.00	1.0
最大值（MAX）			576	0.492	1.97	2.0

④ 交叉。交叉的实现过程如下，首先，将新复制产生的染色体随机两两匹配，称其为双亲染色体；然后，再把双亲染色体进行交叉繁殖。

设染色体数字串的长度为 L，把 L 个数字位间的空隙分别标记为 $1,2,\cdots,L-1$，随机从 $[1, L-1]$ 中选取某一整数位置 k（$0<k<L$），交换双亲染色体位置 k 右边的部分，就形成了两个新的数字串（也可以只交换其中的第 k 基因），得到了两个新的染色体，又称之为下一代染色体。

经过复制、交叉操作后，可以得到表 3-21 的数据。

表 3-21 复制和交叉操作后种群染色体数据

编号	复制操作后后匹配池	匹配号（随机抽取）	交叉空隙位（随机选取）	交叉后新种群	新种群 x 值	适应度 $f(x)=x^2$
1	01101	2	2	01000	8	64
2	11000	1	2	11101	29	841
3	11000	4	4	11001	25	625
4	10011	3	4	10010	18	324
总计（Σ）						1854
平均（A）						463.5
最大值（MAX）						841

⑤ 变异。设变异概率取值为 0.001，则对于种群总共有 20 个基因位，期望的变异串位数计算为 20×0.001 =0.02（位），故一般来说，该例中无基因位数值的改变。

从表 3-20 和表 3-21 可以看出，每经过一次复制、交叉和变异操作后，目标函数的最大值和平均值就会有所提高。种群的平均适应度值从 293 增至 463.5；最大的适应度值从 576 增至 841。

2）根据上述的知识，采用面向对象的知识表示方法，定义遗传算法 GeneticAlgorithm 对象类，如表 3-22 所示。

表 3-22 A 算法对象类信息

主题 S	GeneticAlgorithm 算法
名称 ID	ID：GeneticAlgorithm 对象名
数据 DS	cross_rate：交配率大小 mutate_rate：基因突变率大小 n_population：种群的大小 n_iterations：迭代次数 DNA_size： DNA 的长度 x_bounder：x 轴的区间，用遗传算法寻找 x 在该区间中的最大值
操作 MS	init_population：初始化一个种群 transformDNA：将种群中的每个个体的 DNA 由二进制转换成十进制 fitness：计算种群中每个个体的适应度，适应度越高，说明该个体的基因越好 select：对种群按照其适应度进行采样，这样适应度高的个体就会以更高的概率被选择 create_child：进行交配 mutate_child：基因突变 evolution：进化
消息 MI	无

3）根据表 3-22 的对象类设计，采用 Python 语言编写程序代码。

① 对求解的函数 $f(x)=x^2$ 进行综合数据表示，其代码如下。

```
# 找到函数 f(x)在区间 self.x_bounder 上的最大值
def f(x):
    return np.power(x,2)
```

② GeneticAlgorithm 算法的数据 DS，其代码如下。

```
class GeneticAlgorithm(object):
    """遗传算法.
```

```
Parameters:
-----------
cross_rate: float
    交配率大小.
mutate_rate: float
    基因突变率大小.
n_population: int
    种群的大小.
n_iterations: int
    迭代次数.
DNA_size: int
    DNA 的长度.
x_bounder: list
    x 轴的区间,用遗传算法寻找 x 在该区间中的最大值.
"""
def __init__(self, cross_rate, mutate_rate, n_population, n_iterations, DNA_size):
    self.cross_rate = cross_rate
    self.mutate_rate = mutate_rate
    self.n_population = n_population
    self.n_iterations = n_iterations
    self.DNA_size = 5
    self.x_bounder=[0,31]
```

③ GeneticAlgorithm 算法的数据 MS。

初始化一个种群 init_population,其代码如下。

```
# 初始化一个种群
def init_population(self):
    population = np.random.randint(low=0, high=2, size=(self.n_population,
                self.DNA_size)).astype(np.int8)
    return population
```

将种群中的每个个体的 DNA 由二进制转换成十进制 transformDNA,其代码如下。

```
# 将种群中的每个个体的 DNA 由二进制转换成十进制
def transformDNA(self, population):
    population_decimal = population.dot(np.power(2, np.arange(self.DNA_size)[::-1]))
    return population_decimal
```

计算种群中每个个体的适应度 fitness,其代码如下。

```
# 计算种群中每个个体的适应度,适应度越高,说明该个体的基因越好
def fitness(self, population):
    transform_population = self.transformDNA(population)
    fitness_score = f(transform_population)
    # 在 select 函数中按照个体的适应度进行抽样的时候,抽样概率值必须是非负的
    return fitness_score - fitness_score.min()
```

对种群按照其适应度进行采样 select,其代码如下。

```python
# 对种群按照其适应度进行采样，这样适应度高的个体就会有更高的概率被选择
def select(self, population, fitness_score):
    # 下一步抽样的过程中用到了除法，出现除法就要考虑到分母为 0 的特殊情况
    fitness_score = fitness_score + 1e-4
    idx = np.random.choice(np.arange(self.n_population), size=self.n_population,
            replace=True, p=fitness_score/fitness_score.sum())
    return population[idx]
```

进行交配 create_child，其代码如下。

```python
# 进行交配
def create_child(self, parent, pop):
    if np.random.rand() < self.cross_rate:
        index = np.random.randint(0, self.n_population, size=1)
        cross_points = np.random.randint(0, 2, self.DNA_size).astype(np.bool)
        parent[cross_points] = pop[index, cross_points]
    return parent
```

基因突变 mutate_child，其代码如下。

```python
# 基因突变
def mutate_child(self, child):
    for i in range(self.DNA_size):
        if np.random.rand() < self.mutate_rate:
            child[i] = 0
        else:
            child[i] = 1
    return child
```

进化 evolution，其代码如下。

```python
def evolution(self):    # 进化
    population = self.init_population()

    for i in range(self.n_iterations):
        fitness_score = self.fitness(population)
        best_person = population[np.argmax(fitness_score)]
        if i%2 == 0:
            print(u'第%-4d 次进化后，基因(fitness_score)最好的个体是: %s,
                其适应度(找到的函数最大值)是: %f' % (i, best_person,
                    f(self.transformDNA(best_person))) )
        population = self.select(population, fitness_score)
        population_copy = population.copy()
        for parent in population:
            child = self.create_child(parent, population_copy)
            child = self.mutate_child(child)
            parent[:] = child
```

```
            population = population_copy

        self.best_person = best_person
```

4）编写测试代码进行测试，测试结果见图 3-45。从图 3-45 可以看出，当遗传到第 10 代时，基本上已经找到 $f(x) = x^2$ 的最大值。

```
def main():
    ga = GeneticAlgorithm(cross_rate=0.9, mutate_rate=0.1, n_population=4,
                n_iterations=100, DNA_size=5)
    ga.evolution()
    # 绘图
    x = np.linspace(start=ga.x_bounder[0], stop=ga.x_bounder[1], num=200)
    plt.plot(x, f(x))
    plt.scatter(ga.transformDNA(ga.best_person), f(ga.transformDNA(ga.best_person)),
            s=200, lw=0, c='red', alpha=0.5)
    ax = plt.gca()
    ax.spines['right'].set_color('none')    # 去掉右侧的轴
    ax.spines['top'].set_color('none')      # 去掉上方的轴

    ax.xaxis.set_ticks_position('bottom')   # 设置 x 轴的刻度仅在下方显示
    ax.yaxis.set_ticks_position('left')     # 设置 y 轴的刻度仅在左边显示
    plt.show()
```

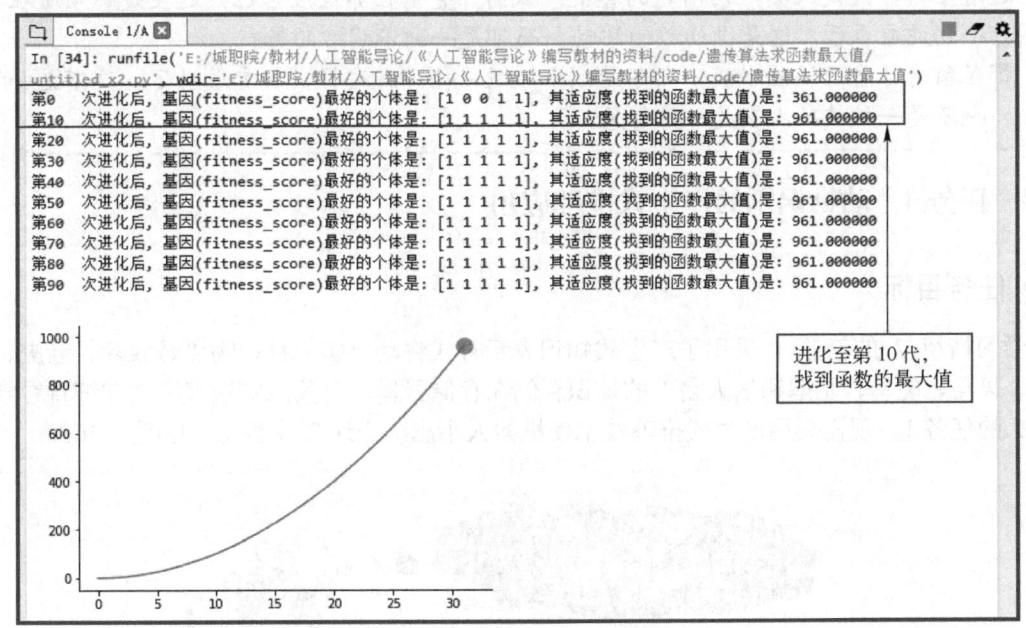

图 3-45　测试结果

5）案例分析欣赏。

通过本任务的学习了解了遗传算法和它的作用，该算法是根据大自然中生物体进化规律而设计提出的，是为了适应具体问题去寻找当前的最优解，对于人们的日常生活和工作都有重要的意义。了解遗传算法，活用遗传算法，将能极大地提高自身的适应力，体现个人能力和智慧。

有些人在完成一项工作后，面对新的工作，可以从前一项工作中"选择并复制"有用的经验或者数据，接着"交叉"对比前后两项工作，对于相同之处的经验或者数据，将进一步积累并提高，对于不同之处的，将采用"变异"的思维来应对。我们常用"触类旁通""举一反三"等来描述这种能力，它的价值体现在处理问题时具有更大的灵活性，从而更有机会、更容易快速被社会认可。

> **善用遗传思维 提高适应能力 立于不败之地**
>
> 孔子到吕梁山游览，那里瀑布几十丈高，流水水花溅出数里，连鱼鳖都不能游，却看见一个男子在那里游水。孔子认为他是有痛苦想投水而死，便让学生沿着水流去救他，他却在游了几百步之后出来了，披散着头发，唱着歌，在河堤上漫步。
>
> 孔子赶上去问他："刚才我看到你在那里游水，以为你是有痛苦要去寻死，便让我的学生沿着水流来救你。你却游出水面，我还以为你是鬼怪呢，请问你能游到那种深水里去有什么特别的方法么？"他说："没有什么方法。我起步于最初的环境条件，成长于所生长的环境本性，成功于命运。水回旋，我跟着回旋进入水中；水涌出，我跟着涌出于水面。顺从水的活动，不自作主张。这就是我能游水的缘故。"
>
> 孔子说："什么叫起步于最初的环境条件，成长于所生长的环境本性，成功于命运？"他回答说："我出生于陆地，安于陆地，这便是最初的环境条件；从小到大都与水为伴，便安于水，这就是所生长的环境本性；不知道为什么却自然能够这样，这便是命运。"
>
> 适者生存，这是人类一切问题的答案。试图让整个世界适应自己，这便是麻烦所在。试图让一切适应自己，这是很幼稚的举动，而且是一种不明智的愚行。
>
> 那位智者让自己适应水流，而不是让水流适应他。就这样，智者成功了。这不是一种方法，也不是一种技巧，而是一种智慧。

3.9.4 任务 4 动物识别的产生式推理应用

 任务目标

学习情境 2 的任务 1 采用了产生式知识表示方式将动物园七种动物"金钱豹、老虎、长颈鹿、斑马、鸵鸟、企鹅和信天翁"的知识存储在存储器里，有关的知识表示请详细查看学习情境 2 的任务 1。现需要用产生式推理技术使机器人小志辨识这 7 种动物，见图 3-46。

图 3-46 机器人小志需要识别的动物

实施过程

本学习情境的图 3-30 给出了进行产生式推理的基本结构,需要为系统建立规则库、综合数据库和控制系统,学习情境 2 的任务 1 已经完成了规则库和综合数据库的建立。但在学习情境 2 的任务 1 中建立的规则库只完成了 15 条规则中的 7 条,现在我们把推理的问题一并解决。

1)分析知识规则,进一步得到推理性规则。

从表 3-23 看出,有些知识规则可以推导出所需要的结果,有些知识规则不具有直接推导出所需要结果的功能,只能得到阶段性结果,需要配合其他知识规则进行使用才能得到最终的结果。如第 9~15 条规则,只要满足前提条件,便能得到动物类型;而第 1~8 条规则则不是,为此用图 3-30 中的推理机完成这部分的功能。进一步分析的知识规则细表见表 3-23。

表 3-23 动物识别的产生式知识规则细表

序号	产生式规则	规则类型	
		阶段性	结论性
1	有毛发→哺乳动物	√	
2	有奶→哺乳动物	√	
3	有羽毛→鸟	√	
4	(会飞 AND 下蛋)→鸟	√	
5	(哺乳动物 AND 吃肉)→食肉动物	√	
6	(有犬齿 AND 有爪 AND 眼盯前方)→食肉动物	√	
7	(哺乳动物 AND 有蹄)→有蹄类动物	√	
8	(哺乳动物 AND 反刍)→有蹄类动物	√	
9	(哺乳动物 AND 食肉动物 AND 黄褐色 AND 暗斑点)→金钱豹		√
10	(哺乳动物 AND 食肉动物 AND 黄褐色 AND 黑色条纹)→虎		√
11	(有蹄类动物 AND 长脖子 AND 长腿 AND 暗斑点)→长颈鹿		√
12	(有蹄类动物 AND 黑色条纹)→斑马		√
13	(鸟 AND 长脖子 AND 长腿 AND 黑白二色 AND 不会飞)→鸵鸟		√
14	(鸟 AND 会游泳 AND 不会飞 AND 黑白二色)→企鹅		√
15	(鸟 AND 善飞)→信天翁		√

2)采用 Python 语言编写正向推理机程序,实现表 3-23 的阶段性规则推理功能,下列代码中的数字 1~31 代表含义,请见学习情境 2 的任务 1 中表 2-12、表 2-13 和表 2-14。

```
print("推理过程如下:")
# 遍历综合数据库 list_real 中的前提条件
for i in list_real:
    if(i=='1'):         # 如果有毛发
        if(judge_repeat('21',list_real)==0):
            list_real.append('21')
            print("有毛发->哺乳类")
    elif(i=='2'):       # 如果有奶
```

```
            if(judge_repeat('21',list_real)==0):
                list_real.append('21')
                print("有奶->哺乳类")
        elif(i=='3'):              # 如果有羽毛
            if(judge_repeat('22',list_real)==0):
                list_real.append('22')
                print("有羽毛->鸟类")
        else:
            if(list_real.index(i) !=len(list_real)-1):
                continue
            else:
                break
for i in list_real:
    if(i=='4'):              # 如果会飞
        for i in list_real:
            if(i=='5'):              # 如果会下蛋
                if(judge_repeat('22',list_real)==0):
                    list_real.append('22')
                    print("会飞，会下蛋->鸟类")
    elif(i=='6'):
        for i in list_real:
            if(i=='21'):             # 如果食肉
                if(judge_repeat('23',list_real)==0):
                    list_real.append('23')
                    print("食肉->哺乳类")

    elif(i=='7'):                    # 如果有犬齿
        for i in list_real:
            if(i=='8'):              # 如果有爪
                for i in list_real:
                    if(i=='9'):              # 如果眼盯前方
                        if(judge_repeat('23',list_real)==0):
                            list_real.append('23')
                            print("有犬齿,有爪,眼盯前方->食肉类")
    elif(i=='10'):                   # 如果有蹄
        for i in list_real:
            if(i=='21'):             # 如果哺乳类
                if(judge_repeat('24',list_real)==0):
                    list_real.append('24')
                    print("有蹄，哺乳类->蹄类")

    elif(i=='11'):                   # 如果反刍
        for i in list_real:
            if(i=='21'):             # 如果哺乳类
                if(judge_repeat('24',list_real)==0):
                    list_real.append('24')
```

```
                print("反刍，哺乳类->蹄类")
        else:
            if(i !=len(list_real)-1):
                continue
            else:
                break
```

其中，judge_repeat 函数用来判断推导条件是否有重复，具体代码如下。

```
# 自定义函数，判断有无重复元素
def judge_repeat(value,list=[]):
    for i in range(0,len(list)):
        if(list[i]==value):
            return 1
        else:
            if(i!=len(list)-1):
                continue
            else:
                return 0
```

3）采用 Python 语言编写测试代码完成测试，测试结果见图 3-47。

```
print('''输入对应条件前面的数字:
********************************************
*1:有毛发   2:有奶   3:有羽毛   4:会飞   5:会下蛋        *
*6:吃肉    7:有犬齿   8:有爪   9:眼盯前方  10:有蹄     *
*11:反刍   12:黄褐色   13:有斑点  14:有黑色条纹  15:长脖子 *
*16:长腿   17:不会飞   18:会游泳  19:黑白二色   20:善飞   *
*21：哺乳类  22:鸟类   23:食肉类   24：蹄类              *
********************************************
*****************当输入数字 0 时!程序结束***************
''')
# 综合数据库
list_real=[]      # 保存输入数据的列表
while(1):
# 循环输入前提条件所对应的字典中的键
    num_real=input("请输入：")
    list_real.append(num_real)
    if(num_real=='0'):    # 0 退出输入
        break
print("\n")
print("前提条件为：")
# 输出前提条件
for i in range(0,len(list_real)-1):
    print(dict_before[list_real[i]],end=" ")
print("\n")
```

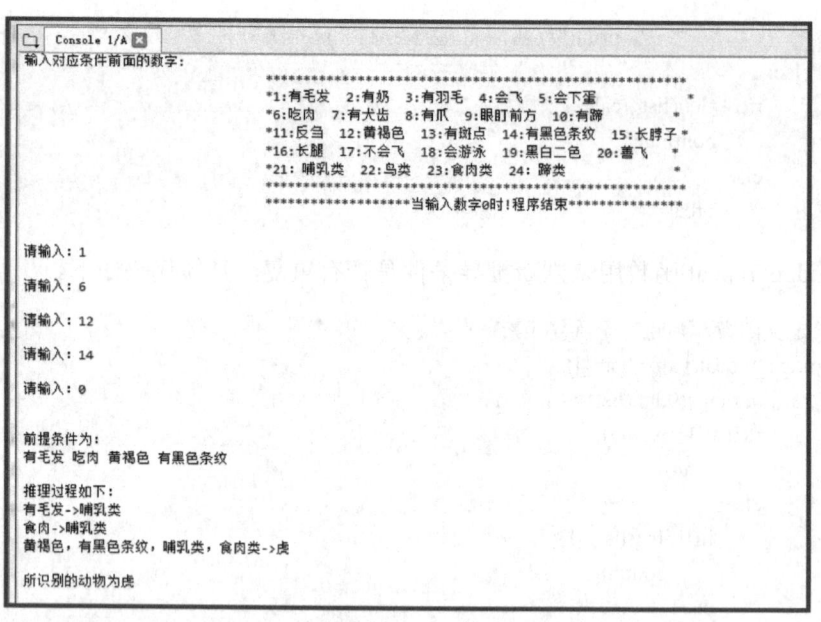

图 3-47 动物识别系统测试结果

3.9.5 任务 5 自动控制系统的模糊推理应用

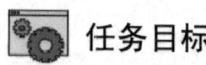 **任务目标**

经过学习情境 2 的任务 4，现需要采用模糊推理策略使得机器人小志解决某自动控制系统控制的问题。具体要求跟学习情境 2 的任务 4 相同，另外，专家给出的模糊控制规则如表 3-24 所示。运转时间（单位：s）的论域是[0,1000]，有三个模糊标记：短、中、长，其中，短$\in$[0,100]，中$\in$[100,500]，长$\in$[500,1000]。

表 3-24 模糊控制的专家规则

温度＼时间＼湿度	小	中	大
低	—	—	—
中	短	中	—
高	长	短	—

现在假设该系统已经探知相关输入变量的取值：设备内温度= 64℃，设备内湿度=22%。需要根据模糊控制规则决定运转时间。

 **实施过程**

1）回顾学习情境 2 任务 4 已实现的功能。

通过学习情境 2 任务 4 的学习，已经为自动控制系统生成模糊知识"温度和湿度的隶属度函数",并编写程序将隶属度函数保存至机器人小志的存储器,详见学习情境 2 的任务 4。

2)本学习情境中的图 3-33 给出了模糊计算示意图,模糊计算的一般流程如图 3-48 所示。

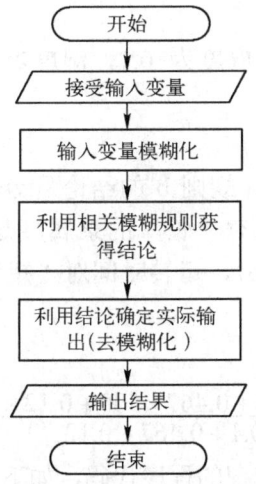

图 3-48 模糊计算的一般流程

3)以"设备内温度=64℃,设备内湿度=22%,求运转时间"为例,结合流程图来理解模糊推理。

① 输入变量模糊化并激活相应规则。

学习情境 2 的任务 4 中的图 2-55 是温度和湿度的隶属度曲线,输入变量模糊化,得到"设备内温度= 64℃、设备内湿度=22%"时的隶属度,如表 3-25、表 3-26 所示。

表 3-25 温度=64℃时隶属度

模糊标记	隶属度
低	0
中	0.53
高	0.1

表 3-26 湿度=22%时隶属度

模糊标记	隶属度
小	0.12
中	0.467
大	0

由于温度对"低"的隶属度为 0,而湿度对"大"的隶属度为 0,故控制规则表内条件包含低温度和大湿度的规则不被激活,而有如下 4 条规则被激活。

● 规则 a:若温度为高且湿度为小,则运转时间为长。
● 规则 b:若温度为中且湿度为中,则运转时间为中。
● 规则 c:若温度为中且湿度为小,则运转时间为短。
● 规则 d:若温度为高且湿度为中,则运转时间为短。

② 计算模糊控制规则的强度。

由于规则条件中连接两个条件的是"且",故在此选用取最小值法确定 4 条规则的强度,如下所示。

● 规则 a:温度对"高"的隶属度为 0.1,湿度对"小"的隶属度为 0.12,min(0.1, 0.12)=0.1。

- 规则 b：温度对"中"的隶属度为 0.53，湿度对"中"的隶属度为 0.467，min(0.53, 0.467)=0.467。
- 规则 c：温度对"中"的隶属度为 0.53，湿度对"小"的隶属度为 0.12，min(0.53, 0.12)= 0.12。
- 规则 d：温度对"高"的隶属度为 0.1，湿度对"中"的隶属度为 0.467，min(0.1, 0.467)= 0.1。

③ 确定模糊输出并去模糊化。

规则 a 的结论是运转时间为长，规则 b 的结论是运转时间为中，规则 c 和规则 d 的结论都是运转时间为短。故运转时间对"长"的隶属度是规则 a 得到的 0.1，运转时间对"中"的隶属度是规则 b 得到的 0.467，运转时间对"短"的隶属度是规则 c 和规则 d 的较大者 0.12。

进行去模糊化，最终的输出为

$$u = \frac{0.1 \times 1000 + 0.467 \times 500 + 0.12 \times 100}{0.1 + 0.467 + 0.12} = 502.9s$$

4）采用 Python 语言编写模糊推理的程序代码，如下所示。

```
"""----------------------------------------------
函数名称：Result 函数
函数功能：模糊推理求系统运行时间
input：温度 tem,湿度 dam
return：运行时间 Res
----------------------------------------------"""
def Result(tem,dam):
    # 模糊规则推理计算并存储中间隶属度
    a=[0,1]
    b=[0,1,2,3]
    c=[0,1,2]

    # 模糊规则计算隶属度
    # 短时间运行的隶属度计算
    a[0]=min(Mid_temp(tem),Low_damp(dam))
    a[1]=min(High_temp(tem),Mid_damp(dam))
    # 中时间运行的隶属度计算
    b[0]=min(Low_temp(tem),Low_damp(dam))
    b[1]=min(Mid_temp(tem),Mid_damp(dam))
    b[2]=min(Mid_temp(tem),High_damp(dam))
    b[3]=min(High_temp(tem),High_damp(dam))
    # 长时间运行的隶属度计算
    c[0]=min(Low_temp(tem),Mid_damp(dam))
    c[1]=min(Low_temp(tem),High_damp(dam))
    c[2]=min(High_temp(tem),Low_damp(dam))

    # 模糊规则下的隶属度最大值
    maxa,maxb,maxc=a[0],b[0],c[0]
```

```
        for i in range(len(a)):
            if a[i]>maxa:
                maxa=a[i]
        for j in range(len(b)):
            if b[j]>maxb:
                maxb=b[j]
        for k in range(len(c)):
            if c[k]>maxc:
                maxc=c[k]

    # 模糊计算输出
    Res = (maxa*100+maxb*500+maxc*1000)/(maxa+maxb+maxc)
    return Res
```

5）采用 Python 语言编写测试代码完成测试，测试结果如图 3-49 所示。

```
def main():
    # 输入温度和湿度
    tem=float(input("请输入系统温度 tem："))
    dam=float(input("请输入系统湿度 dam："))

    # 模糊计算求系统运行时间
    ra=Result(tem,dam)
    # 输出系统运行时间
    print ('系统温度为%.1f和湿度为%.1f时，需要系统运行的时间为
        %.3fs'%(tem,dam,ra))
```

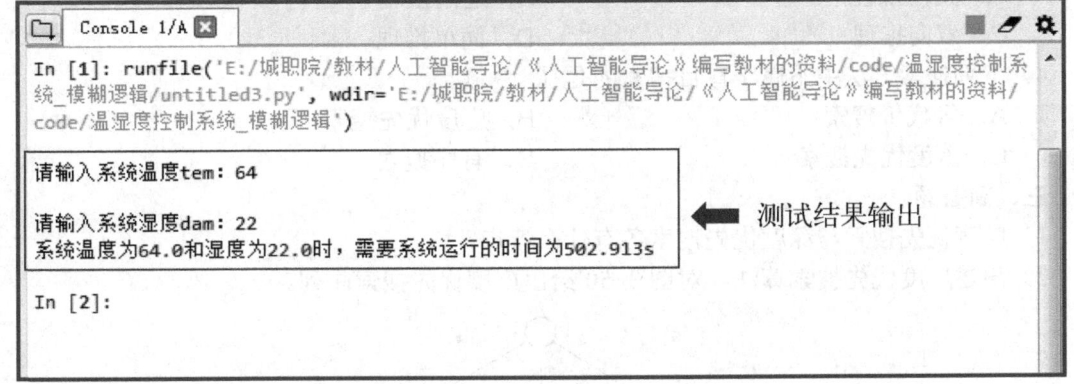

图 3-49 自动控制系统的测试结果

 **情境小结**

本学习情境主要学习了有关人工智能的搜索和推理技术，这些技术都是为了求解问题而提出的，但搜索是基于可以遍历出问题对象所有可能的存在状态的求解方法，推理是根据现有的条件进行合理的猜想得到最优方案的求解方法，两者存在着很多不同的地方。经过学习

我们发现搜索和推理是人工智能面向应用的重要技术和手段，通过具体的情境操作案例，进一步让我们了解到机器是如何模仿人进行思考问题的，使得我们可以享受人工智能技术带来的便利。

课后习题

一、填空题

1）产生式系统由_____、_____和控制系统三部分组成，其中控制系统可分为_____和_____。

2）从已知事实出发，通过规则库求得结论的产生式系统的推理方式是_____。

3）在启发式搜索当中，通常用_____来表示启发性信息。

4）规则演绎系统根据推理方向可分为_____、_____以及规则双向演绎系统等。

5）启发式搜索是一种利用_____的搜索，估价函数在搜索过程中起的作用是_____。

二、选择题

1）如果问题存在最优解，则下面几种搜索算法中，（　　）必然可以得到最优解。
  A．广度优先搜索   B．深度优先搜索
  C．有界深度优先搜索   D．启发式搜索

2）如果问题存在最优解，则下面几种搜索算法中，（　　）可以认为是"智能程度相对比较高"的算法。
  A．广度优先搜索   B．深度优先搜索
  C．有界深度优先搜索   D．启发式搜索

3）产生式系统的推理不包括（　　）。
  A．正向推理   B．逆向推理
  C．双向推理   D．简单推理

4）下列搜索方法中不属于盲目搜索的是（　　）。
  A．等代价搜索   B．广度优先搜索
  C．深度优先搜索   D．有序搜索

三、简答题

1）广度优先搜索与深度优先搜索各有什么特点？

2）简述广度优先搜索算法，对图3-50给出广度优先搜索序列。

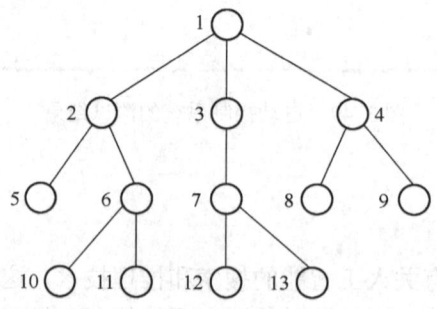

图3-50　习题2

3）简述深度优先搜索算法，对图 3-51 给出深度优先搜索序列。

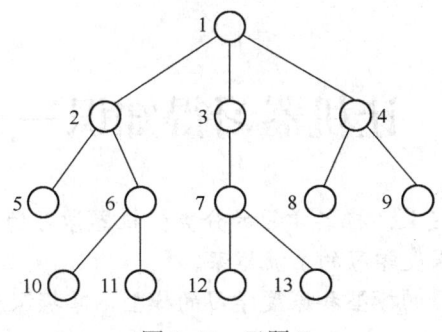

图 3-51　习题 3

四、案例分析题

阅读下面的材料并回答问题。

材料：有个年轻人总是抱怨环境，一位长者对他说："你想保护自己的脚，穿上一双鞋子比给全世界铺上地毯更容易做到。"

根据本学习情境中介绍遗传算法的相关知识，谈谈您的想法，要求字数不少于 500 字。

学习情境4　让机器习得知识——机器学习

学习重点：机器学习的定义；机器学习的分类；机器学习的模型；神经网络的原理；线性回归和逻辑回归的应用；深度学习的主流框架。

学习难点：理解机器学习的模型和深度学习的模型，掌握深度学习神经网络的结构。

 情境导入

习得，包括"学习"和"得心应手"两方面。学习是一个提升自我的过程，首先"学"，接纳和认识未知事物，对于不知道的东西，学了以后就知道了；然后"习"，不断重复、温故便成了技术技能，呈现出智力；最后将学习所得到的知识和技能用在实际生活和生产中，得心应手地处理各种问题和矛盾。

如何让机器学习到未知事物并不断地提升自我，是人工智能必须要解决的问题。利用学习情境2——知识表示技术，可以把所研究的问题用某种形式表示出来；利用学习情境3——搜索和推理技术，为机器构造搜索和推理的思维方式；利用本学习情境的机器学习和深度学习技术，使得机器可以自主学习，不断丰富自身的知识，不断提高自我的智力，如图4-1所示。

图4-1　机器学习

本学习情境先学习机器学习技术，包括机器学习的种类、模型和方法，然后讨论有监督学习和无监督学习等学习方式，最后学习深度学习中的神经网络技术。通过学习机器的习得技术，一方面可以了解到机器是怎么样开始"内修武功"的；另一方面，通过情境操作，感悟"方法和工具的重要性"的人生哲理。

 情境目标

知识目标：

◆ 了解机器学习的标签、特征、模型、分类、回归和聚类等基本概念。

- 了解机器学习的定义。
- 了解机器学习的工作过程。
- 掌握机器学习的分类方法。
- 掌握机器学习的有监督、无监督、迁移、强化等学习方法。
- 掌握机器学习的线性模型、核模型和多层模型原理。
- 掌握神经网络学习的原理和结构。
- 了解卷积神经网络的模型。
- 了解损失函数、激活函数的作用。

能力目标：
- 能分辨出机器学习的学习方法。
- 能区分机器学习和深度学习的异同。
- 能描述出机器学习的训练过程、测试过程和部署应用过程。
- 能描述出提取事物特征的数据运算方法和过程。
- 能在线性模型理解基础上描述逻辑回归分类（二分类）的实现过程。
- 能在线性模型理解基础上描述线性回归分类的实现过程。
- 能在多层模型基础上描述卷积神经网络的实现过程。
- 能基于深度学习的框架理解人工智能机器学习的实现过程。
- 能感悟方法和工具的重要性。

 知识链接

4.1 习得技术概述

习得技术可谓是人类与生俱来的本领，有些习得技术既神奇又神秘，如语言习得，是人类从小就拥有的能力，无需太努力即可吸收知识并获得技能；有些习得技术需要不断的训练才能得到，如数学知识、物理知识等。

克拉申认为习得的过程分为非正式和正式两类。非正式的习得是在自然语境中进行的，以无意识、弱意识或下意识为标志，并且不按明确的规则学习，不改错；正式的习得是在教学语境中进行的，是以有意识或强意识为标志的，并且按明确的规则学习，还要求改错。

科学家们一直都在研究有关智能机器的习得技术，以非正式的习得为终极目标，实现智能机器在各种自然语境下自主学习，可以不按明确的规则学习，最终实现智能机器不断自我完善、自我更新发展的目的，即超人工智能。如图 4-2 所示，电影《人工智能》为观众呈现的便是这样的一个智能机器。

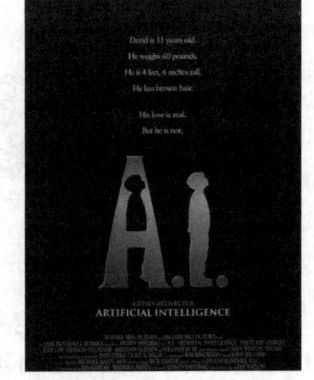

图 4-2 电影《人工智能》

近年来，深度学习技术发展迅速，使得智能机器的习得技术得到大幅提升。目前，有关人工智能的习得技术主要是机器学习。机器学习是用人工提取的特征来表述数据，对领域的特定知识进行手动提取，而深度学习用机器提取的特征来表述数据，自动提取内在特征。

4.2 学习相关的基本概念

与机器学习密切相关的基本概念有标签、特征、模型、分类、回归和聚类等。

4.2.1 标签

人类的学习具有目标引导性，需要各种方向性的指引信息，机器的学习也是一样，通过标签的引导，让智能机器清楚学习的结果。

标签通常表现为简短的描述性词语，是对事物进行标记的一种符号，通过标签可以扩展出很多的信息。如人类的身份证号、姓名等，通过身份证号可以查询出各种与人身份相关的信息。

在机器学习中，标签是需要机器预测的事物，标签可以是小麦未来的价格、图片中显示的动物品种、音频剪辑的含义或任何事物。

4.2.2 特征

机器学习的任务就是从事物中提取特征并利用特征进行特定工作。一事物异于其他事物的特点称之为特征。特征是某些突出性质的表现，是区分事物的关键，所以，当人们要对事物进行分类或者识别的时候，人们实际上就是提取"特征"，通过特征的表现进行判断。

如图 4-3 所示，老师问学生图中是什么动物，学生通过识别出动物的"特征"——脑袋圆圆的、一对尖尖的小耳朵和两只大大的绿眼睛，从而判断出该动物是猫。可见，特征是抽象而成的、对原始数据的数值表示。

图 4-3 动物的特征

特征是所有人工智能系统中非常重要的概念。对同样的事物，人们可以提取出各种各样的特征。简单的机器学习项目可能会使用单个特征，而比较复杂的机器学习项目可能会使用数百万个特征。如在垃圾邮件检测器示例中，特征可能包括：

- 电子邮件文本中的字词。
- 发件人的地址。
- 发送电子邮件的时段。
- 电子邮件中包含"一种奇怪的把戏"这样的短语。

4.2.3 模型

人类经过学习，会根据学习的内容进行总结，得出规律来指导人类的行为，如我国的"二十四节气"，这是我国古代对农耕进行指引而建立的一种模型，机器的学习也是一样，需要建立模型来实现推理。在人工智能领域，模型是对特征的一种数学的总结。

模型定义了特征与标签之间的关系。例如，垃圾邮件检测模型可能会将某些特征与"垃圾邮件"紧密联系起来。

在机器学习中，模型的生命周期分为以下两个阶段。
- 训练，是指创建或学习模型。也就是说，向模型展示有标签的数据，让模型逐渐学习特征与标签之间的关系。
- 推断，是指将训练后的模型应用于无标签数据。也就是说，使用经过训练的模型做出有用的预测。

4.2.4 回归与分类

人类常用回归与分类方法来学习和处理问题。如图4-4所示，医生为病人检查并诊断病情，首先根据检查的指标判断有没有生病，再根据病情的严重程度给出治疗方案，如每天吃药的次数和剂量等。生病和不生病就是两个分类，这是分类方法的应用；而根据病情程度做出"每天三次，每次20ml"的用量方案，不同的病情，药品的用量不一样，这是变化的，是回归方法的应用。

图4-3 分类和回归例子

a) 分类　b) 回归

机器的学习也是一样，需要用到分类和回归这两种方法。分类是指有有限种可能的问题，预测的是一个离散的、明确的变量。比如给出一张图片，去判断是T恤、是裤子或者其他的种类，这个类别是有限的。相反，回归是指有无限种可能的问题，预测的是一个连续的、逼近的变量，比如房价的预测、明日气温的预测。

通常采用分辨输出变量的类型来区分分类和回归，具体方法如下所示。
- 定量输出称为线性回归，或者说是连续变量预测。
- 定性输出称为逻辑回归，即分类，或者说是离散变量预测。

举个例子：

预测明天的气温是多少摄氏度，这是一个回归任务。

预测明天是阴、是晴还是雨，就是一个分类任务。

> 请观察一下身边的事物，还能再举出一些日常生活中分类和回归的例子吗？请把您的想法写在下面。
> _____
> _____
> _____
> _____

4.2.5 聚类

人类学习会经常用到聚类分析方法，聚类的实质是归纳总结。早在孩提时代，一个人就通过不断改进意识中的聚类模式来学会如何区分猫和狗、动物和植物等。"物以类聚，人以群分"，在自然科学和社会科学中，存在着大量的分类问题。聚类分析又称群分析，它是研究（样品或指标）分类问题的一种统计分析方法。

机器的学习也是一样，需要通过聚类方法来不断地对客观世界进行归纳总结。将物理或抽象对象的集合分成由相似的对象组成的多个类的过程被称为聚类。由聚类所生成的簇是一组数据对象的集合，同一个簇中的对象彼此相似，不同簇中的对象彼此相异。如图 4-5 所示，图中的数据可以由聚类生成三个簇。

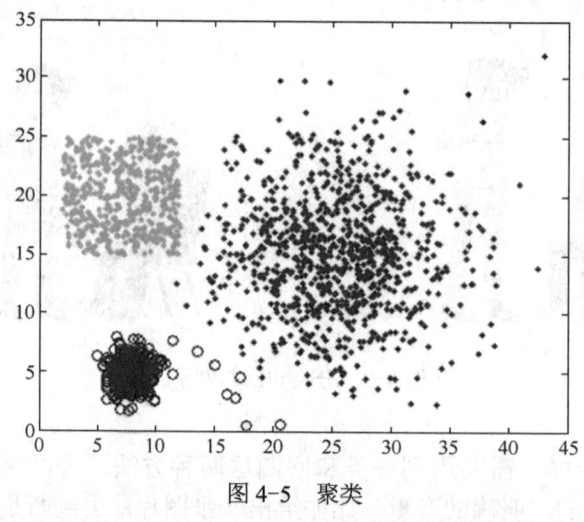

图 4-5 聚类

聚类算法应用场景实例——基于用户位置信息的商业选址

当您每次在手机上安装一个 App 时，系统都会提示您打开位置服务功能，这是为什么？这是因为随着信息技术的快速发展，移动设备和移动互联网已经普及到千家万户。用户在使用移动网络时，会自然地留下自己的位置信息。随着近年来地理信息系统（GIS）的不断完善普及，结合用户位置和地理信息将带来创新应用。如百度与万达进行合作，通过定位用户的位置，结合万达的商户信息，向用户推送位置营销服务，提升商户效益。

4.3 机器学习的定义

机器学习（Machine Learning，ML），是一种让计算机或者机器能像人一样"学习"的技术，如图 4-6 所示。从广义上来说，机器学习是一种能够赋予机器学习的能力，以此让它完成直接编程无法实现的功能的方法。但从实践的意义上来说，机器学习是一种通过利用数据，训练出模型，然后使用模型预测的一种方法，如图 4-7a 所示。

但是计算机或者机器是不会思考的，怎么可能像人类一样"学习"？那我们就来看看人类是怎么样学习的。

每个人每一天都会进行各种各样的学习，而人们学习的目的是获取知识或者经验，然后通过得到的知识或者经验对新遇到的情况或者局面进行判断做出决定，最后付之行动。人类在成长、生活过程中积累了很多的知识与经验。人类定期地对这些经验进行"归纳"，获得了生活的"规律"。当人类遇到未知的问题或者需要对未来进行"推测"的时候，人类使用这些"规律"，对未知问题与未来进行"推测"，从而指导自己的生活和工作。如图 4-7b 所示。

图 4-6 机器像人一样学习

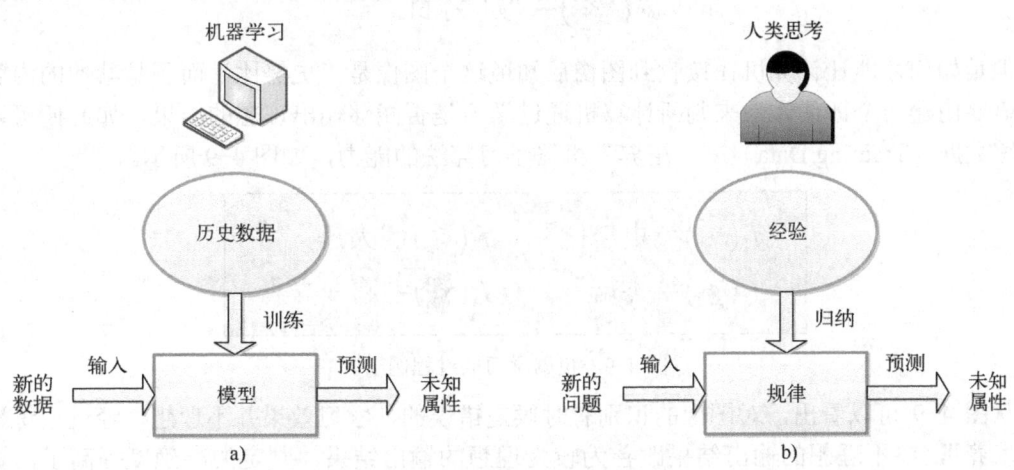

图 4-7 机器学习与人类思考类比

Rob Schapire 在 2008 年的理论机器学习讲座中的摘录，很好地总结了机器学习：机器学习研究用于学习做事的计算机算法。例如，人们乐于学习，可能是要完成某个任务，或者对某事情进行准确的预测，又或者为了提高学识，而这种学习通过直接或者间接对案例的观察或数据分析而完成。因此，总的来说，机器学习就是要根据过去的经验学习，使得将来做得更好。

例如，对于熊、鹰、企鹅和海豚的动物区分问题，通过学习情境 2 和学习情境 3 的学习，可以得到如图 4-8 所示的知识规则图。

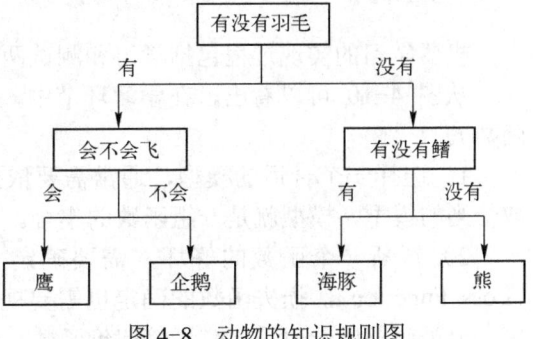

图 4-8 动物的知识规则图

这样的知识规则图就是一个最简单的机器学习模型，称之为决策树。

当我们需要区分的动物种类较少时，情况较为简单。如果将需要区分的动物种类增加，于是需要设定的"规律/规则"就增多了，建立的模型就复杂起来。

如果把这些建立模型的过程交给机器。比如把所有的"规律/规则"和需要区分的动物作为模型生成的输入，然后让机器帮着生成一个模型，同时让机器根据当前的情况，给出是什么动物的建议。那么机器执行这些辅助决策的过程就是机器学习的过程。

机器学习方法是机器利用已有的数据（经验），得出了某种模型，并利用此模型预测未来的一种方法。

卡内基梅隆大学的汤姆·米切尔（Tom Mitchell）教授是这样定义机器学习的："对于某类任务（Task，简称 T）和某项性能度量准则（Performance，简称 P），如果一个计算机程序在 T 上，以 P 作为性能的度量，随着很多经验（Experience，简称 E）不断自我完善，这说明该计算机程序从 E 中学习了。"

台湾大学李宏毅博士直接而形象地描述了什么是机器学习。他认为机器学习在形式上相当于寻找一个合适的函数来描述任务，近似于在数据对象中通过统计或推理的方法寻找一个适用于特定输入和预期输出功能的函数，如：

$$f(\text{🐶})=\text{"史努比"}$$

但是如何才能让计算机在接收到图像后知道这个图像是"史努比"而不是其他的内容？这就需要构建一个评估体系来判断计算机通过学习是否能够输出理想的结果，如此便可以通过训练数据（Training Data）来"培养"机器学习算法的能力，如图 4-9 所示。

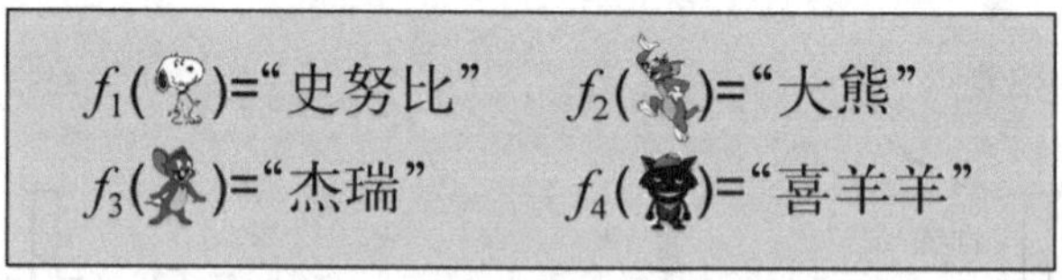

$$f_1(\text{🐶})=\text{"史努比"} \quad f_2(\text{🐻})=\text{"大熊"}$$
$$f_3(\text{🐭})=\text{"杰瑞"} \quad f_4(\text{🐱})=\text{"喜羊羊"}$$

图 4-9 机器学习的过程例子

从图 4-9 可以看出，对图像的识别有时候是错误的，学习效果并不理想，经过训练数据的"培养"，将不理想的输出结果改善为较为理想的输出结果，判定的准确度提高了，这种改善的过程便可以被称为学习。这个学习过程是由机器完成的，那便是"机器学习"。

4.4 机器学习的过程

机器学习的实现过程包括学习和测试两个环节，如图 4-10 所示。

从图 4-10 可以看出，在学习环节中，需要通过下面三个步骤的学习才能得到一个好的函数 f。

1）选择一个合适的模型，通常需要依据实际问题而定，针对不同的问题和任务需要选取恰当的模型，模型就是一组函数的集合。

2）判断一个函数的好坏，需要确定一个衡量标准，也就是人们通常说的损失函数（Loss Function），损失函数的确定也需要视具体问题而定，如回归问题一般采用欧几里得距离，分类问题则一般采用交叉熵代价函数。

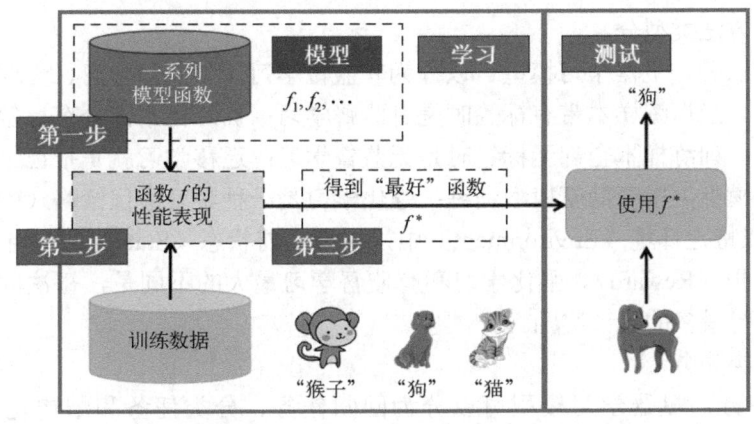

图 4-10 机器学习的实现过程

3)找出"最好"的函数,如何从众多函数中最快地找出"最好"的那一个,这一步是最大的难点,做到又快又准往往不是一件容易的事情。常用的方法有梯度下降算法、最小二乘法和其他一些方法。

另外,测试环节也很重要,通过学习得到"最好"的函数后,需要在新样本上进行测试,只有在新样本上表现良好,才算是一个"好"的函数。

4.5 机器学习的分类

机器学习是一个庞大的家族体系,涉及众多算法、任务和学习方法,图 4-11 是机器学习的总框图。从图 4-11 可以看出,机器学习包括学习方法、学习任务和学习模型三个方面,可以按照这三个方面进行分类。

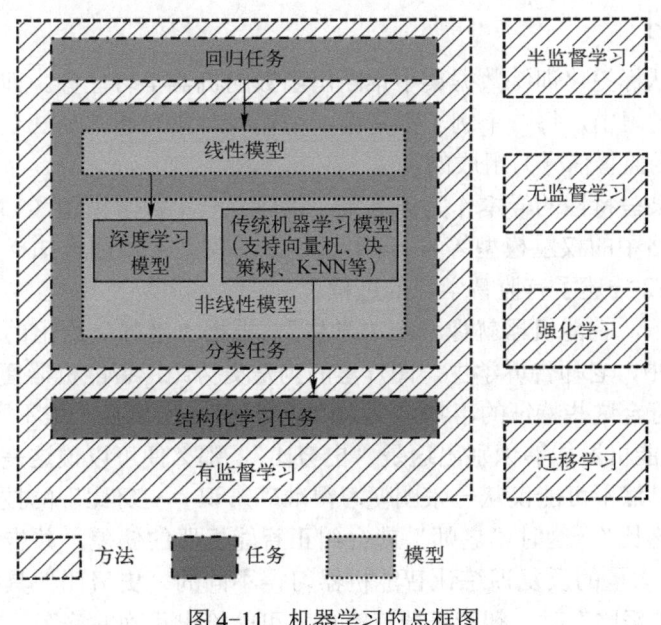

图 4-11 机器学习的总框图

（1）按学习方法类型分

按照学习方法分，机器学习模型可以分为有监督学习、半监督学习、无监督学习、迁移学习和强化学习。当训练样本带有标签时是有监督学习；训练样本部分有标签、部分无标签时是半监督学习；训练样本全部无标签时是无监督学习；迁移学习就是把已经训练好的模型参数迁移到新的模型上以帮助新模型训练；强化学习是一种学习最优策略（Policy），可以让本体（Agent）在特定环境（Environment）中，根据当前状态（State）做出行动（Action），从而获得最大回报（Reward）。强化学习和有监督学习最大的不同是，每次的决定没有对与错，而是希望获得最多的累计奖励。

（2）按任务类型分

按任务类型分，机器学习模型可以分为回归任务、分类任务和结构化学习任务。回归任务又叫预测任务，输出是一个不能枚举的数值；分类任务又分为二分类任务和多分类任务，常见的二分类任务有垃圾邮件过滤，常见的多分类任务有文档自动归类；结构化学习任务的输出不再是一个固定长度的值，如图片语义分析，输出是图片的文字描述。

（3）按模型类型分

从模型的角度分，机器学习模型可以分为线性模型和非线性模型。线性模型较为简单，但作用不可忽视，线性模型是非线性模型的基础，很多非线性模型都是在线性模型的基础上变换而来的；非线性模型又可以分为传统机器学习模型和深度学习模型，如支持向量机（SVM）、K-NN 和决策树等都属于传统机器学习模型。

4.6 机器学习的方法

4.6.1 有监督学习

有监督学习是从标签化训练数据集中推断出函数的机器学习任务。训练数据由一组训练实例组成。在监督学习中，每一个例子都是由一个输入对象（通常是一个向量）和一个期望的输出值（也被称为监督信号）组成的。

用已知某种或某些特性的样本作为训练集，以建立一个数学模型（如模式识别中的判别模型，人工神经网络中的权重模型等），再用已建立的模型来预测未知样本，此种方法称为有监督学习。图 4-12 描述了有监督学习的过程。

在有监督学习下，智能机器就像一个"学生"，根据"老师"给出的带有标签的数据进行学习。图 4-12a 中，老师告诉学生，图片里的狗是史努比，智能机器便会总结图中"史努比"的特征，并将符合这些特征的事物定义为"史努比"。如果换一张不同的"史努比"，如图 4-12b 所示，智能机器能够识别出这是"史努比"，那么便可以说这是一次成功的有监督学习。但智能机器显然不可能仅从一张图便习得准确辨识"史努比"的技能。智能机器可能无法识别新的"史努比"，这时"老师"就会纠正智能机器的偏差，并告诉智能机器这个也是"史努比"。通过大量的反复训练让智能机器习得不同的"史努比"具有的共同特征，这样，再遇到新的"史努比"时，智能机器就有更大可能给出正确的答案。

图 4-12　有监督学习的过程

a) 根据已知的数据进行学习训练　b) 根据学习过的知识进行应用

简单来说，有监督学习的工作就是通过有标签的数据训练，构建一个模型，然后通过构建的模型，给新数据添加特定的标签。

事实上，有监督学习同时将数据样本和标签输入给模型，模型学习到数据和标签的映射关系，从而对新数据进行预测，主要有分类和回归两种应用，如图 4-13 所示。

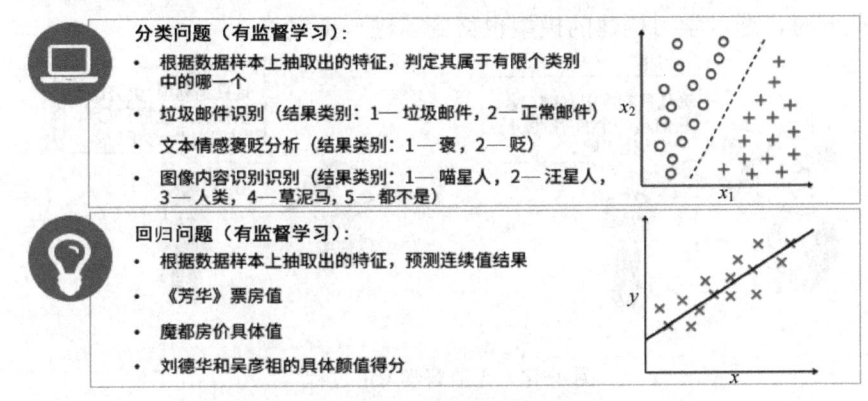

图 4-13　有监督学习的分类

常用的有监督学习的算法如下：
- 支持向量机（Support Vector Machine）。
- 线性回归（Linear Regression）。
- 逻辑回归（Logistic Regression）。
- 朴素贝叶斯（Naive Bayes）。
- 线性判别分析（Linear Discriminant Analysis）。
- 决策树（Decision Tree）。
- K-近邻（K-Nearest Neighbor）。

其中，逻辑回归算法是用于分类问题的常用算法，而线性回归算法是解决回归问题的常用算法。

4.6.2　无监督学习

如果把人类日常工作中的常规性工作理解为有监督学习，那人类工作中的创新性工作，或者挑战性工作则是无监督学习。常规性工作有明确的工作流程、工作内容和工作标准，对于员工来说只需要一定的训练就可以上岗。但对于那些创新性工作或者挑战性工作，并没有明确的工作流程、内容和标准，这时候就需要发挥人类的智慧，发现工作的方式、方法和流

153

程，这是一种无师自通的行为，把这种无师自通的学习行为称为无监督学习。

无监督学习中的模型所学习的数据都是无标签的，可以根据类别未知的训练样本解决模式识别中的各种问题。训练样本的标记信息未知，目标是通过对无标记训练样本的学习来揭示数据的内在性质及规律，为进一步的数据分析提供基础。此类学习任务中研究最多、应用最广的是"聚类"（Clustering），聚类的目的在于把相似的东西聚在一起，图4-14是无监督学习的过程。

在图4-14中给智能机器一批图像数据，但不告诉智能机器这批图像数据是什么，让智能机器自己通过学习来构建出这批图像数据的模型，智能机器通过学习到图像数据所具备的特征，把它们归纳成一个类别，这是典型的"无师自通"过程。更形象地说，俗语常说的"物以类聚，人以群分"，实际上描述的是"无监督学习"环境下构建模型的过程。一开始人们并不知道这些"类"和"群"中的个体是什么，经过长期的归纳和总结，人们将具有共同特征的事物归为一个"类"或"群"中。以后再遇到新的事物，就会根据它的特征更接近哪个"类"或"群"，来"预测"它属于哪个"类"或"群"，从而完成对新数据的"分类"或"分群"，与此同时，通过学习构建的模型也得到了进一步完善。

图4-14 无监督学习的过程

a) 在非标签中进行集中归纳　b) 根据归纳的知识进行应用

常用的无监督学习算法有密度估计（Density Estimation）、异常检测（Anomaly Detection）、层次聚类、EM算法、K-Means算法（K均值算法）、DBSCAN算法。

4.6.3 半监督学习

人类的一生是不断学习的过程，在求学的阶段，会接受各种"有监督学习"的教育，如从小学到大学一直接受着来自学校和家庭的教育，老师和家长就是指导者，一直教育我们如何明辨是非，我们在此期间不断改善自身的性情，让自己成为一个品行优秀的人。当我们成年或毕业以后便离开了家长和学校的"监督"，没有指导者再对我们的行为给出更多的意见和建议，这时只能靠自己不断去悟，凭之前积累的经验和知识来帮助自己明辨是非，在社会中试错，磨炼自己，丰富自己对世界的认知，帮助自己恰当地应对新的事物。

机器的学习跟人也是一样的，需要不断地交替进行有监督和无监督学习。半监督学习就是先在有监督的环境下初步构建好模型，再进行无监督学习，实现机器智能的不断迭代和更新完善。

图4-15是半监督学习的示意图。假设图中的学生已经学习到以下两个标签数据。

1）图4-15a中，上边的狗狗（数据1）是史努比（标签：史努比）。

2）图4-15a中，下边的狗狗（数据2）也是史努比（标签：史努比）。

此时，该学生并不知道图 4-15b 中的狗狗是什么，但这个狗狗和他之前学习到的有关史努比的特征很接近，那么该学生便可以猜测这个狗狗是史努比。

对图 4-15b 中的史努比进行识别后，该学生的已知领域（标签数据）便进一步扩大（由两个扩大到三个），这个过程便是半监督学习。事实上，半监督学习就是先用带有标签的数据帮助计算机初步构建模型，然后让智能机器根据已有的模型去学习无标签的数据。

图 4-15 半监督学习示意图
a) 少量标签数据进行训练　b) 无标签数据进行归纳

在大数据时代，半监督学习的现实需求非常强烈。因为有标签数据的收集和标记需要消耗大量的人力物力，而海量的非标签数据却触手可及，"半监督学习"将成为大数据时代的发展趋势。

4.6.4　强化学习

人类在进化的过程中形成了一种能不断适应环境变化的能力，这种能力表现为人类为了适应环境而不断地调整自己的行动方案，目的是期望获得最好的生存空间和生存价值，在生物学中称之为条件反射。这种条件反射的应用例子有很多，如竞技比赛的训练中，教练员会不断地让运动员重复训练同一动作或行为，目的是让运动员的肌肉产生记忆，当在比赛中出现相似的情形时，运动员会通过条件反射做出快速反应，这种训练称之为强化训练。在人工智能领域，强化训练即是强化学习。

强化学习（Reinforcement Learning，RL）是机器学习的一个重要分支，强调如何基于环境而行动，以取得预期利益的最大化。其灵感来源于心理学中的行为主义理论，即有机体如何在环境给予的奖励或惩罚的刺激下，逐步形成对刺激的预期，产生能获得最大利益的习惯性的行为。图 4-16 是强化学习的示意图。

图 4-16　强化学习的示意图
a) 行为后的奖励让海豚更努力　b) 更难的行为后，奖励更丰富

在图 4-16 中，训练海豚的方法是奖励强化法。先等海豚自己跳出水面，当它做出这样的动作时，训练师就会吹响哨音，并给它一条鱼作为奖励，后面只要海豚每做出跳出水面的动作，训练师就必然会吹响哨音以及给它一条鱼作为奖励；这样次数多了以后，海豚的脑神经便会使"跳出水面"和"给它鱼"产生关联；为了得到吃鱼的奖赏，这只海豚便会不时地跳出水面；海豚也会对哨音、跳出水面以及获得奖励建立条件反射。当海豚已经学会了跳出水面后，训练师便不再每一次都给它鱼，而要等它跳得比较高时才给鱼；最后，海豚跳出水面能碰到球，训练师会给更多条鱼。

结合图 4-17 的强化学习的流程，如果把智能机器比作海豚，智能机器所处的"环境"比成训练师。每当智能机器因对"环境"的感知而做出行为 A_t 时，"环境"就会产生对这些行为进行"奖励"或"惩罚"的反馈 R_t，智能机器会根据这种反馈对行为做出调整，以至于获得最好的目标成果 S_t，通过这种反馈式学习，智能机器就有了很强的自我进化的能力。当然，这种学习不像监督学习那样，对于每一个样本，都有一个确定的标签与之对应，这种学习没有标签，只有一个时间延迟的奖励，而且实际中往往会牺牲当前的奖励来获取将来更大的奖励。从某种意义上看，强化学习被认为是具有延迟标记信息的监督学习。

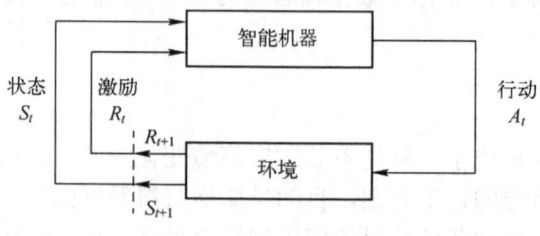

图 4-17　强化学习的流程

在强化学习中，包含两种基本的元素：状态与动作，在某个状态下执行某种动作，这便是一种策略，学习器要做的就是通过不断地探索学习，从而获得一个好的策略。例如：在围棋中，一种落棋的局面就是一种状态，若能知道每种局面下的最优落子动作，那就攻无不克、战无不胜。

强化学习的主要算法有如下几种。
- 通过价值选行为：Q-Learning、Sarsa、Deep Q Network。
- 直接选行为：Policy Gradient。
- 想象环境并从中学习：Model-Based RL。
- 回合更新：基础版的 Policy Gradient、Monte-Carlo Learning。
- 单步更新：Q-Learning、Sarsa、升级版 Policy Gradient。

4.6.5　迁移学习

人类似乎有一种与生俱来的学习能力——"类似推理"，简称"类推"。俗语说的"学会一种而一通百通"就是这种能力，如学会了骑自行车，则很容易就学会骑摩托车。如图 4-18 所示，因为学会了骑自行车，就掌握了两轮平衡技术和方向控制能力，在此基础上再学习驾驶摩托车就会更方便，只要掌握了摩托车的启停和加减速控制即可。

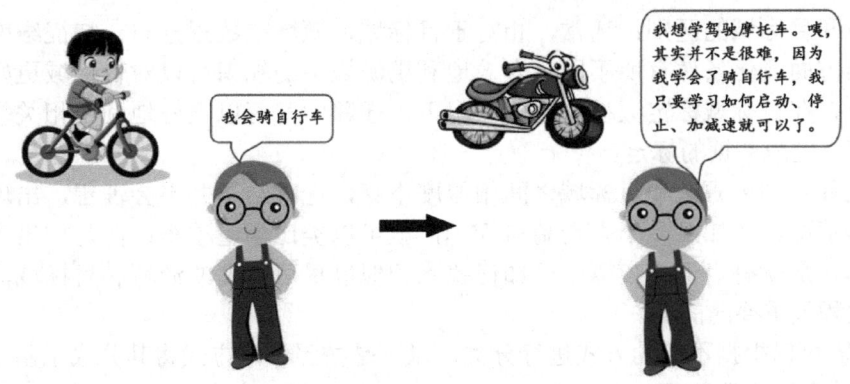

图 4-18　类推能力的示意图

在人工智能领域，人类也十分期望智能机器具有这种"类推"的能力，称之迁移学习。迁移学习是一种机器学习方法，顾名思义就是把已训练好的模型参数迁移到新的模型上，来帮助新模型训练。考虑到大部分数据或任务是存在相关性的，所以通过迁移学习，我们可以将已经学到的模型参数（也可理解为模型学到的知识）通过某种方式来分享给新模型，从而加快并优化模型的学习效率，不用像大多数网络那样从零学习（Starting from Scratch）。

> **小志的痛苦**
>
> 　　现如今的时代是数据爆炸的时代。数据爆炸要求人工智能技术具有快速响应的能力，具体表现为要求机器学习能快速构建强泛化的模型，但对于数据来说，大部分数据没有标签，因为收集标签数据和从头开始构建一个模型都是代价高昂的，所以需要对模型和带有标签的数据进行重用。
> 　　这种"重用"技术就是迁移。

在迁移学习中，已有的知识叫作源域，要学习的新知识叫目标域，源域和目标域不同但有一定关联，需要减小源域和目标域的分布差异，进行知识迁移，从而实现数据标定。

常用的概念如下。

- 域（Domain）：由数据特征和特征分布组成，是学习的主体。
- 源域（Source Domain）：已有知识的域。
- 目标域（Target Domain）：要进行学习的域。
- 任务（Task）：由目标函数和学习结果组成，是学习的结果，可理解为分类器。
- 迁移学习条件：指面向某一任务进行迁移学习的实施条件，包括任务、目标和实现学习的约束条件。
  - ◆ 任务：给定源域和源域的任务、目标域和目标域的任务。
  - ◆ 目标：利用源域和源域任务学习目标域预测函数 f。
  - ◆ 约束条件：源域和目标域不同或源任务和目标任务不同。
- 领域自适应（Domain Adaptation）：有标签的源域和无标签的目标域共享一致的类别和特征，但分布不同。

- **源域和目标域的区别**：通常，相对于目标域，源域在数据分布、特征维度以及模型输出方面变化条件有所不同，有效地利用源域中的知识可以对目标域更好地建模。另外，在目标域标定数据缺乏的情况下，迁移学习可以很好地利用相关领域的标定数据，完成数据的标定。
- **负迁移**：如果源域和目标域之间相似度不够，迁移结果并不会理想，出现所谓的负迁移情况。比如，一个人会骑自行车，就可以类比学电动车；但是如果类比着学开汽车，那就有点天方夜谭了。如何找到相似度尽可能高的源域和目标域，是整个迁移过程最重要的前提。

迁移学习可以根据不同的方式进行分类，以下是按照学习方式将其分成了基于样本、特征、模型和关系的四类学习。

- **基于样本的迁移学习**：通过对源域中标记样本的加权利用来完成知识迁移，例如相似的样本就给予高的权重。
- **基于特征的迁移学习**：通过将源域和目标域特征变换到相同的空间（或者将其中之一映射到另一个的空间中），并将源域和目标域的距离最小化来完成知识迁移。
- **基于模型的迁移学习**：将源域和目标域的模型与样本结合起来调整模型的参数。
- **基于关系的迁移学习**：通过在源域中学习概念之间的关系，然后将其类比到目标域中，完成知识的迁移。

4.7 机器学习的模型

4.7.1 线性模型

线性模型是最简单的，也是最基本的机器学习模型，见图 4-19。其数学形式为

$$g(X,W) = W^T X + b$$

其中，X、W 均为向量，X 为特征向量，W 为参数，b 为偏置常量，具体分别为

$$X = \begin{pmatrix} x_1 \\ x_2 \\ x_3 \\ \vdots \\ x_n \end{pmatrix}, W = \begin{pmatrix} w_1 \\ w_2 \\ w_3 \\ \vdots \\ w_n \end{pmatrix}$$

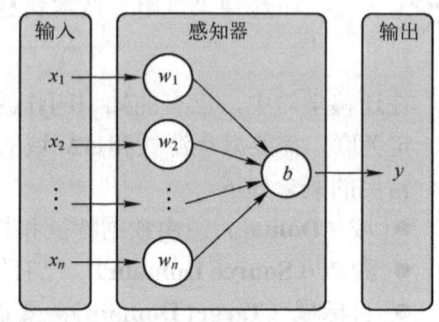

图 4-19 线性模型

值得注意的是 W^T 是 W 的转置向量，即 $W^T = (w_1, w_2, w_3, \cdots, w_n)$。

实际上，

$$g(X,W) = W^T X + b = (w_1, w_2, w_3, \cdots, w_n) \cdot \begin{pmatrix} x_1 \\ x_2 \\ x_3 \\ \vdots \\ x_n \end{pmatrix} + b = w_1 \cdot x_1 + w_2 \cdot x_2 + w_3 \cdot x_3 + \cdots + w_n \cdot x_n + b$$

> 小志现在有个问题：模型有什么用？同学，您能帮小志想一想并回答吗？请把您的想法写在下面。
> _____
> _____
> _____

人类生物神经元

神经元主要由细胞体和细胞突组成，而细胞突又分为树突（Dendrites）和轴突（Axon），树突负责接收其他神经元输入的电流，而轴突则负责把电流输出给其他神经元，如图4-20所示。一个神经元可以通过树突从多个神经元接收电流，如果电流没有达到某个阈值则神经元不会把电流输出，如果电流达到了某个阈值则神经元会通过轴突的突触把电流输出给其他神经元，这样的规则被称为全有全无律。输入电流达到阈值以后输出电流的状态又称为到达动作电位，动作电位会持续 1~2ms，之后会进入约 0.5ms 的绝对不应期，无论输入多大的电流都不会输出，然后再进入约 3.5ms 的相对不应期，需要电流达到更大的阈值才会输出，最后返回静息电位。神经元之间连接起来的网络称为神经元网络，人的大脑中大约有 860 亿个神经元，因为 860 亿个神经元可以同时工作，所以目前的计算机无法模拟这种工作方式（除非开发专用的芯片），只能模拟一部分的工作方式或使用更小规模的网络。

人类为机器配置类似神经元的功能单元称之为感知器或者神经元，机器学习里的线性模型就是最简单的感知器或者神经元。

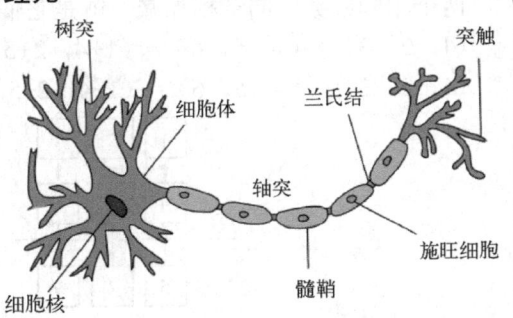

图4-20 典型神经元的结构

为了弄明白模型的用处，下面用事物分类的例子进行说明，在此需要掌握特征向量、向量运算、特征点、特征空间和分类器。

1. 特征向量

特征是表征某一事物有别于另一事物的性质，如事物的形状，橙子是球形的，苹果是椭球形的。而只凭事物的单一特征是比较难得到准确的结果的，这时候需要增加多一点的特征，如颜色、皮质光滑度等，把多个特征组合在一起来区分事物就称之为特征向量。

可以用 x_1 来表示水果的形状，用 x_2 来表示水果的颜色，如图4-21所示。有了向量这个数学工具后，我们就可以把描述一个事物的两个特征数值都组织在一起，把这两个数值一起放进括号中，写成(x_1, x_2)，这种形式的一组数据在数学中称之为向

图4-21 水果的不同特征

量，在人工智能领域称之为特征向量。

一般地，一个 n 维的特征向量可以被表示为 $X=(x_1,x_2,\cdots,x_n)$。

2. 向量运算

数学中的向量就是多个数字按顺序排成一行，比如（1，2，3）。其中数字的个数称为向量的维数，例如（1，2，3）的维数是3，它是一个三维向量。

（1）加减法

两个相同维数的向量相加减，就是它们的每个数字对应相加减。

（1，2，3）+（4，5，6）=（1+4，2+5，3+6）=（5，7，9）

（1，2，3）-（4，5，6）=（1-4，2-5，3-6）=（-3，-3，-3）

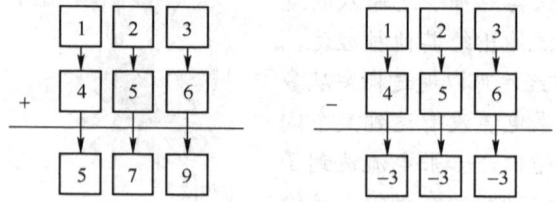

（2）数量乘法

一个数和向量相乘，就是这个数和向量中的每一个数字相乘。

3×（1，2，3）=（3×1，3×2，3×3）=（3，6，9）

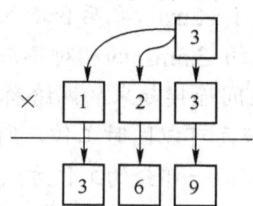

（3）内积

两个具有相同维数的向量做内积，就是它们的每个数字对应相乘并求和。

（1，2，3）·（4，5，6）=1×4+2×5+3×6=32

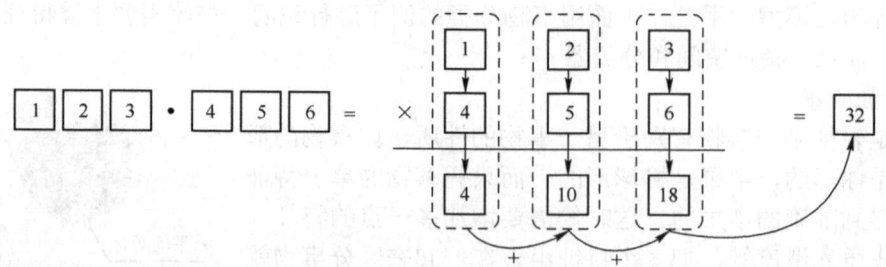

3. 特征点与特征空间

使用特征的向量表示，目的是可以进一步把特征向量表示在坐标系中，二维特征向量就表示在直角坐标系中。比如（3.4，1.4），就可以看成是直角坐标系中的一个点。

如图 4-22 所示，我们把车身长度 x_1 和车身宽度 x_2 作为汽车的特征提取出来组成特征向量（x_1，x_2），并画在坐标系中。坐标系中的每一个点就代表了一辆车的特征，这些表示特征微量的点被称为特征点，所有这些特征点构成的空间称之为特征空间。

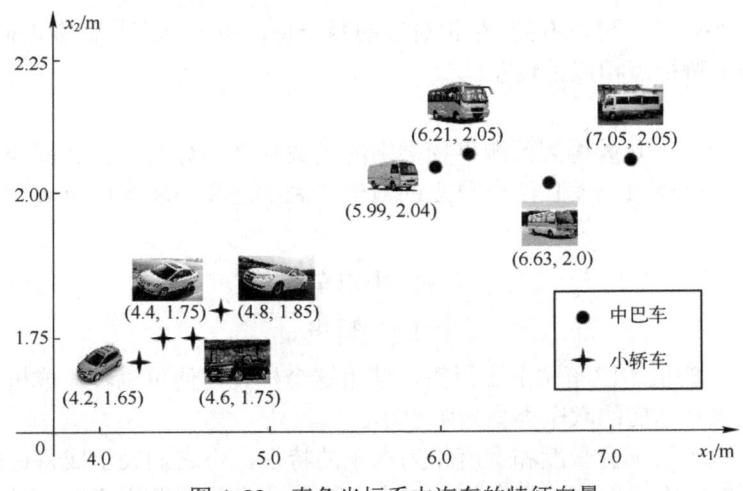

图 4-22 直角坐标系中汽车的特征向量

同学，除了想到将车身长度和宽度作为汽车的特征外，您还能想到它有什么其他特征？请写在下面。

_____

_____

_____

在图 4-22 所示的特征空间中，特征点到特征点之间的平面距离可以用来衡量汽车之间的相似程度。一般来说，对于任意维数的特征空间，我们都可以使用特征点之间的距离来衡量物体之间的相似程度。如二维特征空间中有任意两个特征点 (x_1, x_2) 和 (y_1, y_2)，那么这两个点之间的距离 d 可以通过以下公式来进行计算。

$$d = \sqrt{(x_1 - y_1)^2 + (x_2 - y_2)^2}$$

根据上述的计算公式，得到图 4-23 中的相似距离 d_1 和 d_2，如下所示。

$$d_1 = \sqrt{(4.2 - 4.4)^2 + (1.65 - 1.75)^2} \approx 0.224$$

$$d_2 = \sqrt{(4.4 - 6.63)^2 + (1.75 - 2.0)^2} \approx 2.244$$

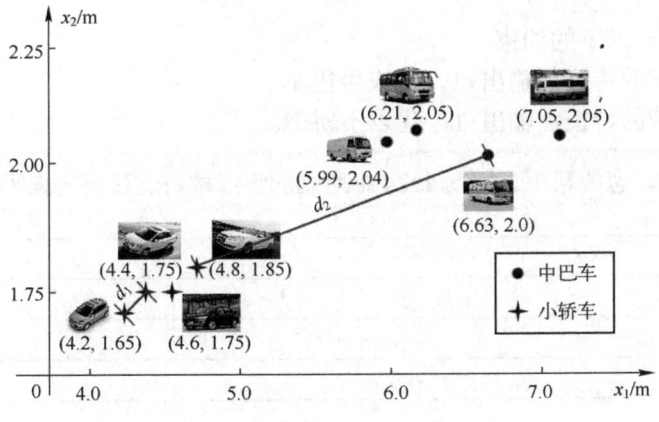

图 4-23 特征点之间的相似程度

由于 d_1 比 d_2 小得多，可以看到 d_1 相对应的两个特征点更具有相似性，而相对于 d_1 而言，d_2 所对应的两个特征点相似性较差。

4．分类器

运用特征空间和特征向量得到预测事物类别的函数称之为分类器。在图 4-22 中的汽车分类问题中，我们可以用+1 和-1 两个分立的数值代表中巴和小轿车两个类别，并用字母 y 表示。

$$y = \begin{cases} +1 & \text{中巴车} \\ -1 & \text{小轿车} \end{cases}$$

通过字母 y 和 y 的值给汽车贴上了标签，使用这个标签，便可以转化成机器可以认知到的知识，如 y=1 就表示当前的汽车类型为中巴车。

另外，我们把汽车的车身长度和宽度作为汽车的特征，将它们表示成特征向量，并把特征向量表示在特征空间中。有了特征空间，对汽车类别分类的问题实质上就是在特征空间中寻找一种方法将一些特征点分开，最直接的方法就是在特征空间中画一条直线，如图 4-24 所示。那么这个问题就变成：坐标平面中有两个类别，画一条直线将这两个类别分开来。

在图 4-24 的特征空间中，我们可以画出很多条直线用来区分小轿车和中巴车，以

$$2.25x_1 + 7x_2 - 25 = 0$$

为例，它将整个坐标平面分为两上区域。

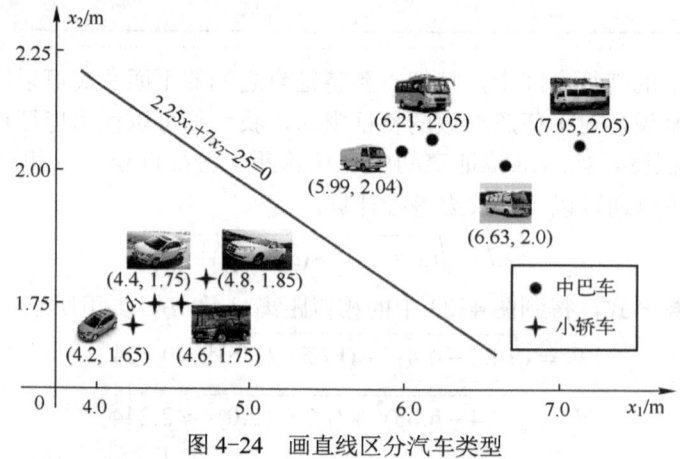

图 4-24 画直线区分汽车类型

结合标签定义做出以下的约束。

1）直线右上区域的特征点输出+1，代表中巴车。

2）直线左下区域的特征点输出-1，代表小轿车。

同学，您能帮小志把图 4-24 中所画的直线求解过程列出来吗？请写在下面。

通过上述过程和规则,我们就构建出了一个区分汽车类型的分类器。这个规则代表的分类器可以用下面的函数来表示。

$$g(x_1, x_2) = \begin{cases} +1 & 2.25x_1 + 7x_2 - 25 > 0 \\ -1 & 2.25x_1 + 7x_2 - 25 < 0 \end{cases}$$

其中,$2.25x_1 + 7x_2 - 25$ 和图中所画的直线有着对应关系,我们把所要画的直线记为

$$f(x_1, x_2)$$

如果 $f(x_1, x_2) > 0$,就表示特征点 (x_1, x_2) 在直线的右上区域;反之,$f(x_1, x_2) < 0$ 表示特征点在直线的左下区域。可见,在特征空间中可以找到很多条直线 $f(x)$,见图 4-25 中 $f_1(x)$,$f_2(x)$,…,$f_n(x)$,用来分开不同的类,因此找到一条合适的直线 $f(x)$ 是分类函数 $g(x)$ 的核心。

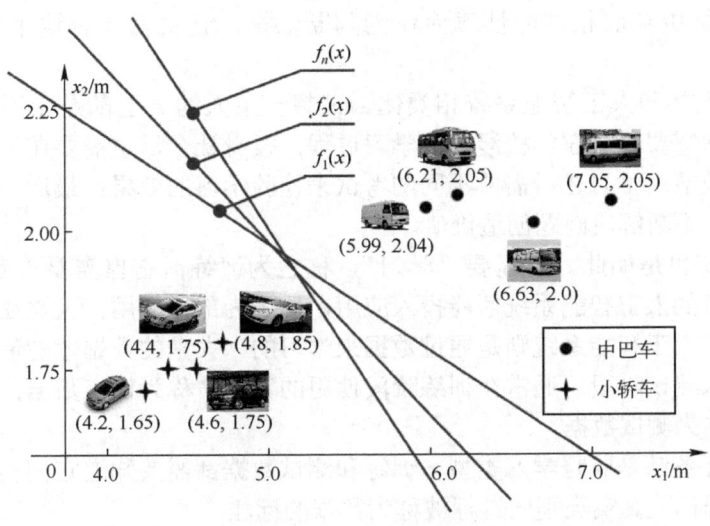

图 4-25 不同的分类器

函数 $f(x)$ 的形式多种多样,具有 $f(x_1, x_2, \cdots, x_n) = a_1 x_1 + a_2 x_2 + \cdots a_n x_n + b$ 形式的分类器被称为线性分类器。其中,n 是特征向量的维数,a_1,a_2,…,a_n 是函数的系数,被称为分类器的参数。对于图 4-24 中所画的直线 $2.25x_1 + 7x_2 - 25 = 0$,2.25、7、-25 就是分类器的参数取值。

通过上述方法,构建了一个区分汽车类型的系统,这个系统能够像人类一样区分小轿车和中巴车。把这个系统应用在机器当中,我们称之构造了一个区分汽车类别的人工智能系统,它的过程如图 4-26 所示,首先对汽车进行提取特征,即提取车身长度和车身的宽度,然后将这些特征输入到训练好的分类器中,分类器就能够根据这些特征做出预测,输出汽车的类型。

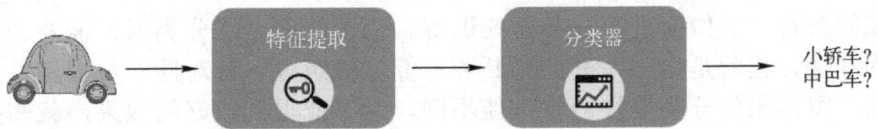

图 4-26 区分汽车类型的人工智能系统

> 怎样才能得到训练好的分类器？怎么训练呢？同学，您能帮小志想一想并回答吗？请把您的想法写在下面。
> _____
> _____
> _____
> _____

5. 训练分类器

分类器可以简单地理解为人类常说的规律，对于机器而言，它不懂得什么规律，但它可以从数据特征中获取相同的性质而作为判断依据，让机器具有这个本领的过程就叫训练。

我们可以把人类和人工智能系统相类比。试想一下人的一生都是在不断学习和考试当中，如投身社会前需要经过在学校漫长的学习过程，投身社会后也需要在工作岗位上不断学习如何提升岗位技能；学习之后需要不同的考试来检验学习的效果；最后，才把学习成果应用到工作岗位上，不断解决问题创造价值。

人工智能系统也是如此。它需要"学习"，称之为训练；它也需要"考试"，称之为测试；经过测试合格的人工智能系统才能投入应用，称之为部署应用。人类在学校通过老师、书本来学习知识，人工智能系统则是通过数据来学习的，大量的数据才能使人工智能系统完成相应的训练进入测试阶段。通常在训练阶段使用的数据被称为训练数据；相应地，测试阶段使用的数据被称为测试数据。

通常，分类任务都是监督学习类型，训练和测试数据都需要知道它们实际的类别或者标签，人工地给数据标上真实类别的过程被称为数据的标注。

表 4-1 是汽车数据集，在这个数据集中，每一行有两个样本，它分别包含了两辆车的特征，以及它对应的类别。有了这样的数据集，我们就可以在它的基础之上去训练一个分类器。这个数据集用于分类器训练，就被称为训练集。

表 4-1 不同汽车的数据和标注

序号	车长/米	车宽/米	类别	标签	序号	车长/米	车宽/米	类别	标签
1	4.2	1.65	小轿车	-1	11	5.99	2.05	中巴	1
2	4.5	1.70	小轿车	-1	12	7.05	2.04	中巴	1
3	4.8	1.75	小轿车	-1	13	6.21	2.04	中巴	1
4	4.7	1.7	小轿车	-1	14	6.63	2.05	中巴	1
⋮	⋮	⋮	⋮	⋮	⋮	⋮	⋮	⋮	⋮

现在我们来看一下如何进行分类器的训练。为了能够训练分类器，需要一定的思维过程称之为算法，也就是由一系列的判断和计算步骤组成。针对同一数据集，采用训练的算法不同，得出来的分类器性能就可能不同，为了能得到较好的效果，就需要不断优化训练算法。

例如，我们准备寻找一个线性分类器 $f(x_1,x_2)=a_1x_1+a_2x_2+b$ 对汽车进行分类。训练的目的就是为了找到合适的参数 a_1、a_2、b，使得对应的分类器能够区分小轿车和中巴车。其训练学习算法如下。

训练学习算法

第一步：选取初始分类器参数 a_1、a_2、b。

第二步：选取一个训练数据放进线性分类器 $f(x_1,x_2)=a_1x_1+a_2x_2+b$ 中训练，如果这个训练数据被误分类，即 $y\times(a_1x_1+a_2x_2+b)\leqslant 0$，则需要更新参数，其法则为

$$\begin{cases} a_1+\eta y x_1 \Rightarrow a_1 \\ a_2+\eta y x_2 \Rightarrow a_2 \\ b+\eta y \Rightarrow b \end{cases}$$

η 表示学习率，y 为数据集中的标签。

第三步：回到第二步，直到训练数据中没有被误分类的数据为止。

注：学习率表示每一次更新参数的程度大小。

上述算法的主要思想是利用被误分类的训练数据调整现有分类器的参数，使得调整后的分类器判断得更加准确，这样一种训练线性分类器的算法称之为感知器。通过图 4-27 的示意图来说明，图 4-27a 的分类直线中分错了两个样本 C 和 D，分类的直线便向误分类样本 C、D 一侧移动；第一次调整后，见图 4-27b，一个误分类样本 C 的预测被纠正，但仍有一个误分类样本 D，从图中看出这个误分类样本 D 到分类直线的距离相比调整之前减小了；接下来，直线向着这个仍被误分类的样本 D 一侧移动，直到分类直线越过该误分类的样本 D，见图 4-27c。这样，所有的训练数据都被正确分类了。

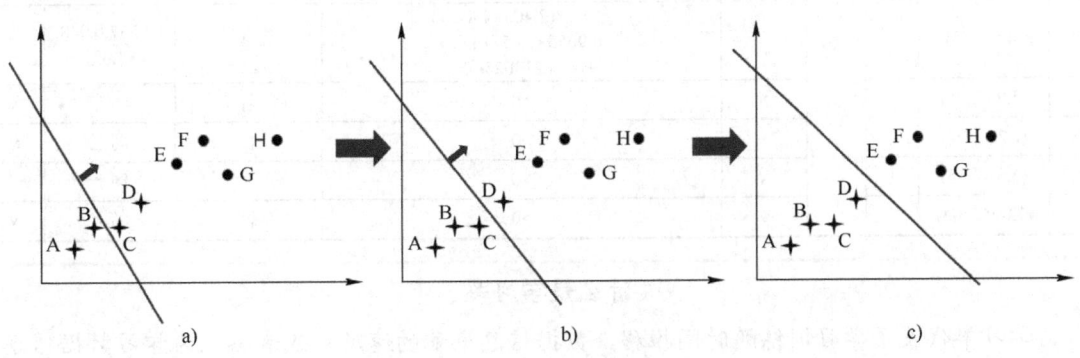

图 4-27　训练过程示意图

表 4-2 和表 4-3 是对于汽车的小轿车和中巴车分类采用感知器算法的计算过程。假设初始的线性分类器为 $2.5\times x_1+1\times x_2-13=0$，学习率 $\eta=0.01$，从表 4-2 中的"执行前的情况"一栏可以看出，数据点 C 和 D 被错误分类了，经过感知器算法计算一次后，参数 a_1、a_2、b 的值都在变化，主要是使 $y\times(a_1x_1+a_2x_2+b)$ 的值变大，并最终大于 0。

表 4-2　采用感知器算法计算过程循环①

数据点	数值 (x_1,x_2)	标签 y	学习率 η	第一个循环 ($a_1=2.5, a_2=1, b=-13$)				
				执行前的情况	计算 $y\times(a_1x_1+a_2x_2+b)$ 并判断≤0?	$a_1+\eta yx_1 \Rightarrow a_1$ $a_2+\eta yx_2 \Rightarrow a_2$ $b+\eta y \Rightarrow b$ 是否执行	(a_1,a_2,b) 更新值	执行后的情况
A	(4.2,1.65)	−1		√	−1×(2.5×4.2+1×1.65−13)=0.85>0	否	不变	√
B	(4.5,1.70)	−1		√	−1×(2.5×4.5+1×1.70−13)=0.05>0	否	不变	√
C	(4.7,1.70)	−1		×	−1×(2.5×4.7+1×1.70−13)=−0.45	是	(2.453, 0.983, −13.01)	×
D	(4.8,1.75)	−1	0.01	×	−1×(2.453×4.8+0.983×1.75−13.01)=−0.48465	是	(2.405,0.9655, −13.02)	×
E	(5.99,2.05)	1		√	>0	否	同上	√
F	(6.21,2.04)	1		√	>0	否	同上	√
G	(6.63,2.05)	1		√	>0	否	同上	√
H	(7.005,2.04)	1		√	>0	否	同上	√

表 4-3　采用感知器算法计算过程循环②

数据点	数值 (x_1,x_2)	标签 y	学习率 η	第二个循环 ($a_1=2.405, a_2=0.9655, b=-13.02$)				
				执行前的情况	计算 $y\times(a_1x_1+a_2x_2+b)$ 并判断≤0?	$a_1+\eta yx_1 \Rightarrow a_1$ $a_2+\eta yx_2 \Rightarrow a_2$ $b+\eta y \Rightarrow b$ 是否执行	(a_1,a_2,b) 更新值	执行后的情况
A	(4.2,1.65)	−1		√	−1×(2.405×4.2+0.9655×1.65−13.02)=1.325925>0	否	不变	√
B	(4.5,1.70)	−1		√	−1×(2.405×4.5+0.9655×1.70−13.02)=0.55615>0	否	不变	√
C	(4.7,1.70)	−1		×	−1×(2.405×4.7+0.9655×1.70−13.02)=0.07515>0	否	不变	√
D	(4.8,1.75)	−1	0.01	×	−1×(2.405×4.8+0.9655×1.75−13.02)=−0.213625<0	是	(2.357,0.948, −13.03)	√
E	(5.99,2.05)	1		√	>0	否	同上	√
F	(6.21,2.04)	1		√	>0	否	同上	√
G	(6.63,2.05)	1		√	>0	否	同上	√
H	(7.005,2.04)	1		√	>0	否	同上	√

什么是学习率

学习率代表了学习训练随时间推移，数据信息累积的速度，或者称之为学习数据信息的能力。学习率是最影响分类器训练性能的超参数之一，学习率作为一个超参数用来控制权重更新的幅度，以及训练的速度和精度。学习率太大容易导致目标（代价）函数波动较大，从而难以找到最优解；而学习率设置太小，则会导致收敛过慢耗时太长。

从图 4-28 看出来，当学习率 η 较小时，线性分类器会朝着①→②→③的同一方向并以较小的步伐前进，以达到正确分类的目的；但当学习率 η 较大时，线性分类器的运动步伐较大，运动方向①→②→③出现了在某一位置反复振荡的情况，并不能很好地正确分类。

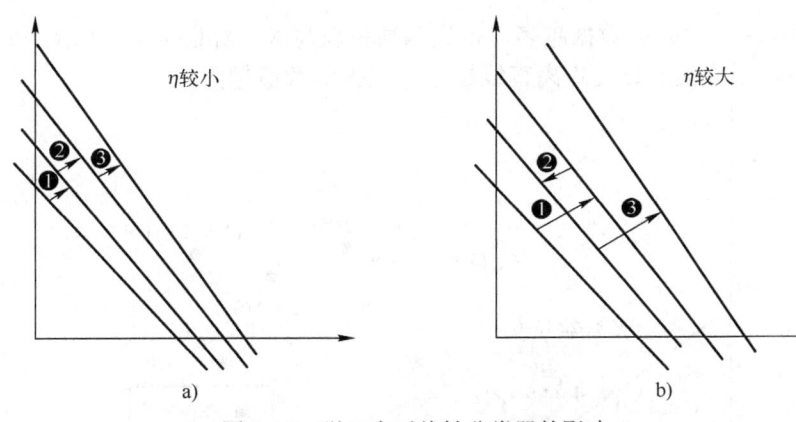

图 4-28 学习率对线性分类器的影响

小志现在知道怎么训练分类器,但还是有苦恼,"在上面的感知器学习算法中,我们假设了参数 a_1、a_2、b,一开始假设的分类器不同,结果就不相同,那这些结果中有没有一个性能最好的分类器?或者说使用上面的感知器学习算法能不能获得一个性能良好的分类器?为什么?"同学,您能帮小志想一想并回答吗?把您的想法写在下面。

_____
_____
_____

6. 损失函数

机器学习模型关于单个样本的预测值与真实值之间的差称为损失。损失越小,模型越好,如果预测值与真实值相等,就是没有损失。用于计算损失的函数称为损失函数,模型每一次预测的好坏用损失函数来度量。

在汽车分类的例子中,假定总共有 N 个训练数据,现用 (x_{1i}, x_{2i}) 来表示第 i 个训练数据的特征向量,y_i 表示第 i 个训练数据的标签类别,由于在感知器的训练学习算法中知道 $y \times (a_1 x_1 + a_2 x_2 + b) \leqslant 0$ 表示被错误分类的数据,那么第 i 个训练数据的损失值可以通过计算 $-y_i \times (a_1 x_{1i} + a_2 x_{2i} + b)$ 的值并和零比较——如果大于等于零,该数据被错误分类,可以理解成损失了一个正确分类的数据,因此该数据点的损失值为正,否则损失值等于 0,表达式可以记录为

$$\text{loss}(i) = \begin{cases} -y_i \times (a_1 \times x_{1i} + a_2 \times x_{2i} + b) & -y_i \times (a_1 \times x_{1i} + a_2 \times x_{2i} + b) \geqslant 0 \\ 0 & -y_i \times (a_1 \times x_{1i} + a_2 \times x_{2i} + b) < 0 \end{cases}$$

上述的损失值实际上是求该数据点与零的最大值,可以写成以下表达式。

$$\text{loss}(i) = \max(0, -y_i \times (a_1 \times x_{1i} + a_2 \times x_{2i} + b))$$

那么感知器的损失函数 L(loss 的缩写)是对所有数据点进行总和运算,则可以表示为

$$L(a_1, a_2, b) = \sum_{i=1}^{N} \max(0, -y_i \times (a_1 \times x_{1i} + a_2 \times x_{2i} + b))$$

可见损失函数 L 是所有数据点的损失值的总和,每当一个数据点被错误分类时,该点的损失值大于 0,损失函数值增加;每当一个数据点被正确分类时,该点的损失值等于 0,损失函数值不变。显然,如果没有误分类的数据,那么损失函数值为零;如果有误分类数据,

则损失函数值不为 0，误分类数据越多，损失函数值就越大。如图 4-29 所示。另外，在分类器确定的情况下，误分类的数据点离直线越远，损失函数值越大。

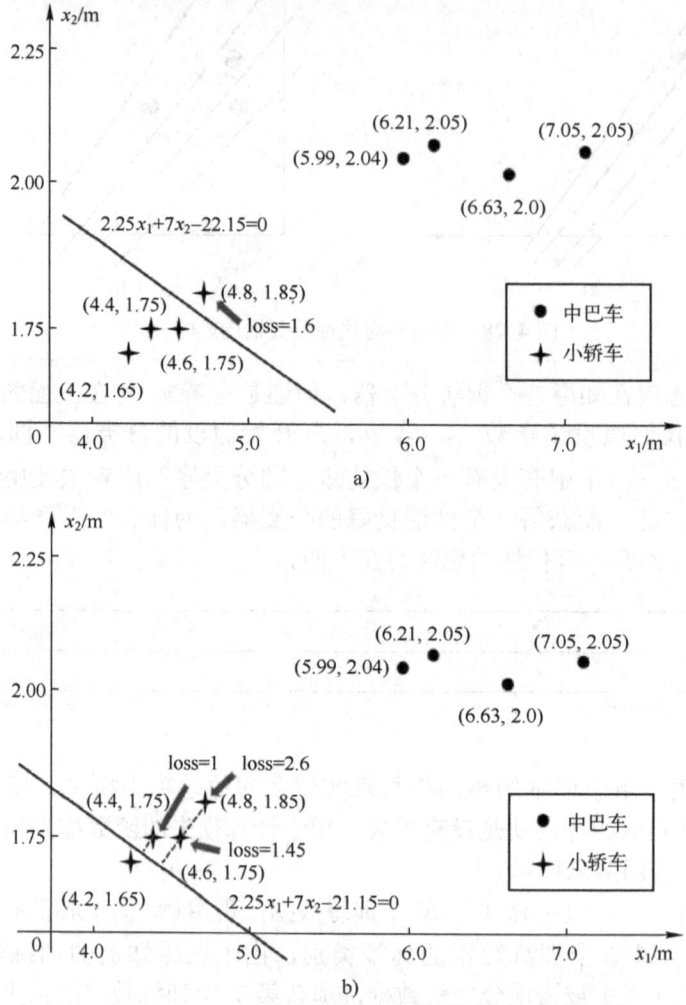

图 4-29　不同分类器在误分类数据的损失函数值
a) 损失函数值=1.6　b) 损失函数值=1+2.6+1.45=5.05

常用的损失函数有：0-1 损失函数、平方损失函数、绝对损失函数、指数损失函数、对数损失函数、Hinge 损失函数等。

> 小志发现了一个问题，损失函数是在整个训练数据集上求得的，如果用它来更新参数，则是利用这整个数据中被误分类的数据；而在训练学习算法中，第二步是每一次随机选取一个样本，如果是误分类样本则用它来更新参数，这样不断迭代，直到训练数据中没有误分类数据为止。同学，您能帮小志想一想为什么要这样做？把您的想法写在下面。

7. 优化器

其实机器学习训练过程的本质就是使损失最小化，而在定义了损失函数后，优化器就派上了用场。一般来说，优化就是调整分类器的参数，使得损失函数值最小的过程，这一功能称之优化器。

我们来回顾一下，在汽车分类的感知器训练过程第二步中，使用了以下的参数更新算法。

$$\begin{cases} a_1 + \eta y x_1 \Rightarrow a_1 \\ a_2 + \eta y x_2 \Rightarrow a_2 \\ b + \eta y \Rightarrow b \end{cases}$$

这个更新算法，实际上就是一个优化器，称之为梯度下降优化算法，描述如下。

假设要学习训练的模型参数为 W，损失函数为 $L(W)$，则代价函数关于模型参数的偏导数即相关梯度为 $\Delta L(W)$，学习率为 η，则使用梯度下降优化算法更新参数为

$$W_{t+1} = W_t - \eta \Delta L(W_t)$$

其中，W_t 表示 t 时刻的模型参数。

从表达式来看，模型参数的更新调整，与损失函数关于模型参数的梯度有关，即沿着梯度的方向模型参数不断减小，从而最小化损失函数。梯度下降优化算法的基本策略可以理解为"在有限视距内寻找最快下山路径"，因此每走一步，都要参考当前位置最陡的方向（即梯度最大的方向）迈出下一步，见图4-30。

图4-30 标准梯度下降优化算法

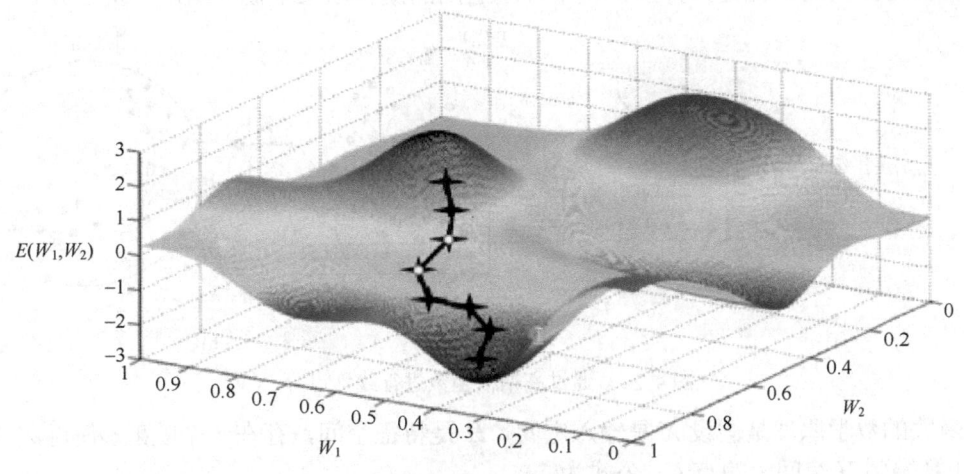

图4-30 标准梯度下降优化算法

从图4-30可以看到损失函数值组成的曲面就像连绵不断的山一样。山有高有低，有山峰有山谷，损失函数最小的点就是海拔最低的山谷。优化的目标是使得损失函数的值最小，就是希望走到海拔最低的山谷。优化的过程就是从山上走到山谷的下山过程。但这种优化算法存在以下两个缺点。

- **训练速度慢**：每走一步都要计算调整下一步的方向，下山的速度变慢。在应用于大型数据集时，每输入一个样本都要更新一次参数，且每次迭代都要遍历所有的样

本，会使得训练过程极其缓慢，需要花费很长时间才能得到收敛解。
- **容易陷入局部最优解**：由于是在有限视距内寻找下山的方向。当陷入平坦的洼地时，会误以为到达了山地的最低点，从而不会继续往下走。所谓的局部最优解就是鞍点。落入鞍点，梯度为0，使得模型参数不再继续更新。

对应不同的应用和场景可以选择不同的优化器算法，目前主要的优化器算法分为梯度下降法、动态优化法和自适应学习率优化算法，见表4-4。

表4-4 主要的优化器算法

梯度下降法	动态优化法	自适应学习率优化算法
● 标准梯度下降法(GD) ● 批量梯度下降法(BGD) ● 随机梯度下降法(SGD)	● 动量随机梯度下降法(MSGD) ● 牛顿加速梯度(NAG)算法	● AdaGrad 算法 ● RMSProp 算法 ● AdaDelta 算法 ● Adam 算法

4.7.2 核模型

线性模型是针对线性可分情况进行分析而应用的模型，但在有些情况下线性模型已经不能实现正确的分析和应用了，这时存在一种情况，就是对于某些线性不可分的情况，可以通过使用非线性映射算法，将低维输入空间线性不可分的样本转化为高维特征空间的样本使其线性可分，见图 4-31a，从而使得高维特征空间采用线性算法对样本的非线性特征进行线性分析成为可能。

核函数基于结构风险最小化理论，在特征空间中构建最优超平面，见图 4-31b 中平面，使得学习器得到全局最优化，并且在整个样本空间的期望以某个概率满足一定上界。

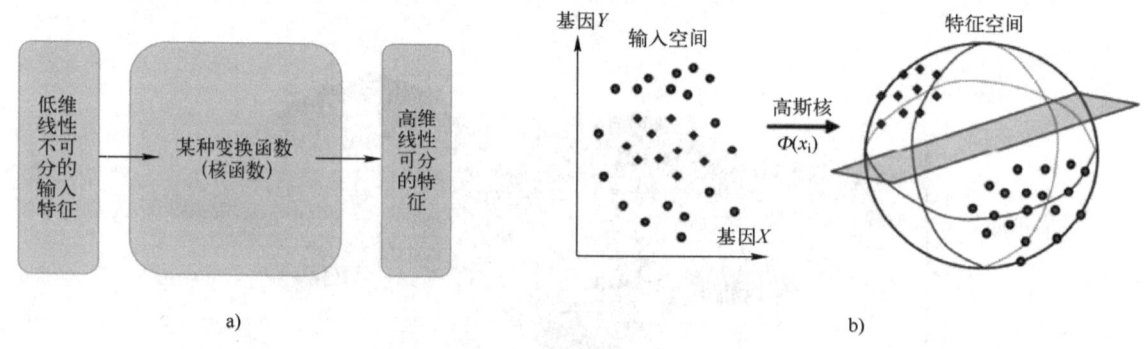

图 4-31 通过高斯核函数进行线性可分

核函数的数学原理是假设 X 是输入空间，H 是特征空间，存在一个映射 Φ 使得 X 中的点 x 能够计算得到 H 空间中的点 h，公式为

$$h = \Phi(x)$$

对于 X 中所有的点都成立，x、z 是 X 空间中的点。函数 $k(x,z)$ 满足条件：$k(x,z)=\Phi(x)\cdot\Phi(z)$，则称 k 为核函数，而 Φ 为映射函数。

核模型的目的是将低维空间线性不可分的样本变成高维空间线性可分的样本，但是比较难理解，我们还是以汽车分类为例来看它是如何实现的。

例如，在汽车分类中存在某些品牌的超长的豪华轿车，见图 4-32a，它的车长为 6.51m，车宽为 2.0m，这些车的车长已经达到中巴车的长度，但实际上是轿车的类别，可见现在只使用汽车的长度和汽车的宽度作为识别汽车类别的特征,已经无法实现正确的分类了,见图 4-32b,为此,我们可以尝试给汽车增加一个特征——汽车的高度,形成三维的特征空间,即(**车长,车宽,车高**)。

通过三维的特征空间,就可以对超长的豪华轿车进行正确的分类,见图 4-32c。

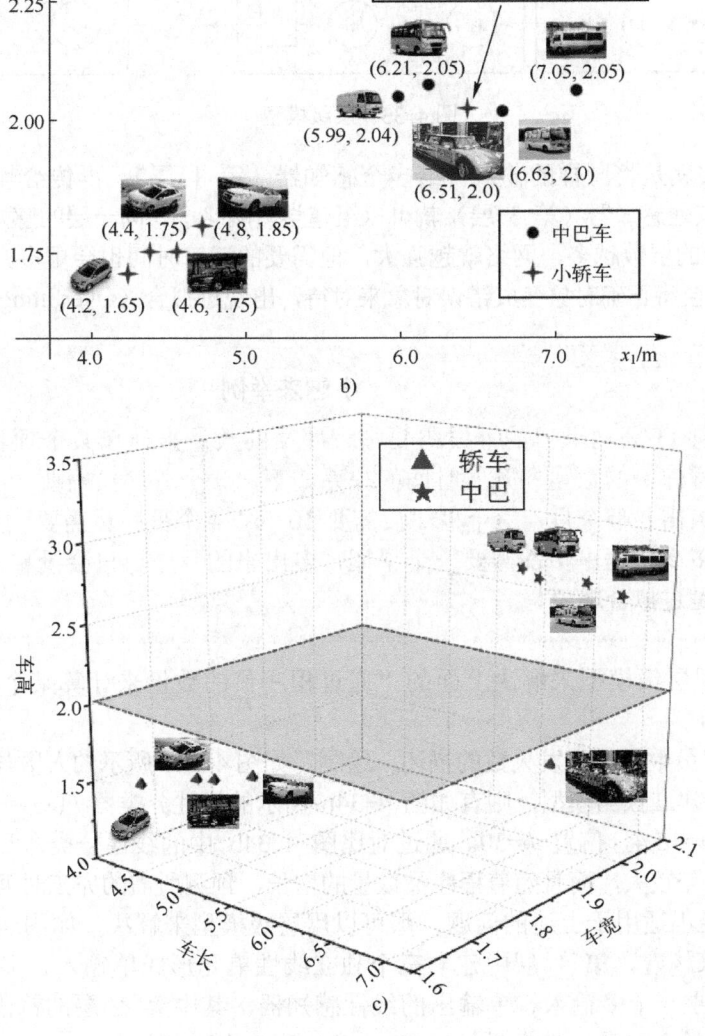

图 4-32 豪华轿车及汽车的分类

在图 4-32c 中区分了轿车和中巴两类别的空间平面，我们就可以理解为通过某种变换将二维输入空间的汽车分类转化到三维特征空间中，从而实现了正确分类，即是通过"某种核函数"的模型实现出来的。

4.7.3 层级模型

实际应用中会出现一些只用线性模型和核模型都没有办法解决的情况，因为按照线性模型或者核模型会出现一些没有意义的状态。为此，通常的方法就是使用多个线性模型或者核模型，这种方法叫作层级模型，见图 4-33 所示 N 层级的模型。

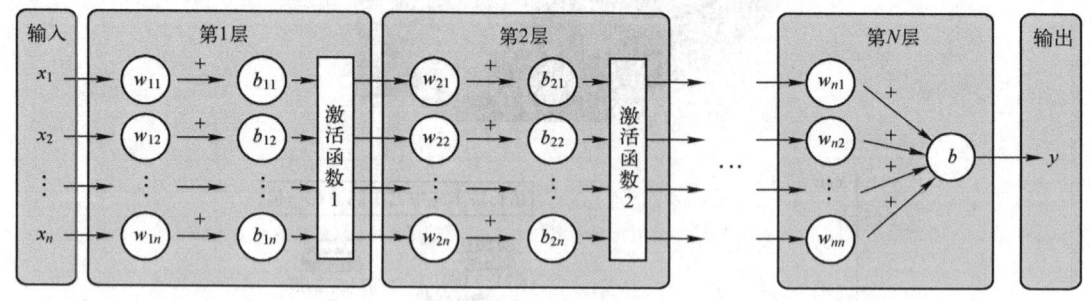

图 4-33 层级模型

层级模型其实就是将同样的输入传给多个感知器（第 1 层），再传给其他感知器（第 2 层），然后再传给其他感知器（第 3 层）就可以组建学习网络了。同一层的感知器里的学习单元个数越多，感知器的层数越多，网络就越强大，但需要的运算时间也会更多，这是因为学习能力太强了，有可能会将正确对象变成错误对象来对待，出现过拟合（Overfitting）现象。

小志来举例

某 IT 公司项目的开发需要按程序员的数量来计算某个项目所需的完工时间，程序员的数量和开发时间的关系如下：一个程序员需要一个月完成，两个程序员需要半个月，三个程序员需要 10 天，4 个程序员需要一个星期，之后无论请多少个程序员都需要一个星期，多出来的程序员只会没事做而浪费人力。这就是过拟合现象。

接着，我们用层级模型来解决上面的"通过程序员的数量来计算某个项目所需的完工时间"的问题。

根据上面程序员数量与开发天数的描述，绘制了如图 4-34a 所示的人数与天数关系图，如果采用线性模型来建立预测模型，则有如图 4-34b 所示的线性分类器 $f(x)=-5.4x+30$，线性模型的权重参数 $w=-5.4$，偏置 $b=30$。通过对比图 4-34b 中的线性分类器和实际数据不难发现，不仅预测的误差较大，而且随着程序员数量的增长，预测所需的完工时间会变为负数。

线性模型已经不适用于上述的问题，那可以用层级模型来解决，如图 4-35 所示。采用了两层线性模型来构建，第 1 层中建立三个独立线性单元形成单输入、多输出的线性感知器，第 2 层中建立一个多输入、单输出的线性感知器，其中第 1 层的输出向量（h_1, h_2, h_3）作为第 2 层的输入向量，把向量（h_1, h_2, h_3）称之为隐藏值。

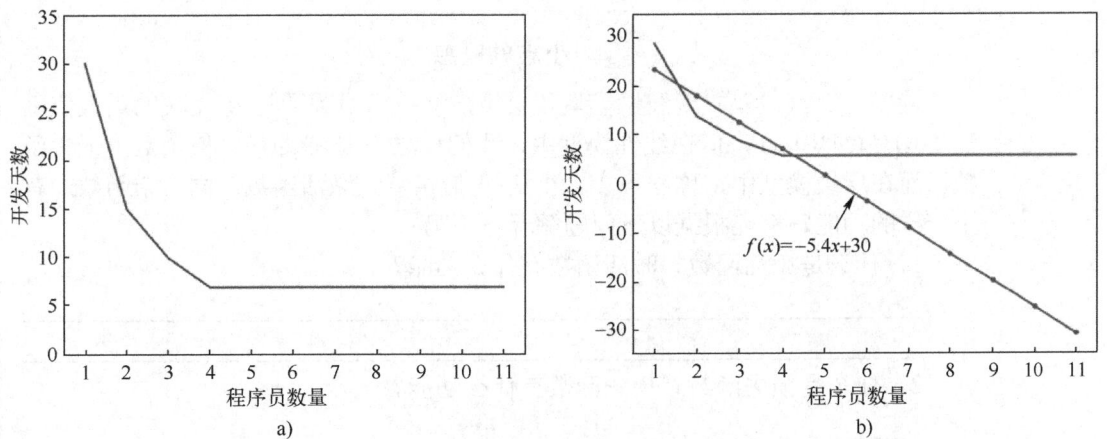

图 4-34 项目开发天数预测

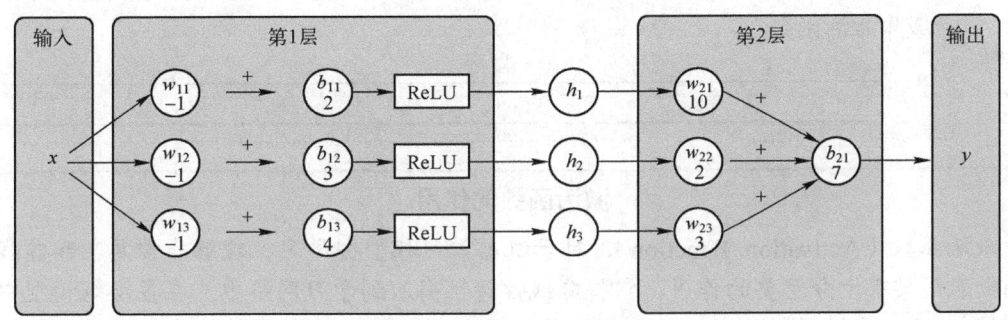

图 4-35 两层模型应用案例

其中，第 1 层的线性感知器表达式为

$$\begin{cases} w_{11}x + b_{11} = h_1 \\ w_{12}x + b_{12} = h_2 \\ w_{13}x + b_{13} = h_3 \end{cases}$$

其中，$w_{11} = w_{12} = w_{13} = -1$，$b_{11} = 2$，$b_{12} = 3$，$b_{13} = 4$。

第 2 层的线性感知器表达式为

$$w_{21}h_1 + w_{22}h_2 + w_{23}h_3 + b_{21} = y$$

其中，$w_{21} = 10$，$w_{22} = 2$，$w_{23} = 3$，$b_{21} = 7$。

另外，在图 4-35 中出现了线性整流（Rectified Linear Unit，ReLU）函数，主要用来过滤感知器输出的错误信息，如随着程序员人数的增加工作天数会出现负数的情况，这个函数也称为激活函数。ReLU 的函数定义为

$$\mathrm{ReLU}(x) = \begin{cases} x & x \geqslant 0 \\ 0 & x < 0 \end{cases}$$

ReLU 函数的目的就是输入值大于等于 0 时返回原值，否则返回 0，ReLU 函数实际上是求与 0 的比较值，用最大值函数表示如下所示。

$$f(x) = \max(0, x)$$

小志的疑惑

同学，您有没有发现线性模型和层级模型中都用到了与 0 比较的最大值函数 $f(x) = \max(0, x)$，但在线性模型中，我们称与 0 比较的最大值函数为损失函数，而在层级模型中，称与 0 比较的最大值函数为激活函数，同一个函数却有不一样的功能？您能根据以下问题解释一下吗？

1. 什么是激活函数？激活函数有什么功能？
   _____
   _____

2. 什么是损失函数？损失函数有什么功能？
   _____
   _____

3. 同样是与 0 比较的最大值函数，为什么既可以成为损失函数，又可以成为激活函数？
   _____
   _____

激活函数的作用

激活函数（Activation Function），对于机器学习模型去学习、理解非常复杂和非线性的函数来说具有十分重要的作用，它将非线性特性引入到学习网络中。在多层级模型中，输入的 inputs 通过加权、求和后，还被作用了一个函数，这个函数就是激活函数。引入激活函数的主要目的是激活函数可以为感知器引入非线性因素，使得机器学习网络可以逼近任何非线性函数，这样机器学习网络就可以应用到众多的非线性模型中。否则，没有激活函数的每层都相当于矩阵相乘，尽管是多层叠加后，实际上还是矩阵相乘，输出都是输入的线性组合，也就是最原始的感知器。

现在我们用 Python 程序来把图 4-35 的功能实现出来，从输出结果可以看到两层模型可以很好地描述程序员人数与工作天数的关系。

整体程序如下。

```python
#定义 ReLU 函数
def relu(x):
    if x > 0:
        return x
    return 0
#主循环
for x in range(1, 11):
    h1 = relu(x * -1 + 2)
    h2 = relu(x * -1 + 3)
    h3 = relu(x * -1 + 4)
    y = h1 * 10 + h2 * 2 + h3 * 3 + 7
    print(x, y)
```

输出打印结果如下。

```
1  30
2  15
3  10
4  7
5  7
6  7
7  7
8  7
9  7
10 7
```

有以下常用的激活函数,见表4-5。

表 4-5 常用的激活函数

函数名	函数表达式	功能
Sigmoid	$\sigma(x)=\dfrac{1}{1+e^{-x}}$	转换为(0,1)内的任意实数
tanh	$\tanh(x)=\dfrac{e^x-e^{-x}}{e^x+e^{-x}}$	转换为(−1,1)内的任意实数
ReLU	$\mathrm{ReLU}(x)=\begin{cases}x & x\geqslant 0\\ 0 & x<0\end{cases}$	过滤负数
LeakyReLU	$\mathrm{LeakyReLU}(x)=\begin{cases}x & x\geqslant 0\\ sx & x<0\end{cases}\quad s=0.01$	减少负数的影响
ELU	$\mathrm{ELU}(x)=\begin{cases}x & x\geqslant 0\\ a(e^x-1) & x<0\end{cases}\quad a=1.0$	减少负数的影响并限制负数可取的最小值

4.8 深度学习

4.8.1 深度学习概述

对许多机器学习问题来说,特征提取不是一件简单的事情。在一些复杂问题上,通过人工的方式提取有效的特征集合需要花费很多的时间和精力,有时甚至需要整个领域数十年的研究投入。例如,假设想从很多照片中识别汽车,现在已知的是汽车有轮子,所以希望在图片中抽取"是否出现了轮子"这个特征。但实际上,要从图片的像素中描述一个轮子的模式是非常难的。虽然车轮的形状很简单,但在实际图片中,车轮上可能会有来自车身的阴影、金属车轴的反光,周围物品也可能会遮挡部分车轮。实际图片中各种不确定的因素让人们很难直接抽取这样的特征。

深度学习解决的核心问题之一就是自动地将简单的特征组合成更为复杂的特征,并使用这些组合特征来解决问题。深度学习是机器学习的一个分支,它除了可以学习特征和任务之间的关联以外,还能自动从简单特征中提取更加复杂的特征。图 4-36 展示了深度学习和传统机器学习在流程上的差异。如图 4-37 所示，深度学习算法可以从数据中学习更加复杂的特征表达，使得权重学习变得更加简单且有效。在图 4-37 中，展示了通过深度学习解决图像分类问题的具体样例。深度学习可以一层一层地将简单特征逐步转化成更加复杂的特征，从而使得不同类别的图像更加可分。比如图 4-37 中展示了深度学习算法可以从图像的像素特征中逐渐组合出线条、边、角、简单形状、复杂形状等更加有效的复杂特征。

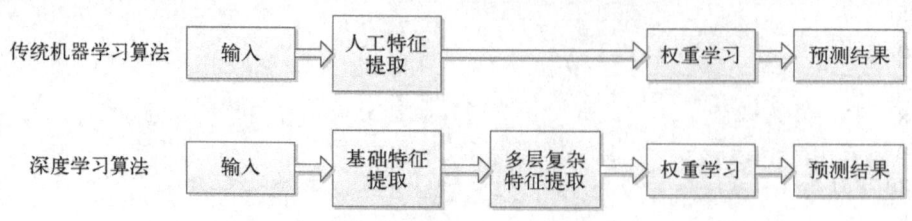

图 4-36　传统机器学习和深度学习流程对比

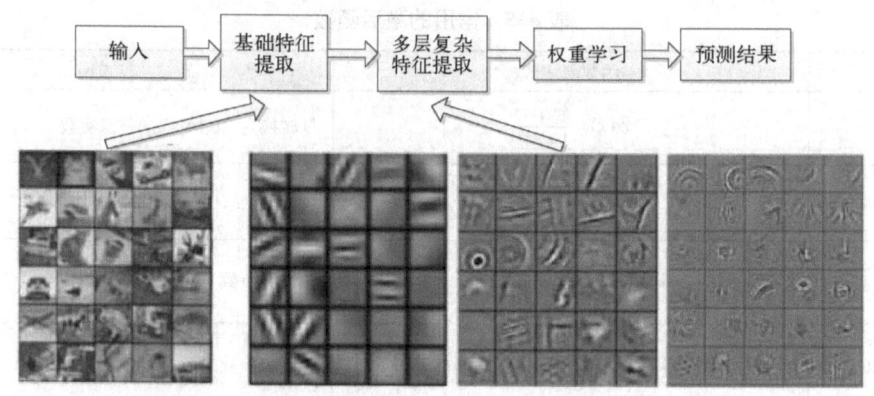

图 4-37　深度学习在图像分类问题上的算法流程样例

深度学习是指在多层神经网络上运用各种机器学习算法解决图像、文本等各种问题的算法集合。深度学习从大类上可以归入神经网络，不过在具体实现上有许多变化。深度学习的核心是特征学习，旨在通过分层网络获取分层次的特征信息，从而解决以往需要人工设计特征的重要难题。深度学习是一个框架，包含的重要算法如下所示。

- 卷积神经网络（Convolutional Neural Network，CNN）。
- 自动编码器（AutoEncoder）。
- 稀疏编码（Sparse Coding）。
- 受限玻尔兹曼机（Restricted Boltzmann Machine，RBM）。
- 深度信息网络（Deep Belief Networks，DBN）。
- 多层反馈循环神经网络（Recurrent Neural Network，RNN）。

对于不同的问题（图像、语音、文本），需要选用不同的网络模型才能达到更好的效果。

此外，最近几年强化学习（Reinforcement Learning）与深度学习的结合也创造出了许多了不起的成果，AlphaGo 就是其中之一。

总的来说，人工智能、机器学习和深度学习是非常相关的几个领域。图 4-38 总结了它们之间的关系。人工智能是一类非常广泛的问题，机器学习是解决这类问题的一个重要手段，深度学习则是机器学习的一个分支。在很多人工智能问题上，深度学习的方法突破了传统机器学习方法的瓶颈,推动了人工智能领域的发展。

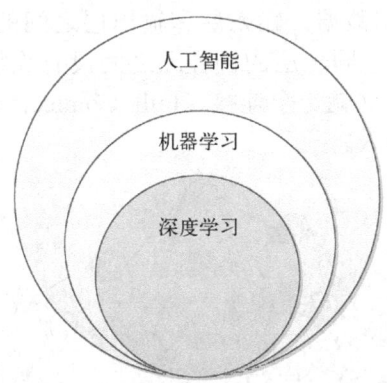

图 4-38　人工智能、机器学习以及深度学习之间的关系图

4.8.2　深度学习的模型——神经网络

简单地说,神经网络就是将多个神经元(感知器)连接起来、组成一个网络,它实际上是基于机器学习的层级模型建立起来的,但是它比机器学习的层级模型更有复杂性和灵活性。

人工神经网络是通过对人脑的基本单元"神经元"的建模和连接,探索模拟人脑神经系统功能的模型,并研制一种具有学习、联想、记忆和模式识别等智能信息处理功能的人工系统,如图 4-39 所示。神经网络的一个重要特性是它能够从环境中学习,并把学习的结果分布式存储于网络的突触连接中。神经网络的学习是一个过程,在其所处环境的激励下,相继给网络输入一些样本模式,并按照一定的规则(学习算法)调整网络各层的权值矩阵,直到网络各层权值都收敛到一定值,学习过程结束。

图 4-39　人工神经网络

根据中间功能层的不同可以分为不同的神经网络,主要有全连接神经网络、卷积神经网络和循环神经网络等。

1. 全连接神经网络(FNN)

全连接神经网络是将神经元按照层来布局,并将所有神经元全面连接起来的一种网络。

如图 4-40 所示，最左边的层叫作输入层，负责接收输入数据；最右边的层叫作输出层，可以从输出层获取神经网络的输出数据，输入层和输出层之间的层叫作隐藏层，因为它们对于外部来说是不可见的。其中，同一层的神经元之间没有连接，第 N 层的每个神经元和第 N-1 层的所有神经元相连，这就是全连接（Full Connected）的含义，第 N-1 层神经元的输出就是第 N 层神经元的输入。

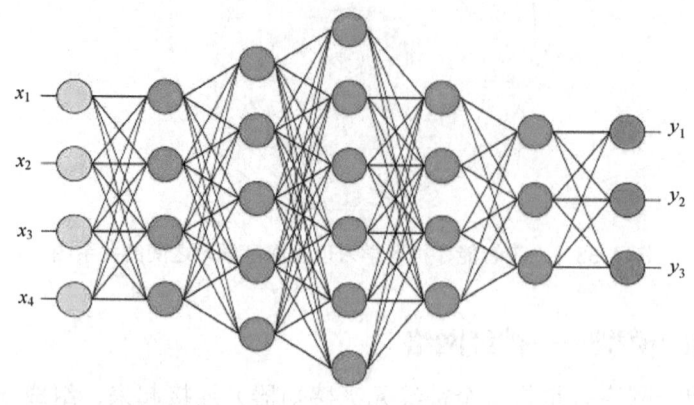

图 4-40　全连接神经网络

2．卷积神经网络（CNN）

卷积神经网络是深度学习网络中应用较广的网络之一，其网络拓扑图见图 4-41。CNN 主要由输入层、卷积层、池化层、全连接层和输出层组成，其中，卷积层和池化层是卷积神经网络的特殊所在。

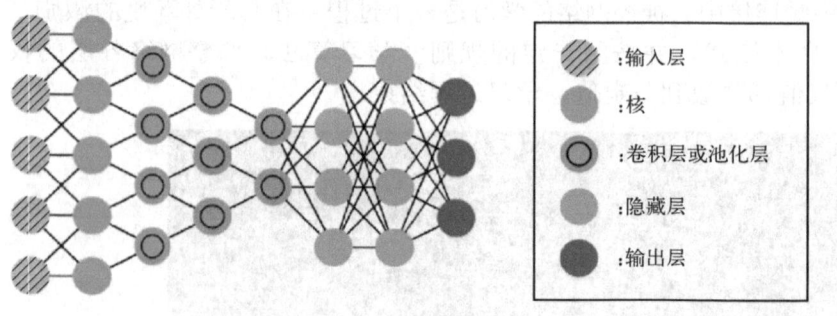

图 4-41　卷积神经网络拓扑图

- ❖ 卷积层：相当于滤镜，将图片进行分块，对每一块进行特征处理，从而提取特征。
- ❖ 池化层：对提取的高维特征进行降维。
- ❖ 全连接层：将空间排列的特征转化成一维的向量。

卷积神经网络（Convolutional Neural Network，CNN）或深度卷积神经网络（Deep Convolutional Neural Network，DCNN）跟其他类型的神经网络大有不同。它们主要用于处理图像数据，但也可用于其他形式数据的处理，如语音数据。

图 4-42 为使用卷积神经网络进行图像识别的实现过程。对卷积神经网络输入一个图像，卷积神经网络会给出一个分类结果，比如说，如果你给它一张猫的图像，它就输出"猫"；如果你给它一张狗的图像，它就输出"狗"。

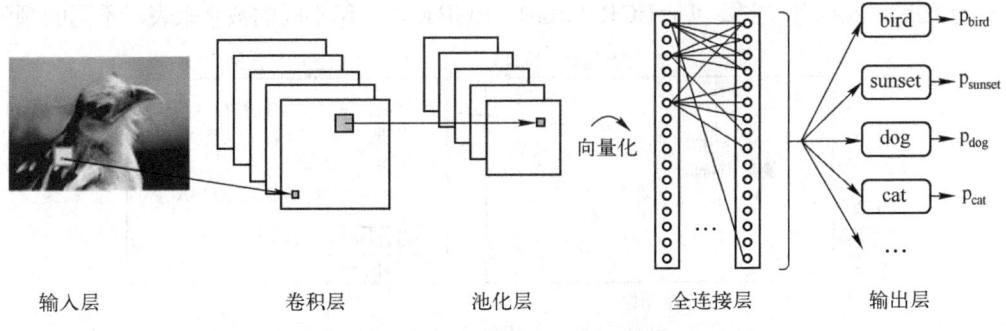

图 4-42 卷积神经网络进行图像识别的实现过程

小志又糊涂了

同学，您有没有发现这个问题？图 4-42 中卷积神经网络实现过程中的全连接与之前学习的层级模型类似，那上述所涉及的卷积层和池化层的组合有什么作用？请思考并查阅资料回答。

_____

_____

（1）矩阵

矩阵（Matrix）是指由数字组成的矩形阵列，并写在方括号中间。在机器学习的模型中，我们用向量来描述事物的特征，而事物是具有多个特征的，将多个特征向量组合在一起便成为向量组，而矩阵可以描述为一个按照长方阵列排列的复数或实数集合，由向量组构成，见图 4-43，它既可以由 N 个维度相同的行向量组成，也可以由 N 个维度相同的列向量组成。

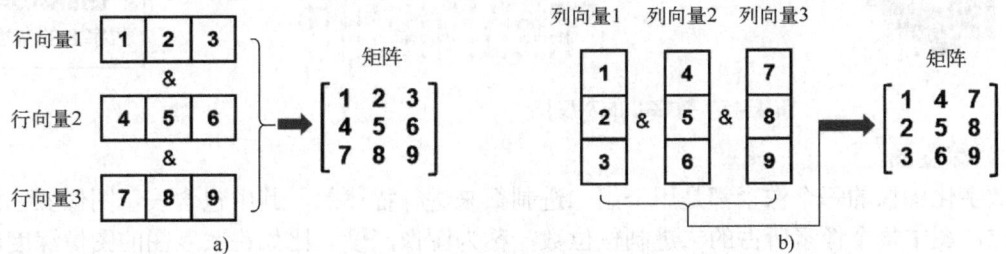

图 4-43 矩阵的组成

a）维度相同的 3 个行向量组成一个矩阵　b）维度相同的 3 个列向量组成一个矩阵

（2）图像

计算机是通过数据矩阵来呈现图片信息的。比如，常说的一张像素大小为 640×480 的图像，在计算机中将会以一个二维矩阵来存储，该二维图像矩阵有 640 行、480 列，把矩阵的行数称为图像的高度，把矩阵的列数称为图像的宽度，矩阵的行数与列数，统称为分辨率（Resolution）。

图像矩阵的行和列形成的交汇点称为图像的像素点（Pixel），如图 4-44 所示，每个像素点的具体值可以为以下三种类型中的一种。

❖ 灰度图：取值范围为 0～255，值的大小表示像素点的亮暗度，值越大，像素点越暗。

❖ 深度图：取值范围为 0～65535。

❖ 彩色图：多通道，主要包括 BGR、RGB、RGBA 等，用不同的数字来表示不同的颜色。

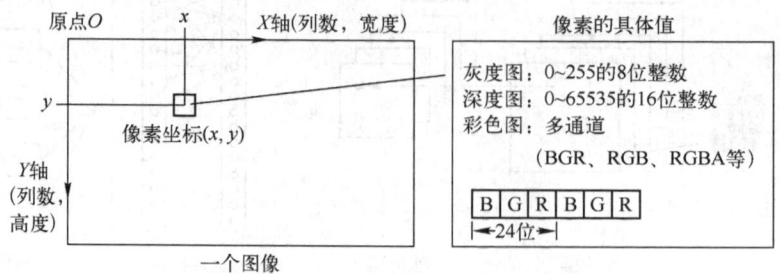

图 4-44　计算机图像表示形式

1）灰度图。

灰度图是计算机中最简单的一种图像，数字 8 的栅格图像和图像的二维矩阵数据如图 4-45 所示。数字 8 的灰度图图像只有明暗的区别，图像的二维矩阵数据都在 0~255 之间，只用一个数字即可表示不同的灰度，0 表示最明亮的白色，255 表示最暗的黑色，介于 0~255 之间的整数则表示不同明暗程序的灰色。另外，从图 4-45 的二维图像矩阵中可以看出，如果给出一个由数字组成的矩阵，将矩阵中的每个数值转换为对应的颜色，并在计算机屏幕上显示出来，也是可以复现出这张图像的。

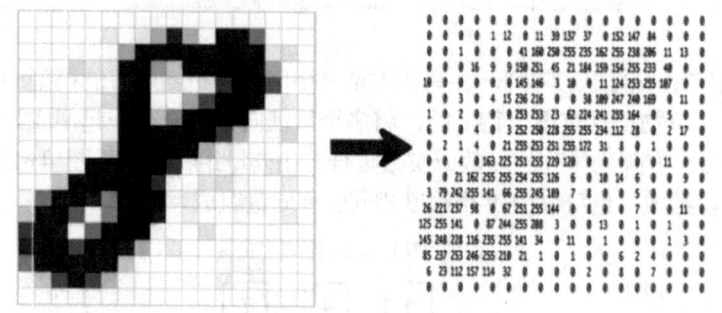

图 4-45　数字 8 的灰度图

2）深度图。

数字化图像的每个像素都是用一组二进制数来进行描述的，其中包含表示图像颜色的二进制位，图中每个像素所占的二进制位位数，称为图像深度。比如说灰度图的图像深度就是 256。深度图与灰度图的区别就是图像深度级数很大，具有很深的图像深度的图像就称之为深度图，通常深度图像的像素深度采用 16 位、24 位或者 32 位的二进制数来表示。从图 4-46 可以看出，深度越深，图像越细腻，深度越浅，图像越粗糙。

图 4-46　不同图像深度的对比

图像深度

通过图像深度可以确定彩色图像的每个像素可能有的颜色数,或者确定灰度图像的每个像素可能有的灰度级数。图像深度决定了彩色图像中可出现的最多颜色数,或灰度图像中的最大灰度等级。对一幅位图,图像深度是一常量,图像深度确定了一幅图像中最多能使用的颜色数。在位图中,若每个像素只有一个颜色位,则该像素或为暗或为亮,即是单色图像(注意,这里并不一定是黑白图像,它只是限制图像只能使用两种色度或颜色)。若每个像素有 4 个颜色位,则位图支持 $2^4=16$ 种颜色;若每个像素有 8 个颜色位,则位图可支持 256 种不同的颜色。

3)彩色图。

彩色图像是常用的图像类型之一,图 4-47 描述了计算机如何表示彩色图像。彩色图像中的颜色主要由红(R)、绿(G)、蓝(B)三种基本颜色叠加后形成。对于每种基本颜色,用介于 0~255 之间的整数来表示这个颜色分量的明暗程度,三个数字中对应某种基本颜色的数字越大,表示该基本颜色的比例越大,例如(255,0,0)表示纯红色,(0,255,0)表示纯绿色,(0,0,255)表示纯蓝色。把图 4-47 中猫的眼睛区域的图像取出来并放大栅格像素,该区域所对应的像素颜色值分别为红(R)、绿(G)、蓝(B)三个颜色的数据表,通过组合这三组颜色的数据矩阵,将矩阵中同一位置的数值叠加转换为对应的颜色,并在计算机屏幕上显示出来,便可以复现出这张图像。

图4-47 计算机中的彩色图像表示

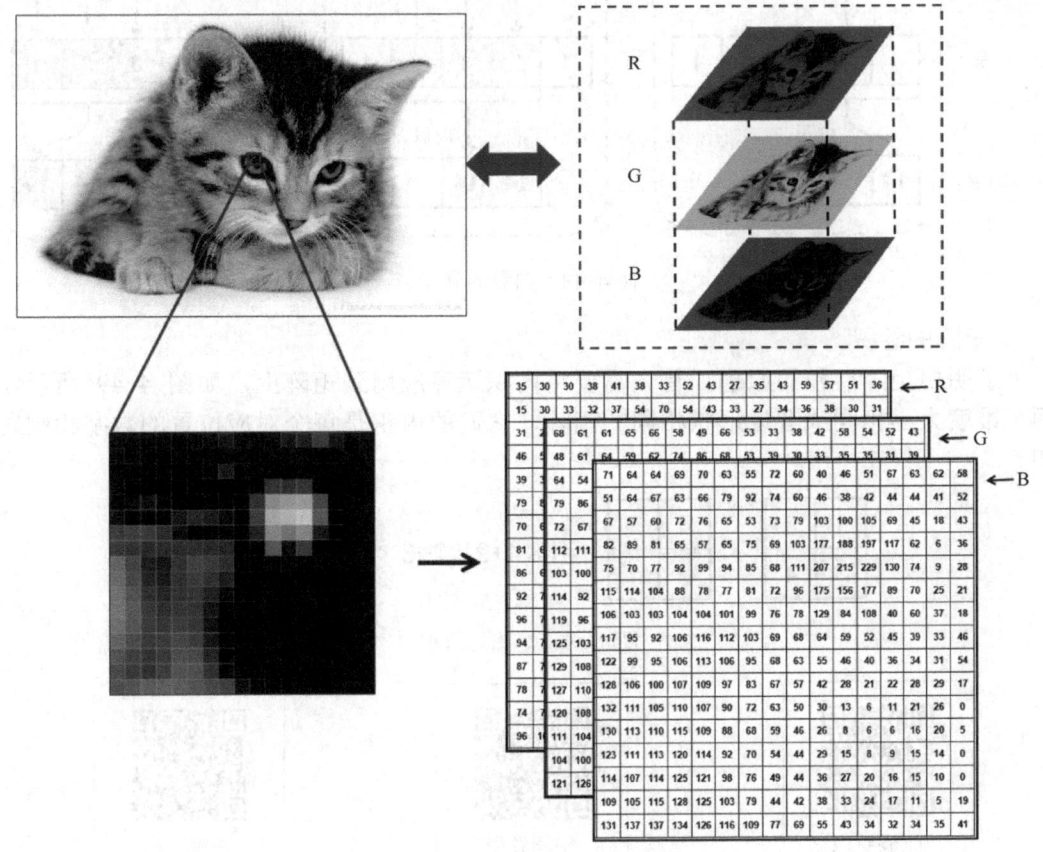

图 4-47 计算机中的彩色图像表示

（3）卷积运算

卷积中的"卷"是卷起来或者卷动的意思，"积"是指"内积"，因此卷积是一种滑动的内积运算。卷积和加减乘除一样，也是一种数学运算，它在各种领域中都有广泛的应用，参与卷积运算的可以是向量、矩阵。

1）向量的卷积。

两个向量卷积的结果仍然是一个向量。它的计算过程如图 4-48 所示。首先将两个向量的第一个元素对齐，并截去长向量中多余的元素，然后计算这两个维数相同的向量的内积，并将算得的结果作为结果向量的第一个元素。接下来，将短向量向下滑动一个元素，从原始的长向量中截去不能与之对应的元素，并计算内积。重复"滑动→截取→计算内积"这个过程，直到短向量的最后一个元素与长向量的最后一个元素对齐为止，最后就可以得到这两个向量卷积的结果。作为一种特殊情形，当两个向量的长度相同时，不需要进行滑动操作，卷积结果是长度为 1 的向量，结果向量中的元素就是两个向量的内积。

趣味理解卷积

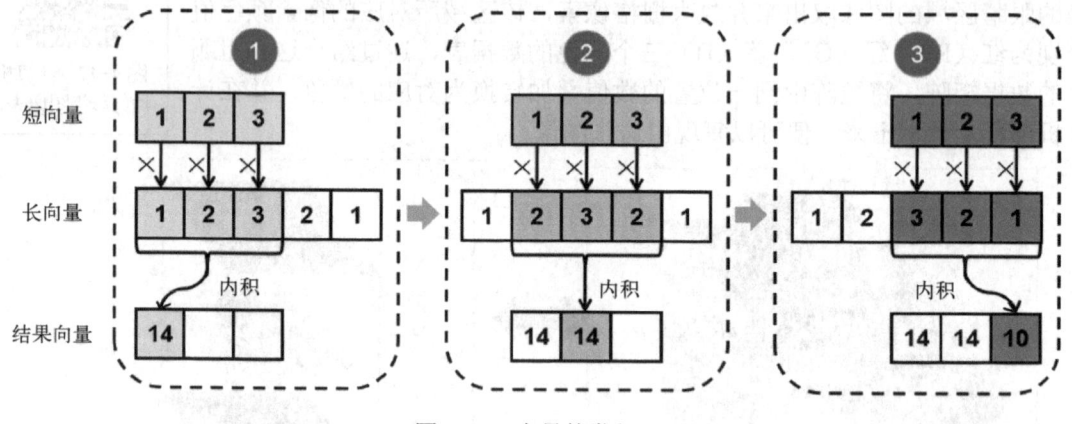

图 4-48　向量的卷积

2）矩阵的卷积。

为了明白矩阵卷积的原理，首先需要将内积运算应用到矩阵上，如图 4-49 所示，对于两个维度大小相同或者说形状相同的矩阵，它们的内积是每个对应位置的数字相乘之后的和。

$$\begin{bmatrix} 1 & 2 \\ 3 & 4 \end{bmatrix} \cdot \begin{bmatrix} 4 & 2 \\ -1 & 1 \end{bmatrix} = 1\times 4 + 2\times 2 + 3\times(-1) + 4\times 1 = 9$$

图 4-49　矩阵的内积

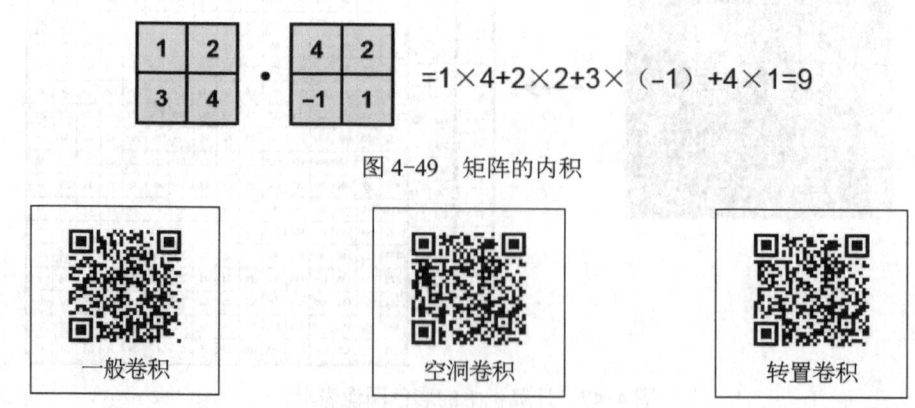

一般卷积　　空洞卷积　　转置卷积

进行向量卷积时，只需要沿着一个方向进行滑动；而进行矩阵的卷积时，见图 4-50，需要沿着横向和纵向两个方向滑动。

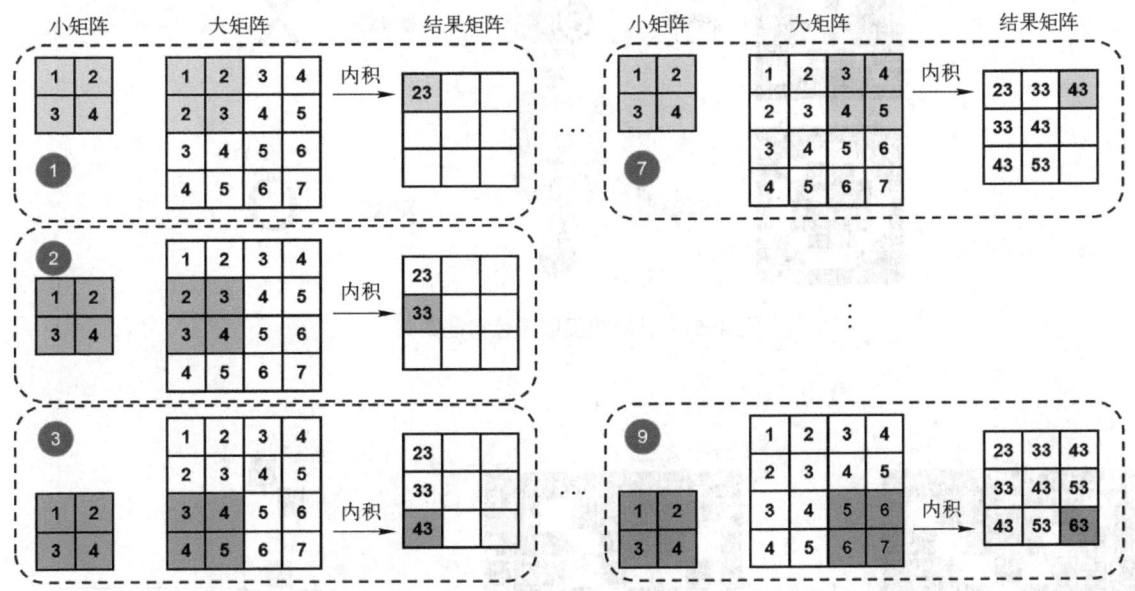

图 4-50　矩阵的卷积

（4）卷积运算提取图像特征

图像以二维平面来承载不同事物的信息，人类可以通过快速地观看图像获得图像里的构成元素，因为我们知道不同事物有着不同的特征。对于计算机而言，图像只不过是以特定方式存储的一串数据，如何让计算机通过一系列计算，从这些数据中提取类似"有没有翅膀"这样的特征，这是一个重要的研究课题。卷积运算为计算机提取图像的特征提供了一种很有用的方法。

矩阵的卷积滑动过程

特征映射

一个图像矩阵经过一个卷积核的卷积操作后，得到了另一个矩阵，这个矩阵叫作特征映射（Feature Map）。每一个卷积核都可以提取特定的特征，不同的卷积核提取不同的特征。举个例子，现在输入一张人脸的图像，使用某一卷积核提取到眼睛的特征，用另一个卷积核提取嘴巴的特征等。而特征映射就是某张图像经过卷积运算得到的特征值矩阵。

下面以识别字母"X"和"O"为例进行说明，见图 4-51。为了能识别字母"X"和"O"这两个类别，可以提取字母"X"的特征，具有字母"X"特征的图像输出结果为 X，而不具有字母"X"特征的图像输出结果为 O。

图 4-52 给出两张不同字母"X"的图像，对比这两张图像可以看出字母"X"具有共同的特性，分别为斜角 1、交叉和斜角 2，这三个共同的特性可以称为字母"X"的图像特征；字母"O"不是完全具有这三个特征的，因为字母"O"不具有"交叉"这一特征，见表 4-6。

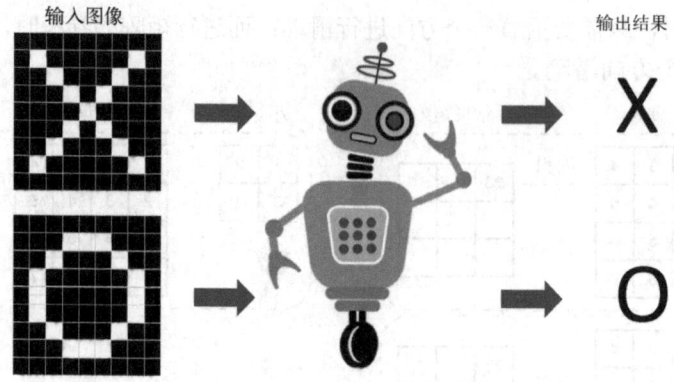

图 4-51 计算机提取图像特征案例

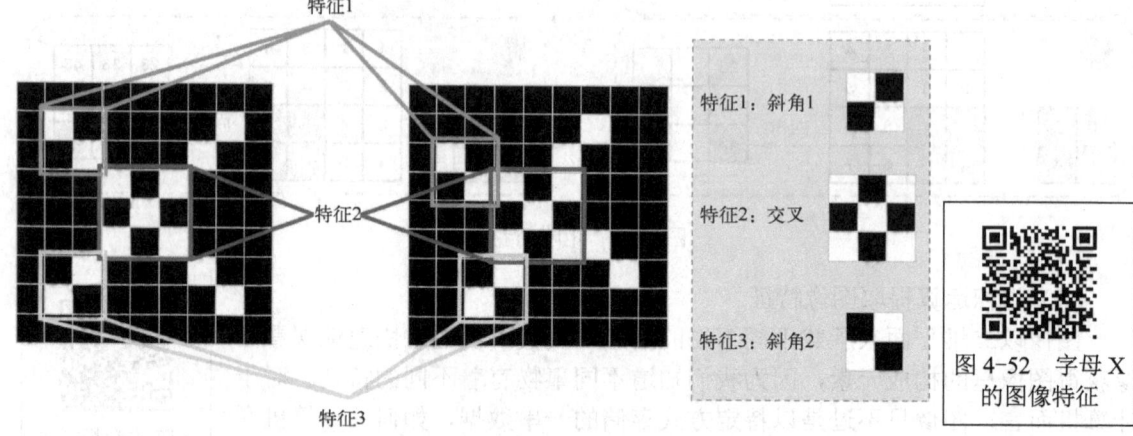

图 4-52 字母 "X" 的图像特征

表 4-6 区分字母 X 和 O 的特征

输入图像	图像特征			输出结果
	斜角 1	交叉	斜角 2	
	有	有	有	字母 X
	有	没有	有	字母 O

小志又糊涂了

同学，人类可以快速找出字母 "X" 和 "O" 的特征，而我作为机器，不知道怎么才能找到图像特征，您能帮帮我吗？请思考并查阅资料回答。

卷积运算是一个小矩阵与一个大矩阵进行滑动内积的运算。我们可以试着把输入图像作为大矩阵，如果存在这样的一个小矩阵，它与输入图像的矩阵运算后可以把"斜角1、交叉、斜角2"的特征都保留下来，并去掉其他信息，然后对特征进行统计不就可以区分字母"X"和"O"了吗？所以构造出以下三个小矩阵，见图4-53，另外，我们定义像素值"1"代表白色，像素值"-1"代表黑色。图4-53a可以匹配到"X"的左上角和右下角，图4-53b可以匹配到中间交叉部位，而图4-53c可以匹配到"X"的右上角和左下角。

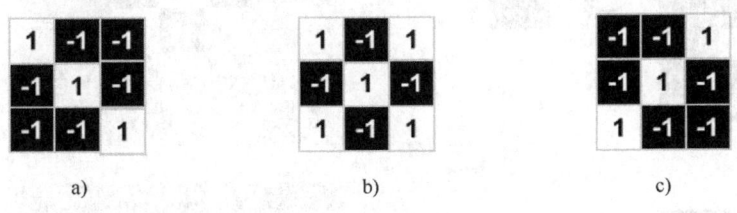

图4-53 特征小矩阵

我们来看图4-53中特征小矩阵的作用。就如卷积运算所介绍的，每一个小矩阵与输入图像矩阵进行滑动运算就可以提取特定位置的特征，最后得到一个完整的特征映射矩阵。如图4-54所示，小矩阵会在原图中每一个可能的位置进行尝试，即使用该卷积核在图像上进行滑动，每滑动一次就进行一次卷积操作，得到一个特征值，每个位置采用了求平均的方法，其目的是让所有特征值回归到-1~1之间。

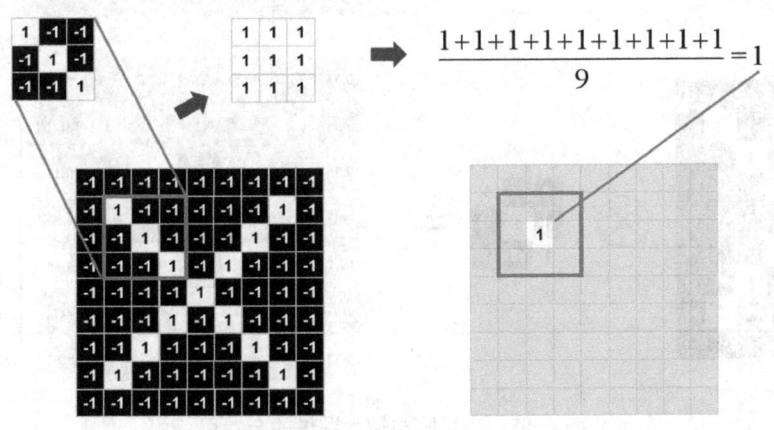

图4-54 图像卷积过程

使用如图4-53所示的三个小矩阵对输入图像进行卷积后，得到的结果如图4-55所示。仔细观察，可以发现特征映射矩阵的值越接近1，表示对应位置和相应小矩阵所代表的特征越接近；越是接近-1，表示对应位置和相应小矩阵所代表的反向特征越匹配；而值接近0，表示对应位置没有任何匹配或者说没有什么关联。这三个小矩阵称为图像特征提取的卷积核，代表着图像的特征。

利用图4-55中特征映射矩阵算法对字母"O"和变形的字母"X"进行运算，对运算结果值为"1"的出现次数进行统计，并对交叉特征是否出现进行判断，即可识别出字母"X"和字母"O"，见表4-7。

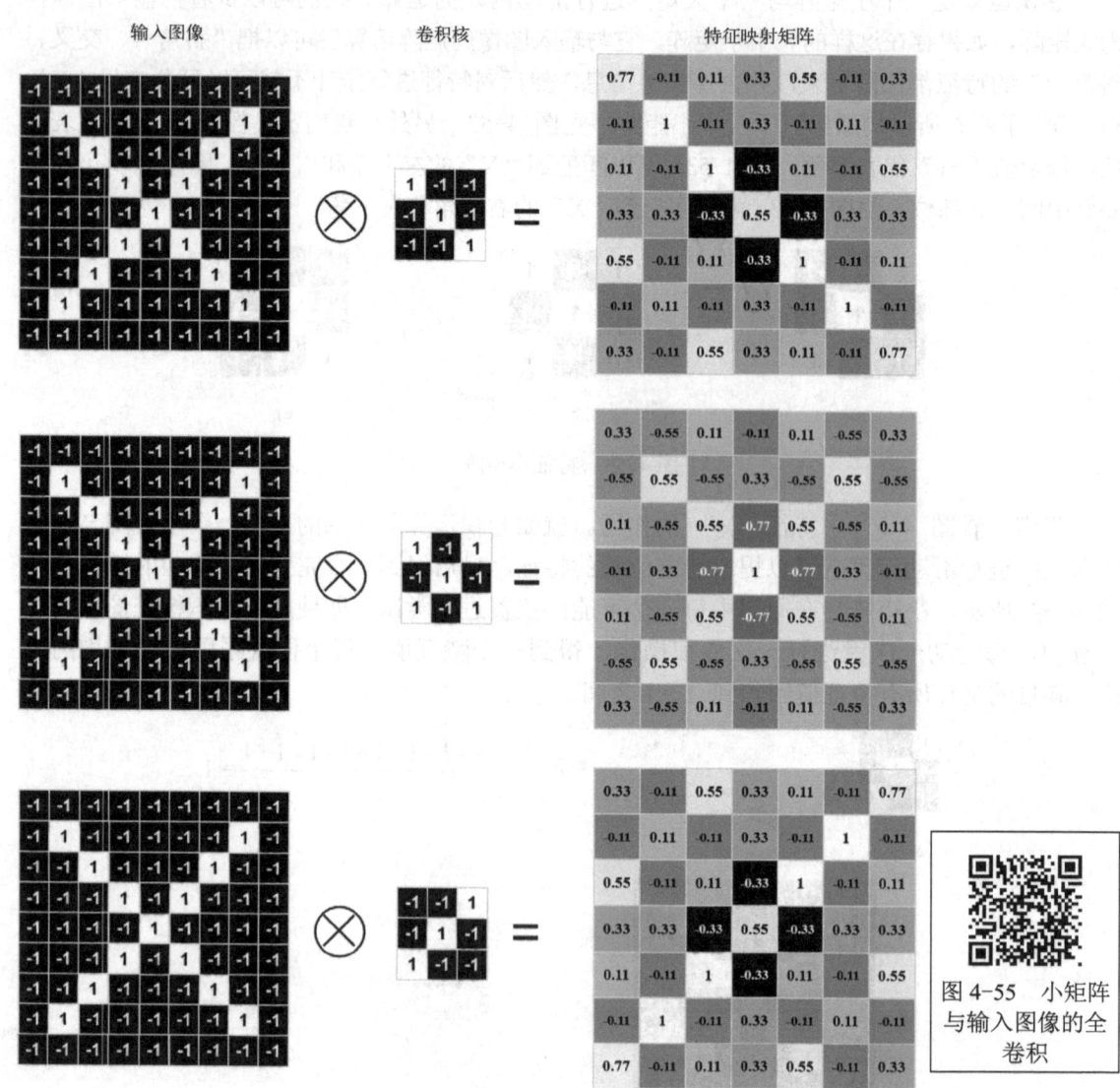

图 4-55 小矩阵与输入图像的全卷积

表 4-7 字母 "X" 和 "O" 的特征统计

输入图像	出现 1 的次数			输出结果
	斜角 1	交叉	斜角 2	
![X]	4	1	4	字母 X
![X]	0	1	0	字母 X
![O]	2	0	2	字母 O

小志请您帮它解决问题

表 4-7 中,变形的字母"X"的图像为 ![x], 经过三个特征提取的卷积核运算后,交叉特征出现次数为 1,而斜角 1 和斜角 2 的特征出现次数为 0。变形的字母"X"与没有变形的字母"X"的特征有着明显的区别。同学们,您能想一想为什么变形的字母"X"还是能通过上面的运算而被识别出来吗?

_____
_____
_____
_____

（5）神经网络的卷积层和池化层

卷积神经网络的卷积层就是运用卷积运算对图像进行特征提取的功能层,卷积层输出结果可以作为特征向量矩阵,应用于神经网络的训练、测试和应用。

在卷积神经网络中,除了卷积层外,池化层（Pooling Layer）也非常重要。池化是一种过滤掉细节的方式,一种常用的池化方式是最大池化,比如用 2×2 的像素,然后取四个像素中值最大的那个传递,见图 4-56。

池化的作用与类型

最大池化及反向传输

图 4-56　最大池化过程

（6）神经网络的全连接

从卷积神经网络可以看出,深度学习与机器学习的主要区别在于,深度学习可以自动提取特征并进行分类应用。卷积层和池化层就是用来自动提取事物的特征,而全连接就是用来进行分类等应用,见图 4-57。

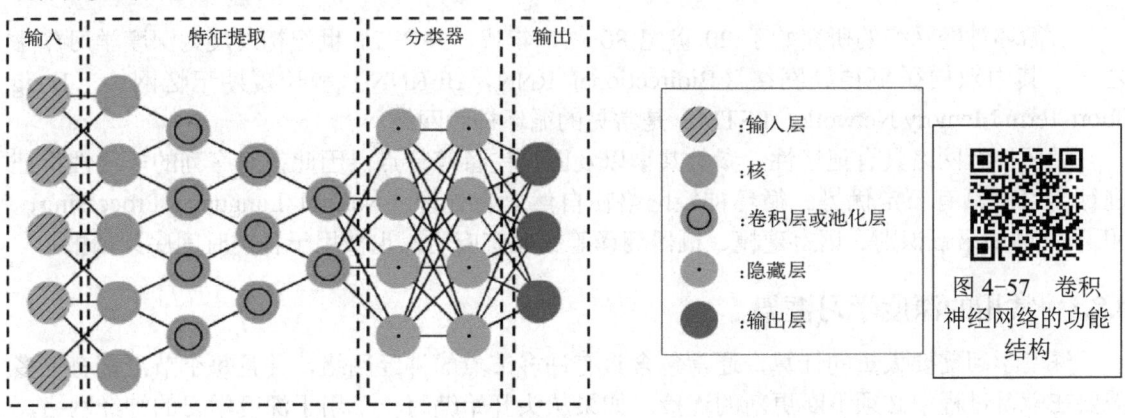

图 4-57　卷积神经网络的功能结构

神经网络的全连接是将卷积层或池化层得到的特征向量进行学习，构建一个庞大的网络，形成输入到输出的分类映射。尽管每一个神经元组合产生的预测是唯一的，但是每一个预测结果都可以由多个神经元组合实现。在如图 4-58 所示的双层神经网络中，虽然输入的是"X"的两幅不同形态的图像，但输出是一样的，并且该神经网络使用的是不同的神经元激活路径。

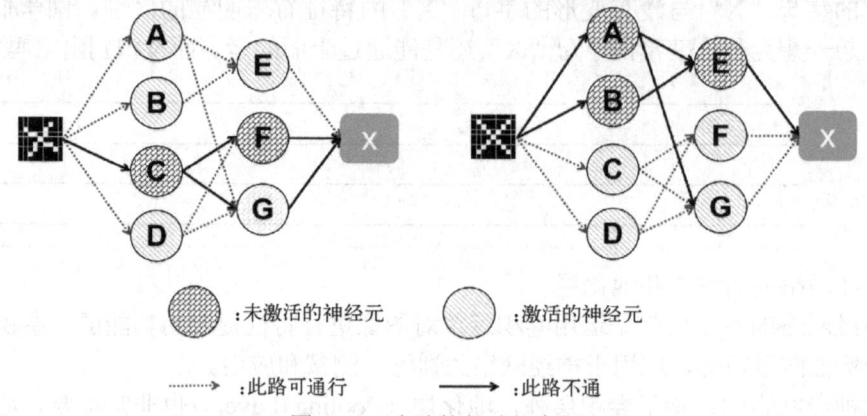

图 4-58　全连接的功能案例

深度学习为什么是数据驱动型的机器学习方法？因为只有数据输入足够多，神经网络学习得足够充分才能保证识别的正确率，一般来说，识别的正确率只有达到95%以上才有意义。

3．循环神经网络（RNN）

循环神经网络（Recurrent Neural Network, RNN）是一类以序列（Sequence）数据为输入，在序列的演进方向进行递归（Recursion），且所有节点（循环单元）按链式连接的递归神经网络，见图 4-59。

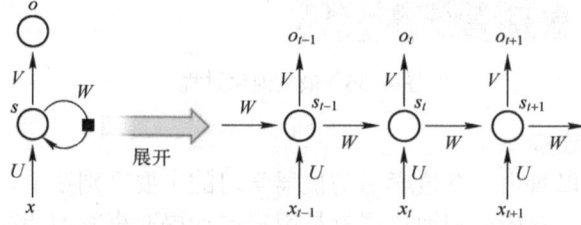

图 4-59　循环神经网络原理图

对循环神经网络的研究始于 20 世纪 80～90 年代，并在 21 世纪初发展为深度学习算法之一，其中双向循环神经网络（Bidirectional RNN，Bi-RNN）和长短期记忆网络（Long Short-Term Memory Network，LSTM）是常见的循环神经网络。

循环神经网络具有记忆性、参数共享以及图灵完备等特点，因此在对序列的非线性特征进行学习时具有一定优势。循环神经网络在自然语言处理（Natural Language Processing，NLP），例如语音识别、语言建模、机器翻译等领域有应用，也被用于各类时间序列预报。

4.8.3　常用的深度学习框架

深度学习需要大量的计算，通常包含具有许多节点的神经网络，并且每个节点都有许多需要在学习过程中必须不断更新的连接。如果从头开始编写一个用于深度学习的神经网络，则需要花费大量的时间和较高的成本才能得到一个有效的模型，而且自己编写的神经网络还不一定会有很好的效果。为此，随着深度学习和人工智能的迅速发展，出现了许多深度学习框架。深度学习框架的创建目标是建立一种标准化、通用型的而且能在 GPU 上高效运行的深度学习系统，从而为使用者提供接口应用，提高深度学习应用开发的效率。

深度学习框架本质上是一种界面、库或工具，如图 4-60 所示。它提供了元算子和深度学习算子，使得我们在无须深入了解底层算法细节的情况下，能够更容易、更快速地构建深度学习模型。深度学习框架利用预先构建和优化好的组件集合来定义模型，为模型的实现提供了一种清晰而简洁的方法。

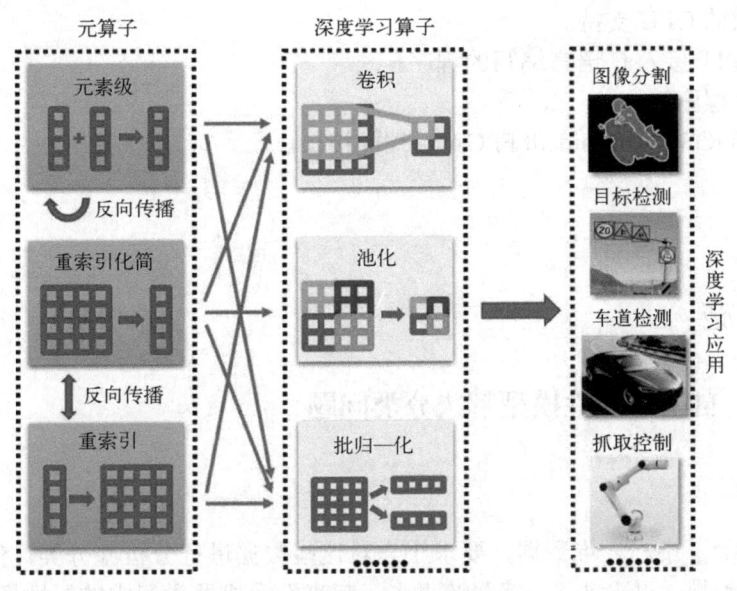

图 4-60　深度学习的框架组成

目前，主流的深度学习框架主要有 TensorFlow、Caffe、PyTorch、Theano 和 Torch 等。

1．TensorFlow

TensorFlow 是一款开源的数学计算软件，使用数据流图（Data Flow Graph）的形式进行计算。TensorFlow 的架构灵活，可以部署在一个或多个 CPU、GPU 的台式以及服务器中，或者使用单一的应用程序接口（API）应用在移动设备中。TensorFlow 最初是由研究人员和 Google Brain 团队针对机器学习和深度神经网络进行研究所开发的，目前开源之后可以在几乎各种领域使用。

TensorFlow 生态系统有以下三个主要组成部分。

❖ 用 C++编写的TensorFlow API包含用于定义模型和使用数据训练模型的 API。它也有一个用户友好的 Python 接口。

❖ TensorBoard是一个可视化工具包，可帮助分析、可视化和调试 TensorFlow 计算图。

❖ TensorFlow Serving是一种灵活的高性能服务系统，用于在生产环境中部署预先训练好的机器学习模型。Serving 也是由 C++编写，并可通过 Python 接口访问，可以随时从旧模式切换到新模式。

2．Theano

Theano是一个用于快速数值计算的 Python 库，它可以在 CPU 或 GPU 上运行。它是蒙特利尔大学蒙特利尔学习算法研究所开发的一个开源项目。它最突出的特性包括 GPU 的透明使用、与 NumPy 的紧密结合、高效的符号区分、速度/稳定性优化以及大量的单元测试。

3. Torch

Torch 是一个有大量机器学习算法支持的科学计算框架,它的真正发展得益于 Facebook 开源了大量 Torch 的深度学习模块和扩展。Torch 的另外一个特殊之处是采用了编程语言 Lua, Lua 语言曾被用来开发视频游戏。

Torch 的优点有:
- ❖ 构建模型简单。
- ❖ 高度模块化。
- ❖ 快速高效的 GPU 支持。
- ❖ 通过 LuaJIT 接入 C 语言编写的程序。
- ❖ 数值优化程序等。
- ❖ 可嵌入到 iOS、Android 和 FPGA 后端的接口。

 情境操作

4.9 任务实施

4.9.1 任务1 自搭建线性模型解决分类问题

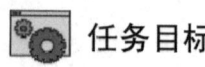 任务目标

小志的主人给了小志一堆数据,要求小志对这些数据进行分析并分类,然后找出规律来对未来数据进行预测,见表 4-8。请跟随小志一起来看看机器学习中的线性模型应用。

表 4-8 小志要处理的数据

序号	x_1	x_2	标签	序号	x_1	x_2	标签
1	1	2	0	4	1	3	1
2	2	1	0	5	2	3	1
3	3	1	0	6	3	2	1

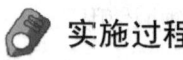 实施过程

1)采用线性模型建立一个二输入的单层感知器/神经元,如图 4-61 所示,数学表达式为

$$f(x_1, x_2) = \begin{cases} 1 & w_1x_1 + w_2x_2 + b > 0 \\ 0 & w_1x_1 + w_2x_2 + b < 0 \end{cases}$$

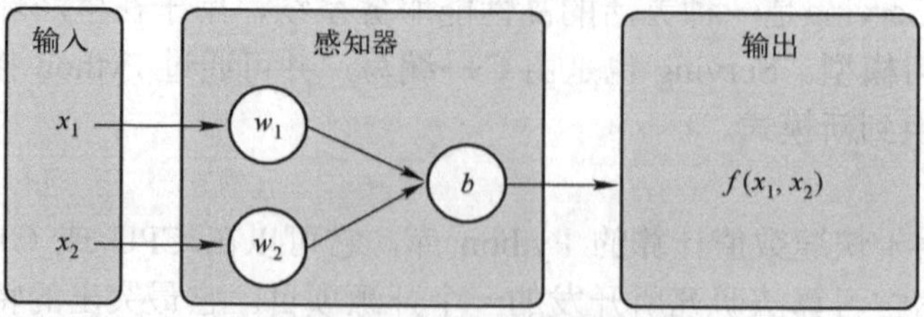

图 4-61 二输入的单层感知器

2）采用 ReLU 函数，即 $y = \max(0, f(x_1, x_2))$ 作为感知器/神经元的激活函数，如图 4-62 所示。

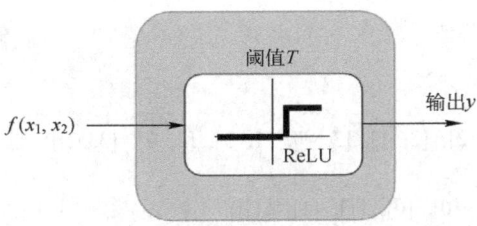

图 4-62　激活函数

3）选择学习率 $\eta = 0.01$，优化器使用以下的更新算法来更新参数 w_1、w_2、b。

$$\begin{cases} w_1 + \eta y x_1 \Rightarrow w_1 \\ w_2 + \eta y x_2 \Rightarrow w_2 \\ b + \eta y \Rightarrow b \end{cases}$$

4）用 Python 语言编写出以上三个环节形成的线性分类器，如下。

```python
import numpy
class Layer:
    # 初始化 dim_out 个神经元构成的单层神经网络，输出为 dim_in 维度
    def __init__(self, dim_in, dim_out):
        # 随机初始化权值矩阵 weight
        self.weight = numpy.matrix(numpy.random.rand(dim_in, dim_out))
        # 初始化神经元的偏置 bias
        self.bias = numpy.zeros(dim_out)

    # 计算神经网络在输入为 x 时的输出
    def compute(self, x):
        sum = x * self.weight + self.bias
        # 采用 ReLU，将小于零的神经元输出置为 0
        lessThanZero = sum < 0
        sum[lessThanZero] = 0
        return sum

    # 根据输入 x 和输出 y 进行一轮学习，学习率为 rate
    def learn(self, x, y, rate):
        x = numpy.matrix(x, copy=False)
        y1 = self.compute(x)
        # 计算激活函数的导数 derivative
        derivative = numpy.ones(y1.shape)
        isZero = y1 == 0
        derivative[isZero] = 0
        # 修正权值和偏置
        delta = numpy.multiply(y - y1, derivative)
```

```
        self.weight = self.weight + numpy.transpose(x) * delta * rate
        self.bias = self.bias + numpy.ones([1, x.shape[0]]) * delta * rate
```

5）对表 4-8 中的数据进行训练学习，程序如下。

```
# 实例化一个线性分类器
a = Layer(2, 1)
# 实例化数据
x = numpy.array([[1, 2], [2, 1], [3, 1], [1, 3], [2, 3], [3, 2]])
# 实例化标签
y = numpy.array([[0], [0], [0], [1], [1], [1]])
# 学习 500 次，每次学习后都会打印出更新后的 weight 和 bias
for i in range(500):
    print(a.compute(x))
    a.learn(x, y, 0.01)
    print(a.weight, a.bias)
```

6）下面的代码把结果更加直观地表示出来，weight 和 bias 对应了一条分割两组数据点的直线，就是图 4-63 的黑色虚线，结果如图 4-63 所示。

```
import matplotlib.pyplot # 导入显示图表功能包
fig, ax = matplotlib.pyplot.subplots() # 实例化图表
ax.plot(x[:3,0], x[:3,1], "b*")  # 显示数据
ax.plot(x[3:,0], x[3:,1], "ro")  # 显示数据
xs = numpy.arange(0, 5)    # 定义线性分类器显示的数据范围
ys = (0.5 - a.bias[0,0] - xs * a.weight[0,0]) /a.weight[1,0] # 计算线性分类器输出数据
ax.plot(xs, ys, "k--") # 显示线性分类器
matplotlib.pyplot.show() # 在屏幕上显示线性分类器
```

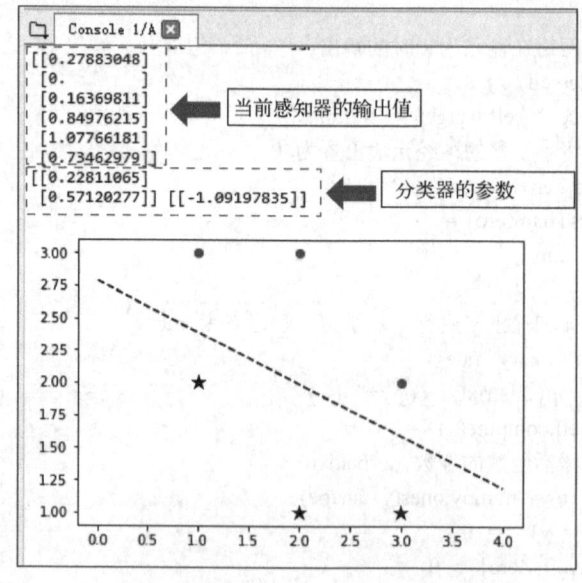

图 4-63 训练后的线性分类器

7）训练后得到感知器的参数为 $w_1 = 0.228$、$w_2 = 0.571$、$b=-1.091$，线性分类器表达式为

$$f(x_1, x_2) = \begin{cases} 1 & 0.228x_1 + 0.571x_2 - 1.091 > 0 \\ 0 & 0.228x_1 + 0.571x_2 - 1.091 < 0 \end{cases}$$

小志知道您的疑问

同学，您可能会觉得小志刚才对 6 个数据进行的工作是多余的，您可能觉得这些数据人类也是能很快处理好的，但想一想如果这些数据是上万条或者说数十万条，您会有怎么样的感觉？把自己的想法写出来。

4.9.2 任务 2 运用 TensorFlow 框架解决分类问题

**任务目标**

经过任务 1，小志编写了一个简单的线性分类器，采用了单层的感知器/神经元的神经网络，但小志发现其实自己在做"造梯子"的工作，事实上还有很多成熟的梯子，只要学会"爬梯子"的本领，一样可以实现人工智能的应用。以任务 1 中的表 4-8 数据为例，请跟随小志一起来看看 TensorFlow 深度学习框架是如何实现应用的。

实施过程

1）采用 TensorFlow 深度学习框架的流程如图 4-64 所示，首先需要创建模型相关参数、输入、损失函数、学习算法及学习率等设置，接着创建 TensorFlow 的会话功能进行训练，最后输出训练结果。

2）基于 TensorFlow 深度学习框架，用 Python 语言编写可以对表 4-8 数据进行分类的线性分类器程序如下。

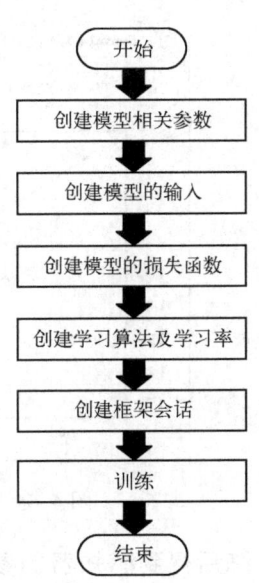

图 4-64 TensorFlow 深度学习框架应用流程

```
# 导入 tensorflow 框架包
```

```
import tensorflow as tf
# 创建 variable 用于表示模型参数
w = tf.Variable([[0.0], [0.0]], dtype=tf.float32)
b = tf.Variable([0.0], dtype=tf.float32)
# 创建 placeholder 用于表示模型的输入
x = tf.placeholder(dtype=tf.float32)
y = tf.placeholder(dtype=tf.float32)
# 将损失函数 loss 定义为误差的平方和
delta = tf.squared_difference(y, tf.matmul(x, w) + b)
loss = tf.reduce_sum(delta)
# 将训练算法定义为学习率 0.01 的梯度下降算法
opt = tf.train.GradientDescentOptimizer(0.01)train = opt.minimize(loss)
# 初始化全局变量
init = tf.global_variables_initializer()
sess = tf.Session()
sess.run(init)
# 训练 1000 轮
for i in range(1000):
    sess.run(train, {x:[[1, 2], [2, 1], [3, 1], [1, 3], [2, 3], [3, 2]], y:[[0], [0], [0], [1], [1], [1]]})
    print(sess.run([w, b]))
```

从上面的程序可以看到，利用 TensorFlow 的框架和提供的变量、算子等快速地建立了深度学习的模型，然后进行训练，相比任务 1 的程序，本程序更简单，更具有可读性。

3）如图 4-65 所示，weight 和 bias 对应了一条分割两组数据点的直线，就是图 4-65 中的黑色虚线。

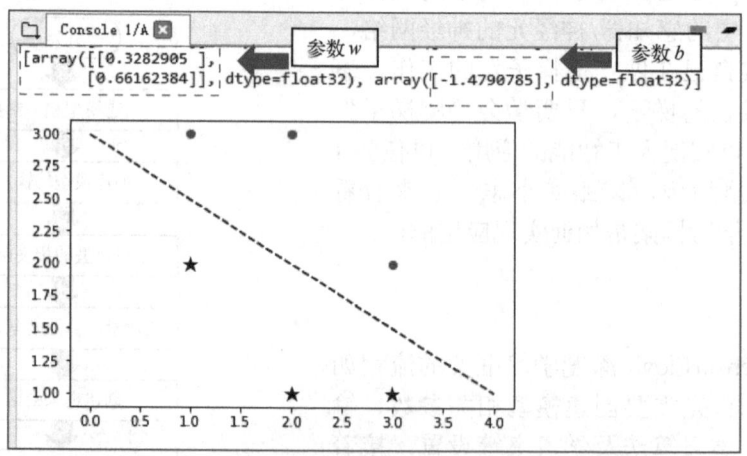

图 4-65 运用 TensorFlow 框架训练后的线性分类器

4）训练后得到感知器的参数为 $w_1 = 0.328$、$w_2 = 0.662$、$b = -1.479$，线性分类器表达式为

$$f(x_1, x_2) = \begin{cases} 1 & 0.328x_1 + 0.662x_2 - 1.479 > 0 \\ 0 & 0.328x_1 + 0.662x_2 - 1.479 < 0 \end{cases}$$

小志来问问您

同学,您有没有发现以下现象:对于同一个数据源表 4-8,经过任务 1 和任务 2 两种方式训练得到的线性分类器是不同的。您能想一想并回答以下问题吗?

① 同一种方式进行训练,即只采用任务 1 或者任务 2 的方式,每次训练的结果会不会是唯一的?这跟什么有关系?

_____

② 以不同方式进行训练时导致结果不一样的原因是什么?

_____

5)案例分析欣赏。

通过对任务 1 "自搭建线性模型解决分类问题"和任务 2 "运用 TensorFlow 框架解决分类问题"进行对比发现,这两个任务都是解决同一数据对象的分类问题,但两者在效率和性能上有着明显的差异,任务 2 具有效率高、程序可读性和维护性好的优点,但对于读者来说,不利于基础性原理知识的理解,任务 1 和任务 2 的对比如表 4-9 所示。

其实任务 1 和任务 2 是解决问题的两种方法,但从效率和成效来说,显而易见,任务 2 的方法更具有优越性,因为任务 2 使用了更好的工具。

表 4-9 任务 1 和任务 2 优缺点比较

任务	主题	实现方式	优点	缺点
1	自搭建线性模型解决分类问题	自编写感知器、损失函数和优化器	利于原理理解	效率低 可读性差 维护性差
2	运用 TensorFlow 框架解决分类问题	借用成熟的人工智能开发框架	效率高 可读性强 维护性好	不利于理解基础原理,如感知器的功能是如何实现的

论方法和工具的重要性

坐飞机和步行的差距很大。坐飞机不仅速度快,成本还低。假设从上海到北京,坐飞机用时 2 小时 15 分,机票按 700 元算。步行的距离为 1463 公里,按每小时 5km、一天走 15 个小时计算,大概需要 19.5 天。通过简单计算可知,步行的代价比坐飞机高太多了。首先是时间成本,对于日赚 200 元和日赚 2 万元的人来说,这个时间成本差距就更大了。其次是花费成本,别认为步行就不用花钱,单就住宿按每天 100 元算,就得花 1900 元了。怎么算都是坐飞机划算,成功人士赢就赢在效率上。

自动包子机的效率是人工的 8 倍。假设一家店需要雇 3 个工人包包子,每个人工资一天 100 元,换成价值 1.5 万元的自动包子机后,只要雇一个人,那么机器成本只要 2 个半月就能出来,之后都是省下的。在忙时也根本不用操心包子包不过来,自动包子机完全可以胜任。但很多人就是狠不下心来,不愿购买自动包子机,宁愿每个月付人工资。

生活中有太多例子,数不胜数。解放双手,让机器自动去干活,这不但提高了效率,还能有更多的时间去思考继续优化机器。

> 正确的做法是，停下脚步，去思考是否有其他的捷径。还有一种可能是，你努力的方向本来就是错的，如果你不及时跳出来，可能换来的是徒劳无功，也有可能是错上加错。
> 　　为什么人家上班一个小时顶你两个小时，因为人家懂得用合适的工具和正确的方法办事。一个邋遢的人的办公桌可能是凌乱不堪的，找个马上要用的东西都要花费一些时间；懂得时时整理的人就不同，像打羽毛球一样，每打一回合，不论什么情况，选手都得回到中心位置，对于经常使用的物品可以放在固定的位置，以方便随时取用。

4.9.3　任务 3　运用层次模型解决招聘程序员薪资预测问题

任务目标

小志的主人接到这样的任务：某大型 IT 公司长年需要招聘各类程序员，包括 Java、.NET、CSS、JS 等，但招聘效果并不是很好，程序员工资待遇和项目产出经常不匹配，没有一个很好的衡量标准。招聘时工资过低，优秀的程序员不前来应聘；工资过高时，又会有部分水平过低的程序员滥竽充数。为此，该公司收集了 50000 条有关程序员自身条件和工资的数据，如表 4-10 所示，现需要机器人小志对数据进行分析得到规律，并用来预测招聘人员时面议的工资薪酬。

表 4-10　程序员自身条件和工资统计表

序号	年龄	性别	工作年限	Java	.NET	JS	CSS	HTML	工资
1	29	0	0	1	2	2	1	4	12500
2	22	0	2	2	3	1	2	5	15500
3	24	0	4	1	2	1	1	2	16000
4	23	1	2	2	3	1	1	0	10500
⋮	⋮	⋮	⋮	⋮	⋮	⋮	⋮	⋮	⋮

注：1. 性别 (0: 男性, 1: 女性)
　　2. 工作年限（仅限互联网行业）
　　3. Java 编码熟练程度 (0~5)
　　4. .NET 编码熟练程度 (0~5)
　　5. JS 编码熟练程度 (0~5)
　　6. CSS 编码熟练程度 (0~5)
　　7. HTML 编码熟练程度 (0~5)

实施过程

1）任务分析。

本任务研究的是在招聘程序员自身多个因素影响下的工资待遇问题，这是一个多输入、单输出的回归类监督学习训练问题，需要用到线性回归算法。

线性回归是回归问题中的一种，线性回归假设目标值与特征之间线性相关，即满足一个多元一次方程。通过构建损失函数，来求解损失函数最小时的参数 w 和 b。通常，我们可以表达成如下公式：

$$\hat{y} = wx + b$$

其中，$\hat{y}$ 为预测值，自变量 x 和因变量 y 是已知的，而我们想实现的是新增一个 x，预测其所对应的 y 是多少。因此，为了构建这个函数关系，需要通过已知数据点，求解线性模型中的 w 和 b 两个参数。

2）确定模型类型。

本问题涉及 8 个输入和 1 个输出（工资），因输入因素较多，需要用到多层模型来充分学习数据之间的规律，规划用三层模型的神经网络，见图 4-66。

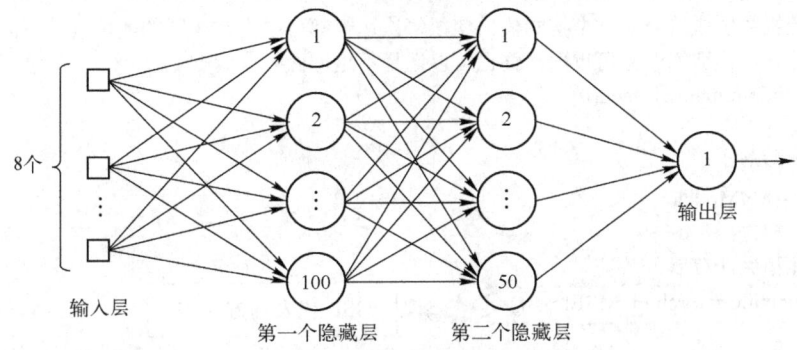

图 4-66 三层模型的神经网络

三层模型的神经网络规划如下。
- 第一层接收 8 个输入，返回 100 个隐藏值。
- 第二层接收 100 个隐藏值，返回 50 个隐藏值。
- 第三层接收 50 个隐藏值，返回 1 个输出。

3）确定损失函数。

针对任何模型求解问题，最终都是可以得到一组预测值 $\hat{y}$，对比已有的真实值 y，数据行数为 n，可以将损失函数定义为

$$L = \frac{1}{n}\sum_{i=1}^{n}(\hat{y}_i - y_i)^2$$

即预测值与真实值之间距离的平方和的均值，统计中一般称其为均方误差（Mean Squared Error，MSE）。

4）确定优化器。

任务是求解最小化损失函数 L 中的 w 和 b 的值，优化器采用随机梯度下降法（SGD），当然线性回归问题的另外一种常用算法就是最小二乘法。

5）利用另外一款深度学习框架 PyTorch，编写程序，如下。

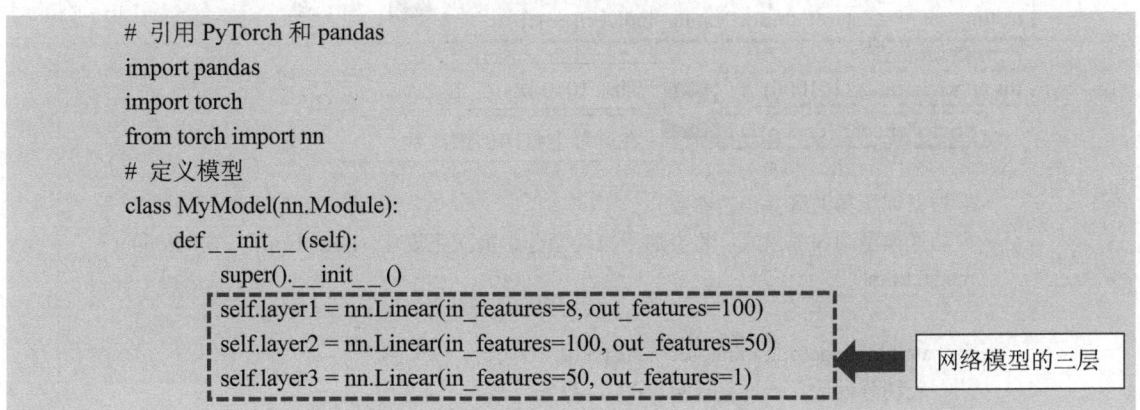

```python
    def forward(self, x):
        hidden1 = nn.functional.relu(self.layer1(x))
        hidden2 = nn.functional.relu(self.layer2(hidden1))
        y = self.layer3(hidden2)
        return y
```
⬅ 网络层间的连接

```python
# 给随机数生成器分配一个初始值,使得每次运行都可以生成相同的随机数
# 这是为了让训练过程可重现,你也可以选择不这样做
torch.random.manual_seed(0)

# 创建模型实例
model = MyModel()

# 创建损失计算器
loss_function = torch.nn.MSELoss()
```
⬅ MSE 代表均方误差

```python
# 创建参数调整器
optimizer = torch.optim.SGD(model.parameters(), lr=0.0000001)
```
⬅ ① SGD 代表随机梯度下降法
② lr 为学习率

```python
# 从 csv 读取原始数据集
df = pandas.read_csv('salary.csv')
```
⬅ salary.csv 为存储程序员工资的文件

```python
dataset_tensor = torch.tensor(df.values, dtype=torch.float)
```
⬅ 将数据转为 PyTorch 张量

```python
# 切分训练集 (60%)、验证集 (20%) 和测试集 (20%)
random_indices = torch.randperm(dataset_tensor.shape[0])
traning_indices = random_indices[:int(len(random_indices)*0.6)]
```
⬅ [:n*0.6]中:前为空,表示从头开始;[:n*0.6]中:后为 0.6 的范围值,占 60%

```python
validating_indices = random_indices[int(len(random_indices)*0.6):int(len(random_indices)*0.8):]
testing_indices = random_indices[int(len(random_indices)*0.8):]
traning_set_x = dataset_tensor[traning_indices][:,:-1]
traning_set_y = dataset_tensor[traning_indices][:,-1:]
```
⬅ 训练集

```python
validating_set_x = dataset_tensor[validating_indices][:,:-1]
validating_set_y = dataset_tensor[validating_indices][:,-1:]
```
⬅ 验证集

```python
testing_set_x = dataset_tensor[testing_indices][:,:-1]
testing_set_y = dataset_tensor[testing_indices][:,-1:]
```
⬅ 测试集

```python
# 开始训练过程
for epoch in range(1, 1000):
```
⬅ 训练 1000 次

```python
    print(f"epoch: {epoch}")
```
⬅ 在屏幕上打印训练次数

```python
    # 根据训练集训练并修改参数
    # 切换模型到训练模式,将会启用自动微分、批次正规化 (BatchNorm) 与 Dropout
    model.train()

    for batch in range(0, traning_set_x.shape[0], 100):
        # 切分批次,一次只计算 100 组数据
```

```
        batch_x = traning_set_x[batch:batch+100]
        batch_y = traning_set_y[batch:batch+100]
        # 计算预测值
        predicted = model(batch_x)
        # 计算损失
        loss = loss_function(predicted, batch_y)
        # 从损失自动微分求导函数值
        loss.backward()
        # 使用参数调整器调整参数
        optimizer.step()
        # 清空导函数值
        optimizer.zero_grad()

    # 检查验证集
    # 切换模型到验证模式，将会禁用自动微分、批次正规化 (BatchNorm) 与 Dropout
    model.eval()
    predicted = model(validating_set_x)
    validating_accuracy = 1 - ((validating_set_y - predicted).abs() / validating_set_y).mean()
    print(f"validating x: {validating_set_x}, y: {validating_set_y}, predicted: {predicted}")
    print(f"validating accuracy: {validating_accuracy}")

# 检查测试集
predicted = model(testing_set_x)
testing_accuracy = 1 - ((testing_set_y - predicted).abs() / testing_set_y).mean()
print(f"testing x: {testing_set_x}, y: {testing_set_y}, predicted: {predicted}")
print(f"testing accuracy: {testing_accuracy}")
```

屏幕上输出验证结果

屏幕上输出测试结果

6）训练结果如图 4-67 所示。

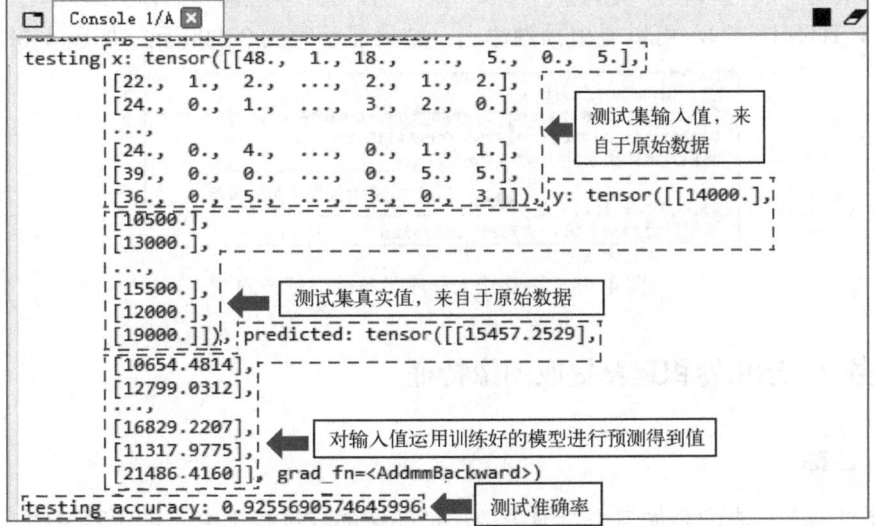

图 4-67　训练输出结果

根据图 4-67 的测试输出结果，可以得到表 4-11 的汇总结果。

表 4-11 训练后测试结果汇总

输入								真实工资	预测工资
年龄	性别	工作年限	Java	.NET	JS	CSS	HTML		
48	1	18	5	2	5	0	5	14000	15457.25
22	1	2	1	5	2	1	2	10500	10654.48
24	0	1	1	0	3	2	0	13000	12799.03
⋮	⋮	⋮	⋮	⋮	⋮	⋮	⋮	⋮	⋮
24	0	4	0	1	0	1	1	15500	16829.22
39	0	0	1	1	0	5	5	12000	11317.98
36	0	5	5	1	3	0	3	19000	21486.42

从表 4-11 就可以看到，预测值与真实值之间还是有一定的差值，由图 4-67 可知，测试的准确率为 0.926，为了提高准确率，可以尝试采用不同的损失函数和优化器算法来实现。

7) 添加应用程序，根据不同的程序员条件预测招聘工资，如下所示。

```
# 手动输入数据预测输出
while True:
    try:
        print("请输入程序员条件（以 "，" 分隔）:")
        r = list(map(float, input().split(",")))
        x = torch.tensor(r).view(1, len(r))
        print("该程序员预测工资： ",model(x)[0,0].item())
    except Exception as e:
        print("error:", e)
```

最后，我们手动输入程序员的条件（35 岁，男，10 年经验，Java：5，.NET：2，JS：1，CSS：1，HTML：2），可以得出预测输出，结果显示大约 27000 元，如图 4-68 所示。

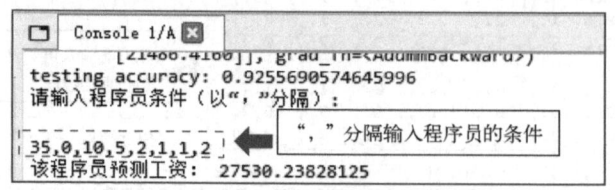

图 4-68 手动输入程序员条件进行预测

4.9.4 任务 4 运用卷积运算提取图像特征

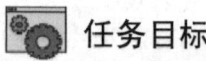 任务目标

现需要机器人小志学会如何去看懂图像，把图像的特征找出来，具体要求如下。

1) 把原始图像（见图 4-69a）的边缘特征提取出来，如图 4-69b 所示；

2）把原始图像（见图 4-69a）的边缘浮雕特征提取出来，如图 4-69c 所示。

a)
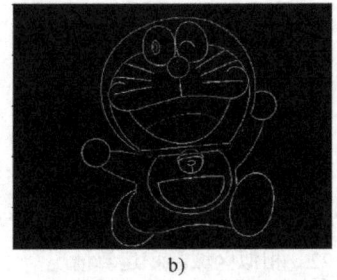
b)

c)

图 4-69 哆啦 A 梦的图像

 实施过程

1）图像轮廓特征的作用。

轮廓是图像目标的外部特征，这种特征对于图像分析、目标识别和理解等更深层次的处理都有很重要的意义。例如，需要处理图 4-70a 的老鼠图像尾部曲线时，假设该方框区域的图像矩阵如图 4-70b 所示，我们可以通过卷积运算得到老鼠图像尾部曲线的特征，其过程如下。

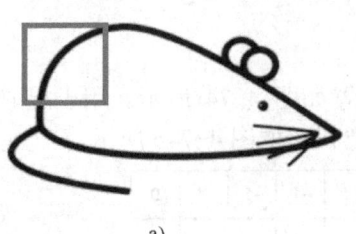

图 4-70 老鼠图像的轮廓

① 设置特征提取卷积核。

卷积核是卷积运算提取特征的关键，因为卷积核是需要识别特征的过滤器；为了识别图 4-70a 中老鼠图像的尾部曲线，也就是待提取的特征，将卷积核设为如图 4-71 所示的图像矩阵，可见卷积核实际上与老鼠图像的尾部曲线十分相似。

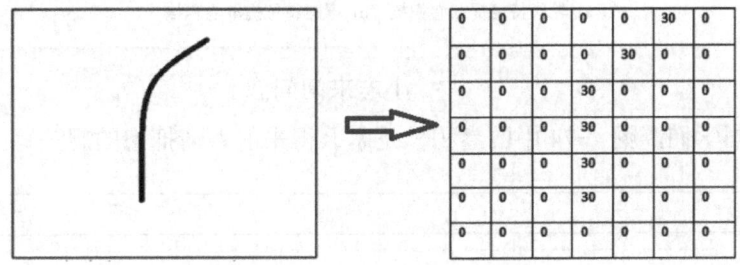

图 4-71 特征提取的卷积核

② 卷积核与图像进行卷积运算。

将卷积核直接作用于图片进行卷积运算，如图 4-72 所示，可以发现对于能识别的特征，计算出来的值非常大。

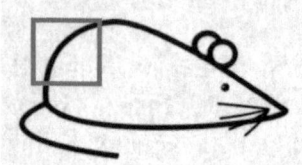 *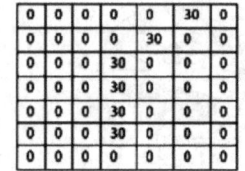

卷积结果：(50*30) + (50*30) +(50*30) +(20*30) +(50*30) =6600

图 4-72　相似区域卷积运算情况

对于不能识别的特征，计算的值非常小，如图 4-73 所示。

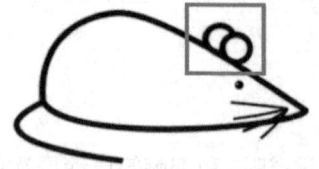 *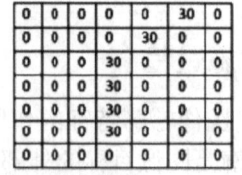

曲线的卷积核与其卷积后得到的值为0

图 4-73　不相似区域卷积运算情况

因此，提取图片特征的关键是设计合理的卷积核，对于分辨率大的图像做完卷积后，经过池化，就可以得到用于识别的较小的数据。

2）设置本任务的特征提取卷积核。

为了识别图 4-69a 的图像特征，卷积核的设置如图 4-74 所示。用于提取图像轮廓特征的卷积核如图 4-74a 所示，用于提取浮雕特征的卷积核如图 4-74b 所示。

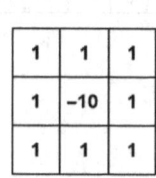　　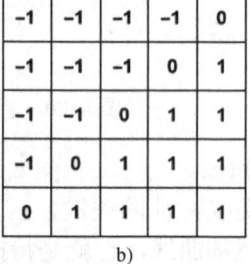

a)　　　　　　　　　　b)

图 4-74　特征提取卷积核

a) 轮廓特征提取卷积核　b) 浮雕特征提取卷积核

小志来问问您

 同学们，图 4-74 中的卷积核是怎么得来的？请把您的想法写出来。

3）用 Python 语言编写实现特征提取的程序如下。

```
import numpy as np
import cv2
```
← 导入图像处理功能包

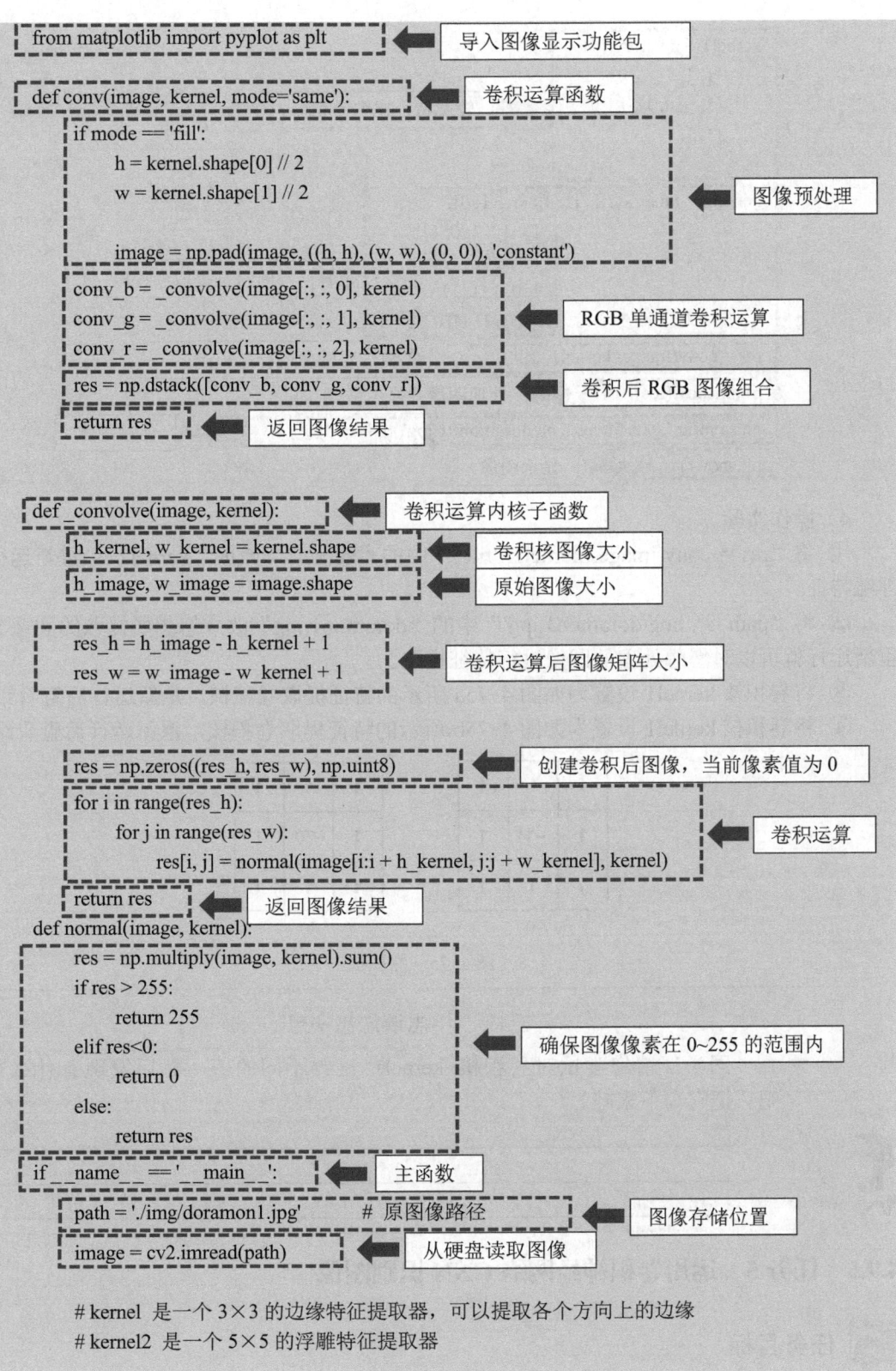

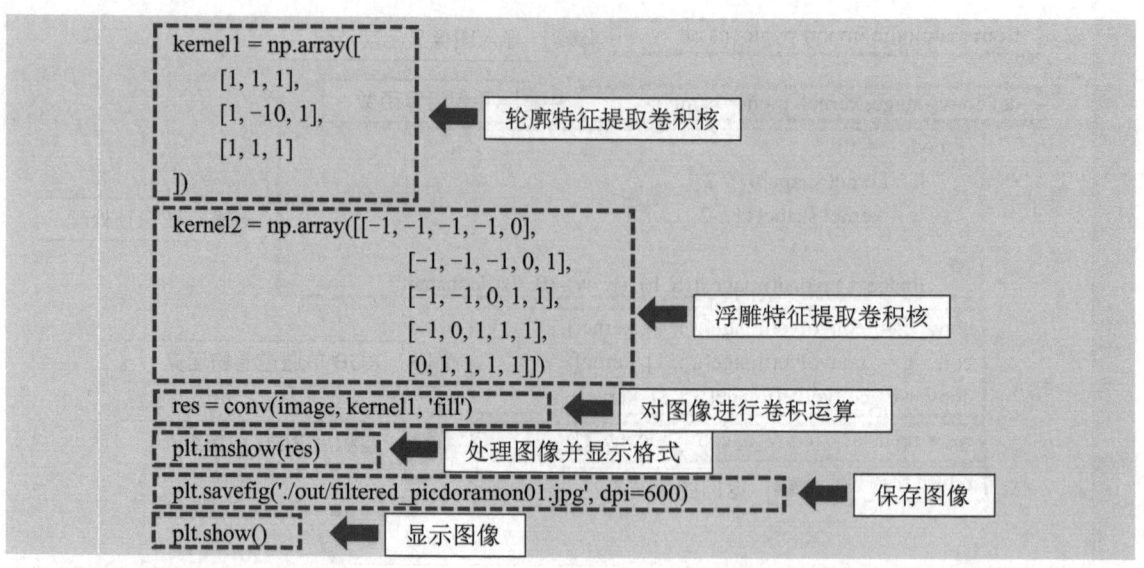

4）操作实验。

① 将 "res = conv(image, kernel1, 'fill')" 中的 "kernel1" 改成 "kernel2"，重新运行得到浮雕特征。

② 将 "path = './img/doramon1.jpg'" 中的 "doramon1.jpg" 改成您想要提取的图像名称，重新运行就可以对您想处理的图像进行特征提取。

③ 将卷积核 kernel1 设置为如图 4-75a 所示的特征提取卷积核，重新运行后查看结果。

④ 将卷积核 kernel1 设置为如图 4-75b 所示的特征提取卷积核，重新运行后查看结果。

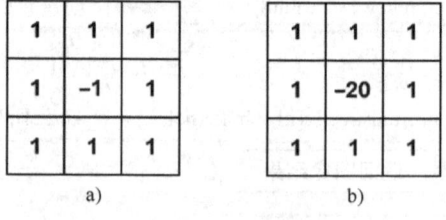

图 4-75 卷积核

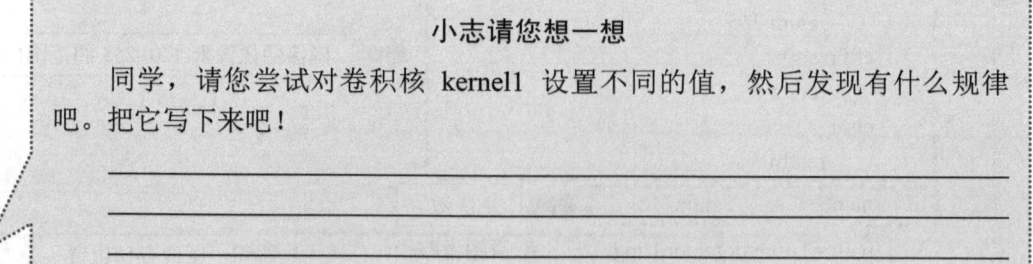

小志请您想一想

同学，请您尝试对卷积核 kernel1 设置不同的值，然后发现有什么规律吧。把它写下来吧！

_____
_____

4.9.5 任务 5 运用卷积神经网络 CNN 识别图像

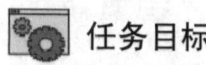 **任务目标**

经过任务 4，机器人小志明白了如何提取图像特征，现在需要机器人小志利用任务 4 的

知识进一步完成以下的任务（如图 4-76 所示），具体要求如下。

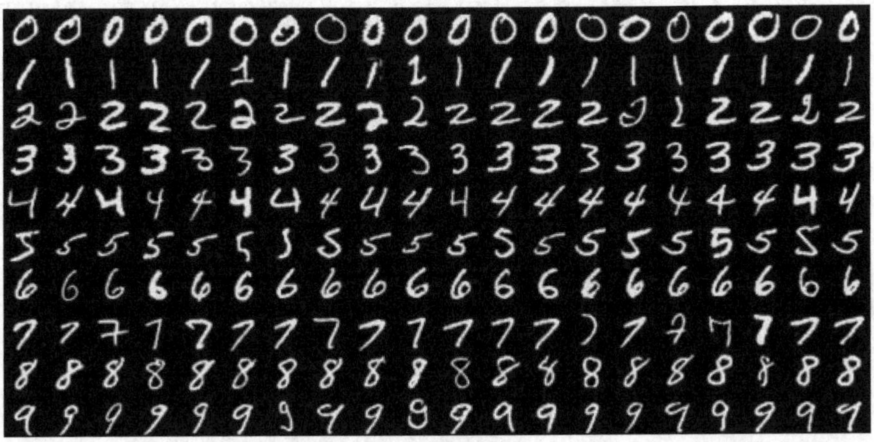

图 4-76 数字手写体的识别

1）运用卷积神经网络（CNN），采用监督学习的方法对手写数字"0~9"进行训练。
2）把训练好的模型保存下来，用于识别手写数字"0~9"。
3）调用保存的模型正确识别不同人书写的数字"0~9"。

实施过程

1）获取训练图像数据。

MNIST 是一个开源的手写数字数据库，它一共有 70000 张图片。其中 60000 张用于训练神经网络，10000 张用于测试神经网络，每张图片都是 28 像素×28 像素的图片。黑底白字，黑底用 0 表示，白字用 0~1 之间的浮点数表示，越接近 1，颜色越白。整个数据库包括四个文件，从网上下载后与训练的 Python 文件放到同一个目录下，不用解压，然后作为数据输入。如图 4-77 所示，这 4 个文件分别为训练图片集"train-images-idx3-ubyte.gz"、训练标签集"train-labels-idx1-ubyte.gz"、测试图片集"t10k-images-idx3-ubyte.gz"和测试标签集"t10k-labels-idx1-ubyte.gz"。

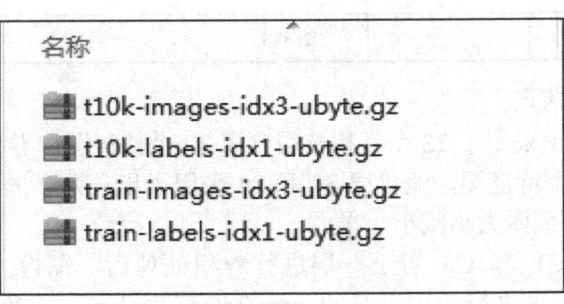

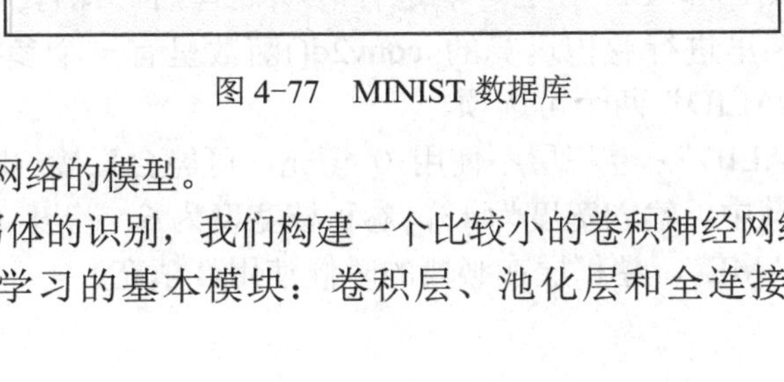

图 4-77 MINIST 数据库

2）构建卷积神经网络的模型。

为了实现数字手写体的识别，我们构建一个比较小的卷积神经网络模型，如图 4-78 所示，但它包含了深度学习的基本模块：卷积层、池化层和全连接层。图 4-78 中的模型包括 6 层,通过将手写数字"0~9"的二维图像输入到模型里,先经过两个卷积层到达池化层,再经过全连接层,最后使用 Softmax 分类作为输出层,输出层为"0~9"这 10 个数字。

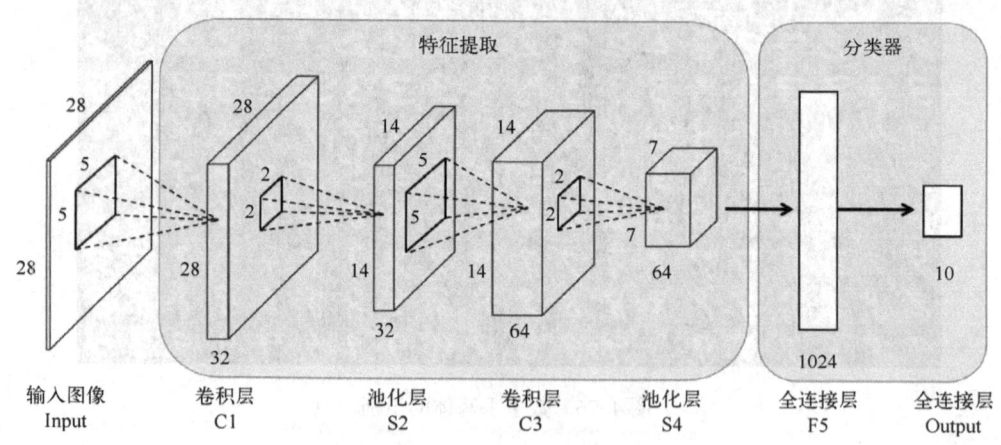

图 4-78 简单的卷积神经网络

3)理解模型。

图 4-78 中神经网络模型的各层组成参数如表 4-12 所示。

表 4-12 模型的网络层组成

层	类型	特征图	大小	卷积核大小	步长	激活函数
Out	全连接	——	10	——	——	Softmax
F5	全连接	——	1024	——	——	ReLU
S4	池化	64	7×7	2×2	2	Max
C3	卷积	64	14×14	5×5	1	ReLU
S2	池化	32	14×14	2×2	2	Max
C1	卷积	32	28×28	5×5	1	ReLU
In	输入	——	28×28	——	——	——

值得注意的有以下两点。

➢ 一是,卷积层 C1 采用了 32 个卷积核得到了 32 个特征图,卷积层 C3 采用了 64 个卷积核得到了 64 个特征图,池化层 S2 和 S4 采用了步长为 2 的卷积核,特征图数量并没有改变,但特征图大小减小一半。

➢ 二是,卷积层 C1 和 C3 对上一层进行卷积处理后,图像大小不变,这是因为在 TensorFlow 框架里进行卷积运算的 conv2d()函数里有一个参数 padding,该参数有"SAME"和"VALID"两个可选项。

● 如果设置为"VALID",卷积层不使用 0 填充,可能会直接忽略边缘的一些输入,如图 4-79 所示,其中,输入宽度为 13,卷积核宽度为 6,跨度(步长)为 5。

● 如果设置为"SAME",卷积层在必要的时候使用 0 填充。

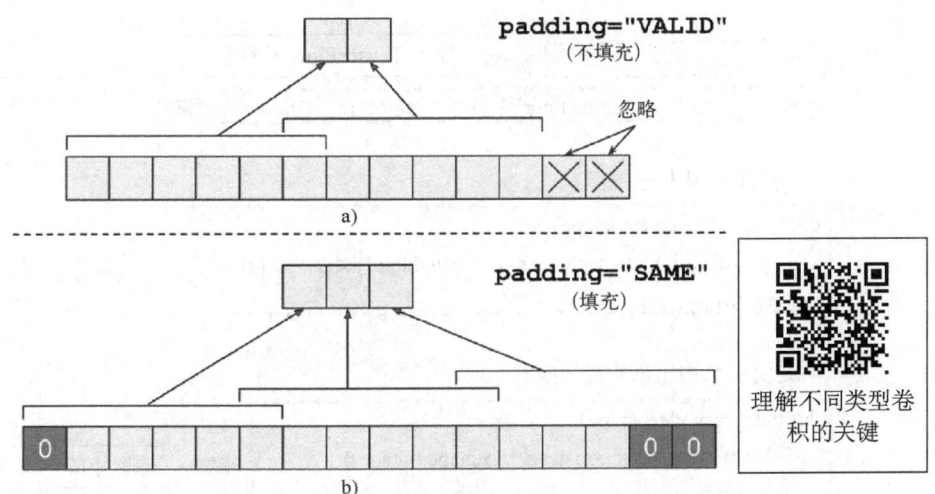

图 4-79 填充选项

a)"VALID"选项 b)"SAME"选项

运用图 4-78 中的模型,CNN 对手写数字的识别特征图如图 4-80 所示,每经过一次卷积和池化都将得到数字的某些特征,经过多次卷积和池化后得到数字足够多的特征,再经过全连接层进行特征关联就可以识别数字。

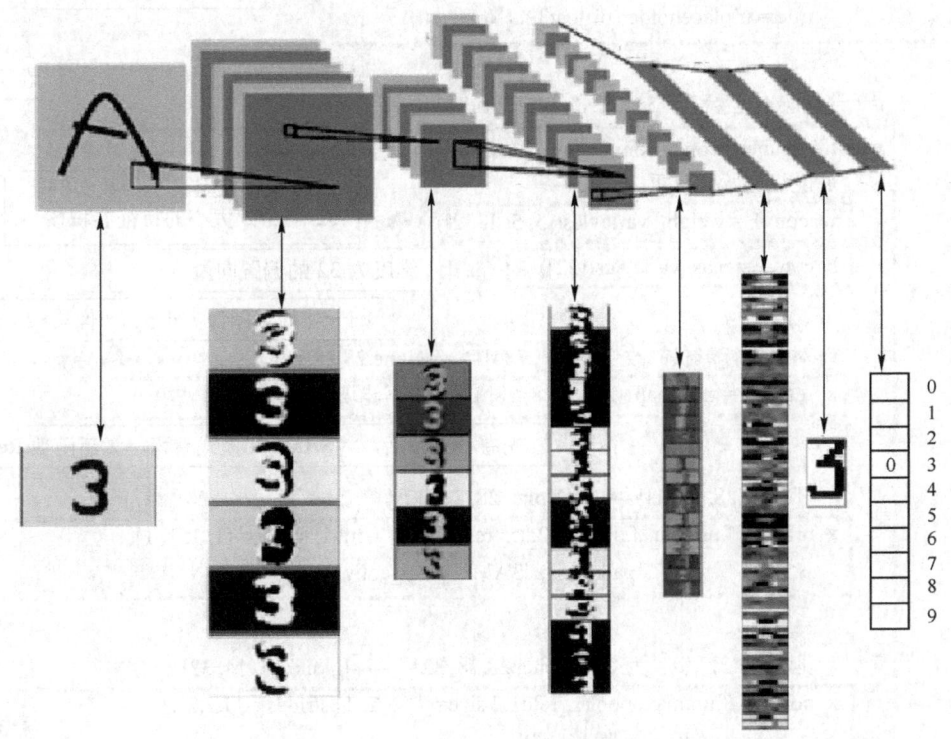

图 4-80 CNN 对手写数字的识别特征图

4)用 Python 语言编写实现模型构建和训练的程序如下。

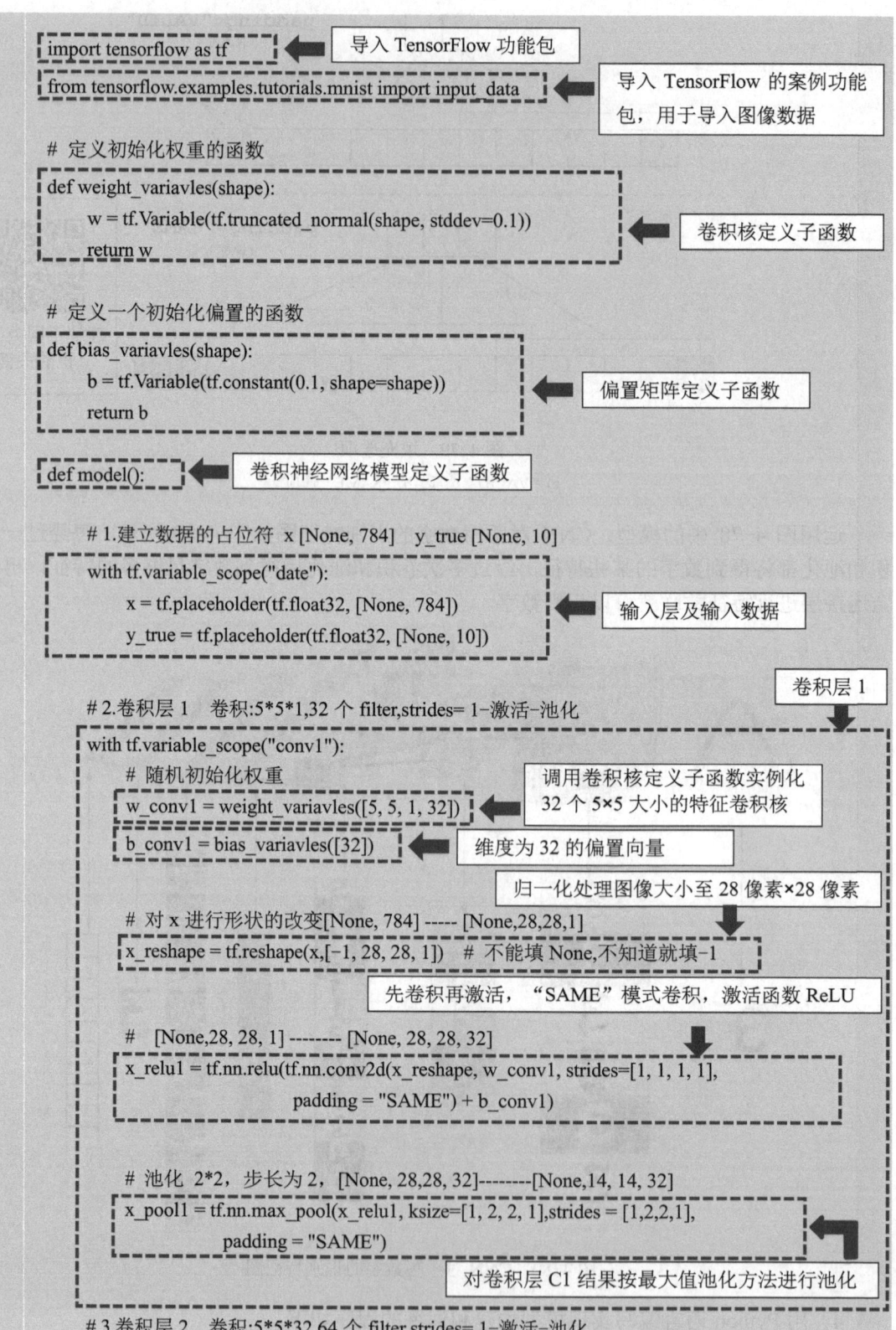

```python
with tf.variable_scope("conv2"):
    # 随机初始化权重和偏置
    w_conv2 = weight_variavles([5, 5, 32, 64])
    b_conv2 = bias_variavles([64])

    # 卷积、激活、池化

    # [None,14, 14, 32]----------[None, 14, 14, 64]
    x_relu2 = tf.nn.relu(tf.nn.conv2d(x_pool1, w_conv2,strides=[1, 1, 1, 1],
            padding = "SAME") + b_conv2)

    # 池化 2*2，步长为 2 [None, 14,14,64]--------[None,7, 7, 64]
    x_pool2 = tf.nn.max_pool(x_relu2, ksize=[1, 2, 2, 1],strides = [1,2,2,1],
            padding = "SAME")
```

← 卷积层 2 与卷积层 1 结构相同

```python
# 4.全连接层 [None,7, 7, 64] --------- [None, 7*7*64] * [7*7*64, 10]+[10] = [none, 10]
with tf.variable_scope("fc"):
    # 随机初始化权重和偏置:
    w_fc = weight_variavles([7 * 7 * 64, 1024])      ← 全连接层卷积核 1
    b_fc = bias_variavles([1024])                     ← 全连接层偏置向量 1

    # 修改形状 [none, 7, 7, 64] ----------[None, 7*7*64]
    x_fc_reshape = tf.reshape(x_pool2,[-1,7 * 7 * 64])
    h_fc1 = tf.nn.relu(tf.matmul(x_fc_reshape, w_fc) + b_fc)     ← 全连接 1

    #  在输出之前加入 Dropout 以减少过拟合
    keep_prob = tf.placeholder("float")
    h_fc1_drop = tf.nn.dropout(h_fc1, keep_prob)

    w_fc1 = weight_variavles([1024, 10])     ← 全连接层卷积核 2
    b_fc1 = bias_variavles([10])              ← 全连接层偏置向量 2      ← 全连接 1

    #  进行矩阵运算得出每个样本的 10 个结果[NONE, 10]，输出
    y_predict = tf.nn.softmax(tf.matmul(h_fc1_drop, w_fc1) + b_fc1)

return x, y_true, y_predict,keep_prob      ← 模型子函数返回值

def conv_fc():        ← 模型训练测试子函数
    # 获取数据，MNIST_data 用来存放官方的数据集
    mnist = input_data.read_data_sets('MNIST_data/', one_hot=True)
                                          ← input_data 是 TensorFlow 的案例功能包，见程序开头
    # 定义模型，得出输出
```

← 全连接层

209

```python
x,y_true,y_predict,keep_prob = model()  # 实例化模型

# 进行交叉熵损失计算
# 5.计算交叉熵损失
with tf.variable_scope("soft_cross"):
    # 求平均交叉熵损失,tf.reduce_mean 对列表求平均值      # 损失函数
    loss = -tf.reduce_sum(y_true*tf.log(y_predict))

# 6.梯度下降法求出最小损失,注意在深度学习中,或者网络层次比较复杂的情况下,学习率
# 通常不能太高
with tf.variable_scope("optimizer"):
    train_op = tf.train.AdamOptimizer(1e-4).minimize(loss)   # 模型训练测试子函数

# 7.计算准确率
with tf.variable_scope("acc"):
    equal_list = tf.equal(tf.argmax(y_true, 1), tf.argmax(y_predict, 1))
    # equal_list None 个样本 类型为列表 1 为预测正确, 0 为预测错误[1, 0, 1, 0......]
    
    accuracy = tf.reduce_mean(tf.cast(equal_list, tf.float32))

init_op = tf.global_variables_initializer()   # 模型"soft_cross""optimizer""acc"等变量初始化

saver = tf.train.Saver()   # 模型保存器

# 开启会话运行
with tf.Session() as sess:
    sess.run(init_op)                            # 会话对模型变量执行
    for i in range(3000):                        # 模型训练 3000 次       # 每次随机训练 50 张图像
        mnist_x, mnist_y = mnist.train.next_batch(50)
        if i%100 == 0:
            # 评估模型准确度,此阶段不使用 Dropout
            train_accuracy = accuracy.eval(feed_dict={x:mnist_x,
                            y_true: mnist_y, keep_prob: 1.0})
            print("step %d, training accuracy %g"%(i, train_accuracy))
            # 每训练 100 次便打印输出模型的准确度
        # 训练模型,此阶段使用 50%的 Dropout
        train_op.run(feed_dict={x:mnist_x, y_true: mnist_y, keep_prob: 0.5})
    # 将模型保存在你自己想保存的位置
    saver.save(sess, "./model/fc_model.ckpt")   # 模型保存

return None   # 模型训练测试子函数没有返回值
```

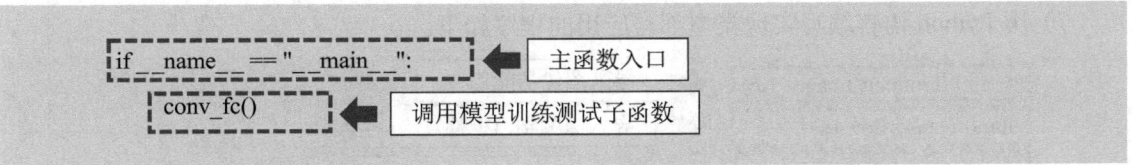

5)模型构建和训练的结果如图 4-81 所示,每训练 100 次便打印输出模型的准确度,经过 1000 次训练后模型的准确度就接近 1 了。

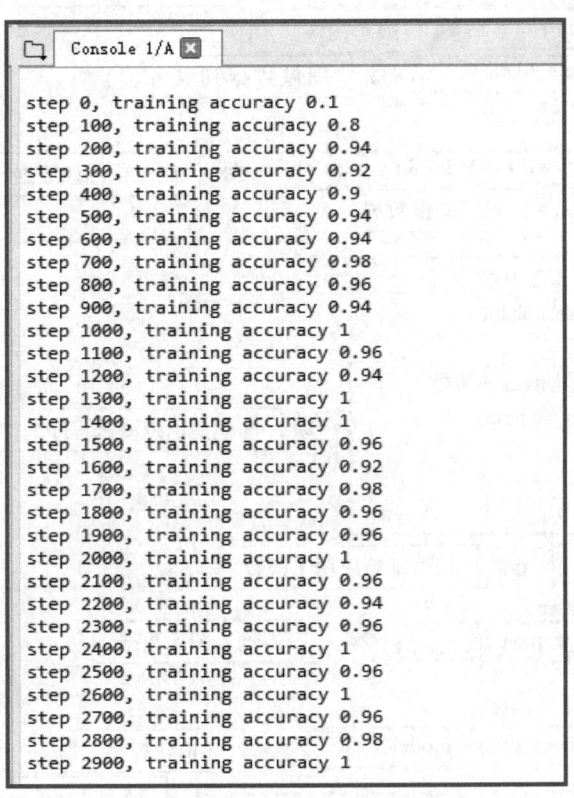

图 4-81 训练输出准确度结果

6)训练后保存的模型共有 4 个文件,如图 4-82 所示。其中"checkpoint"文件是个文本文件,里面记录了保存的最新的 checkpoint 文件以及其他 checkpoint 文件列表。".meta"文件保存的是图结构,meta 文件是 pb(Protocol Buffer)格式文件,包含变量、op、集合等。"ckpt"文件是二进制文件,它包括".data"和".index"两个文件,保存了所有的 weights、biases、gradients 等变量。

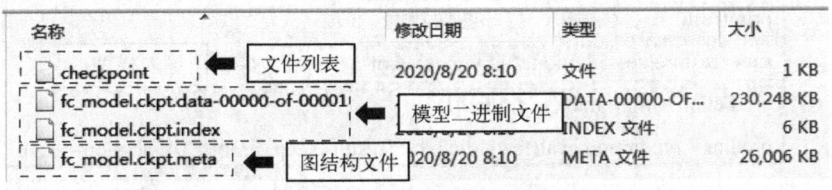

图 4-82 保存的模型文件

7）用 Python 语言编写实现模型部署应用的程序如下。

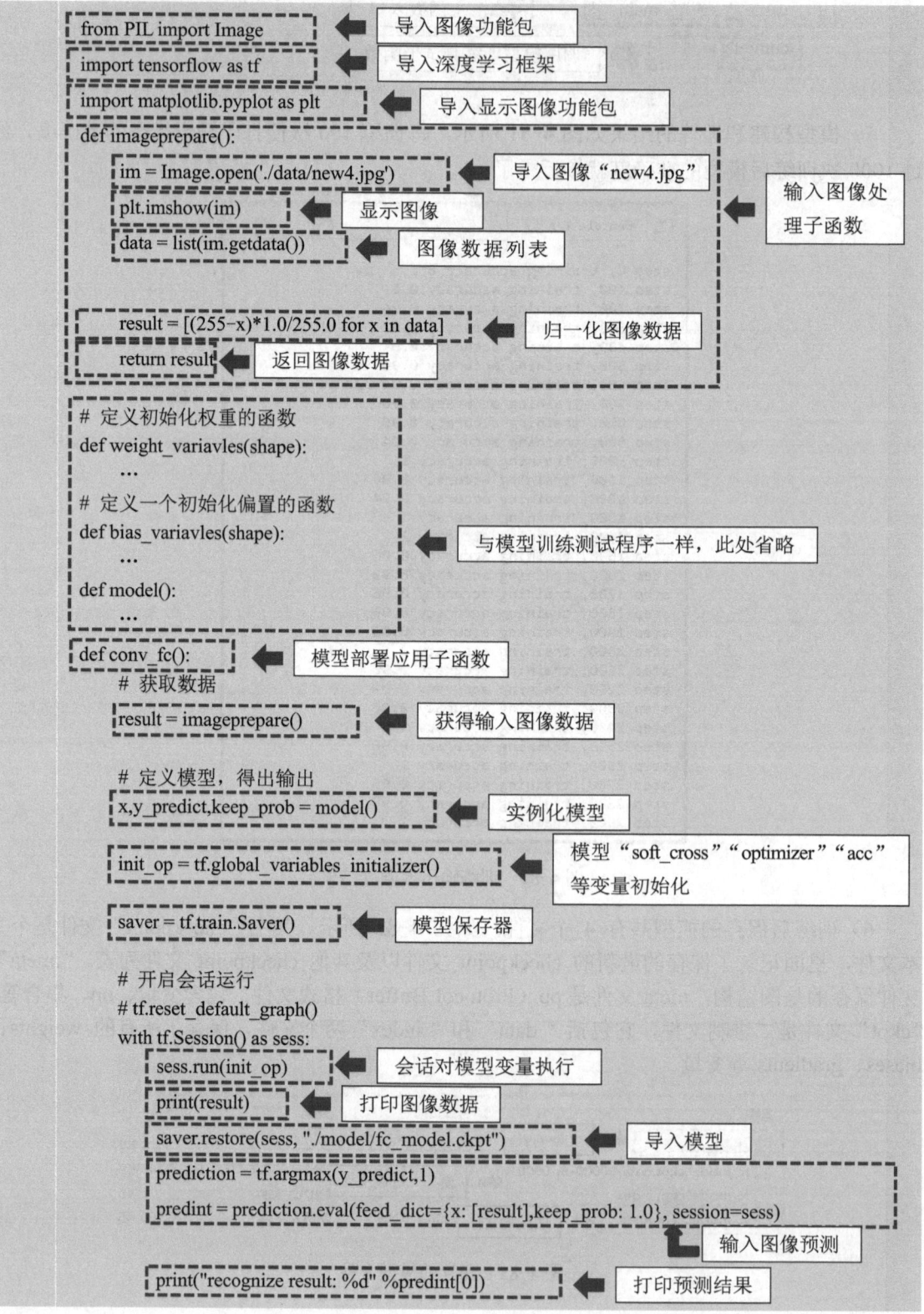

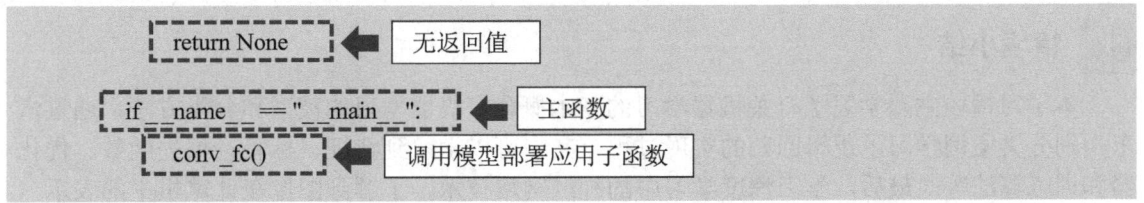

8)模型部署测试,输入图 4-83a 中的数字 4 的手写图像,模型预测的结果如图 4-83b 所示,预测结果也是 4。

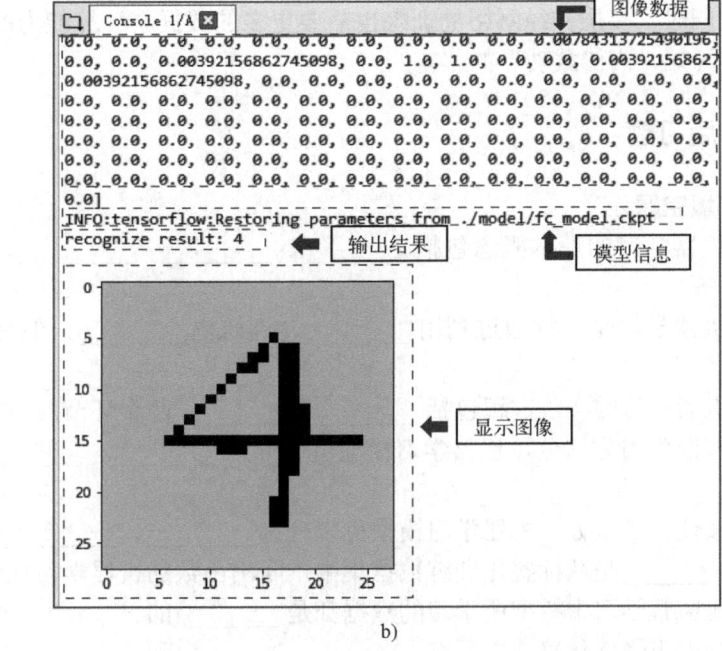

图 4-83 输入图像及模型预测结果

9)操作实验。

将输入图像处理子函数中的输入图像 "new4.jpg" 改成其他手写数字的图像,重新运行并查看结果。特别注意的是图像像素大小要求是 28×28,图像背景色为白色。

小志请您想想

通过任务 4 的学习,了解到特征卷积核与图像进行卷积运算可以得到需要的特征,通过任务 5 的学习,了解到卷积神经网络能自己提取特征并进行分类,请您思考一下,卷积神经网络模型在训练时主要训练什么?为什么需要大量的图像数据进行训练?把想法都写下来吧!

情境小结

本学习情境主要学习了有关机器学习的基本概念、机器学习的模型和分类方法,通过汽车类别分类案例学习了逻辑回归的实现过程,其中可以学习到特征、标签、损失函数、优化器和训练算法等;最后,学习深度学习中的神经网络技术,了解到图像在计算机中的表示,知道了图像特征提取是采用卷积运算来实现的,了解到深度神经网络中一些基本层,例如卷积层、池化层、全连接层等。通过本情境的情境操作,学习和完成相关实验我们可以体会到,相比传统的机器学习,深度学习具有更为强大的表达力,因此能更好地完成复杂的任务。与此同时,多层神经网络的训练也需要更多的数据与计算能力的支持,从而了解到机器是怎么样开始"内修武功"的。

课后习题

一、填空题

1)机器学习的基本概念包括_____、_____、_____、_____、_____和_____等。

2)机器学习是一种通过利用_____,训练出_____,然后使用模型_____的一种方法。

3)机器学习的实现过程包括_____和_____两个环节。

4)按照学习方法分,机器学习模型可以分为_____、_____、_____、_____和_____。

5)按任务类型分,机器学习模型可以分为_____、_____和_____任务。

6)_____是从标签化训练数据集中推断出函数的机器学习任务。

7)无监督学习中模型所学习的数据都是_____的。

8)梯度下降优化算法主要有_____、_____和_____。

9)神经网络根据中间功能层的不同可以分为不同的神经网络,分别为_____、_____和_____。

10)卷积神经网络主要由_____、_____、_____、_____和输出层组成。

11)主流的深度学习框架主要有_____、_____、_____、Theano 和 Torch 等。

二、简述题

1)什么是损失函数?

2)什么是优化器?

3)什么是学习率?

4)什么是激活函数?激活函数的作用是什么?

5)传统机器学习和深度学习的主要区别是什么?

6)什么是特征映射?

7)卷积神经网络的卷积层有什么作用?

三、案例分析

阅读下面的材料并回答问题。

从前有一群人,他们每个人的任务都是砍完自己眼前的整片森林。而可供选择的工具只有两种：斧子和电锯，斧子是现成的，但电锯却要自己去寻找。

任务开始后，有一部分人选择直接用斧子去伐树，而另一部分人则选择寻找电锯，苦苦寻找了一天、两天、三天……都没有找到。

而在这段时间里，用斧子的那群人已经砍了一大半的森林了，虽然用斧子的过程很艰辛也很缓慢，但他们的任务眼看着就要慢慢完成了。

这时，有部分选择找电锯的人放弃了，转而加入了用斧子砍树的行列，开始从头追赶。

而仅剩一小部分人，即使内心焦虑无比，但仍然选择继续坚持寻找电锯。

……

这个故事没有结局。

因为每个人的人生总是充满了未知，但可以确定的一点是，用斧子的人最后可以成功，但中间付出的艰辛无法想象。而最终寻找到电锯的人，虽然要忍受内心的煎熬和周围人的不解，但半天就能砍完整片森林。

要求：根据情境操作中所学到的知识，谈谈您的想法，字数不少于500字。

学习情境5 让机器成为"社会人"——德才兼备

学习重点：人工智能的自然辩证法、人工智能社会的特点与属性；人类与人工智能的关系；人工智能的道德伦理问题；人工智能的法律问题。

学习难点：用辩证论理解人工智能发展带来的问题；理解"德才兼备"对于人工智能技术应用的重要性。

 情境导入

"社会人"，在社会学中指具有自然和社会双重属性的完整意义上的人，与"经济人"相对。通过社会化，使自然人在适应社会环境、参与社会生活、学习社会规范、履行社会角色的过程中，逐渐认识自我，并获得社会的认可，取得社会成员的资格。人工智能已经成为新一轮科技革命和产业变革的核心驱动力，正在对人类生产、生活、组织方式及经济社会发展的广泛领域产生极其深刻的影响。因此，怎样才能避免新兴技术突破人类的道德禁区而滑向未知，特别是在人工智能研究和应用中应遵循怎样的伦理和原则，成为各国探讨的热点。

让智能机器成为"社会人"，就是运用社会学的方法来避免人工智能技术的负面影响，主要通过构建一套完整的、适用于人工智能领域的社会规范，包括道德、伦理、法律等方面，制定相应的权利、责任和义务，给人工智能技术戴上紧箍儿，使得智能机器在学习和模仿人类世界的过程中，德才兼备，不断融入社会，实现社会化，为人类更好地改造世界而服务，见图5-1。

图5-1 智能机器与人类协作共同改造世界

本学习情境主要学习有关人工智能的自然辩证法、人工智能技术的道德伦理原则。首先，通过了解人工智能技术的发展可能引起的问题，从伦理、道德和法律三个层面塑造人工智能的"社会人"形象，从而不断实现智能机器的"社会化"。接着，通过情境操作来了解如何构建一个语音聊天的机器人，掌握人工智能的双重特性，也从技术的角度来了解人工智能的安全问题。总之，通过本学习情境的学习，一方面可以了解到机器是如何"德才兼备、内修品德"的；另一方面，让读者明白"成功者找方法，失败者找理由"的道理，坚持思考问题、解决问题，终将成功。

情境目标

知识目标：
- ◆ 了解人工智能的自然辩证法。
- ◆ 了解人工智能的本质。
- ◆ 了解人工智能的自然属性和社会属性。
- ◆ 掌握人工智能的伦理法则。
- ◆ 了解人工智能发展引起的法律问题。

能力目标：
- ◆ 能辩证地看待人工智能未来的存在状态。
- ◆ 能辩证地理解人工智能发展带来的问题。
- ◆ 能运用自然辩证法来理解我国相关的人工智能规划与政策。
- ◆ 能树立正确的世界观和方法论参与人工智能技术的变革发展历程。
- ◆ 能明白成功之道——成功者找方法，失败者找理由。

 知识链接

5.1 人工智能的自然辩证法

随着当代科学技术的不断进步，人类在人工智能技术上已经迈出了第一步。而人工智能不仅仅涉及科学技术，在哲学的范畴也引发了人们的大量思考，人们对人工智能的前景抱有既期待又担忧的矛盾心态。近几十年来，各种各样涉及人工智能的电影便是人们对这类问题哲学思考的剪影。

小志让您来评一评

如图 5-2 所示，2002 年上映的电影《生化危机》，主要讲述了一个为军方研究生化武器的安布雷拉公司在浣熊市地下设有巨大的研究中心——蜂巢，由于一次意外事故导致可通过空气传播的生化武器泄漏，负责蜂巢安保的人工智能系统"红色女王"——一台控制和监视着整个蜂巢的超级巨型计算机把整个中心都封闭了起来，启动应急措施，杀死了所有被困在里边的工作人员。

图 5-2 电影《生化危机》

对于这个情节，有些影迷认为"'红色女王'没错，它按照原定的要求做到了防护的功能"，而有些影迷则认为"'红色女王'可能自主对人类预设定的程序进行了修改，从而导致了这场灾难"。您来评一评，可以从中引出什么哲学问题？

5.1.1 自然辩证法

自然辩证法的发展同自然科学的发展紧密相连，20 世纪以来自然科学突飞猛进，极大地扩大和加深了人类对自然界的认识，远远超出了 19 世纪自然科学的眼界。20 世纪自然科学的发展已经在更加广阔的范围和更加深刻的程度上揭示了自然界的辩证法和自然科学的辩证法，使辩证法的许多基本观点由于无数确凿的自然科学事实而在实际上被自然科学界所广泛接受。

自然辩证法研究的内容主要有两大方面：一是自然观，即对自然界辩证法的研究；二是自然科学观，即对自然科学辩证法的研究。

（1）自然观

自然观要求不断地概括和运用自然科学的最新成果，发展和更新人们关于自然界辩证发展的总图景和对自然界的总观点，其中包括**物质观、运动观、时空观、信息观、系统观、规律观**以及自然发展史和自然界各种运动形态的**划分、联系、交错、转化**等；要求探讨辩证法的基本规律和范畴在自然界各种过程中的丰富多样的表现及运用，使人们对辩证法规律和范畴的理解不断充实和深化，在许多方面进一步清晰化、准确化和精细化，并增添新的内容。从而把辩证唯物主义自然观提高到同自然科学的新发展、新思想相适应的现代水平。

杂交水稻之父——袁隆平

袁隆平，1930 年 9 月出生，江西德安人，中国工程院院士、共和国勋章获得者、国家最高科学技术奖获得者、国家科学技术进步奖特等奖获得者、全国劳动模范、全国道德模范。他是我国杂交水稻育种专家，我国研究与发展杂交水稻的开创者，为确保我国粮食安全和世界粮食供给做出了卓越贡献，被国际同行誉为"杂交水稻之父"，如图 5-3 所示。

袁隆平遵循了农业的自然规律，运用发展变化的运动观，形成了一套对农业科学技术研究的自然科学观，造福国家、造福全世界。

图 5-3 杂交水稻之父——袁隆平

（2）自然科学观

自然科学观主要是从马克思主义认识论、方法论方面研究自然科学认识过程、认识方法和自然科学认识发展的规律，另外，从马克思主义社会历史观方面研究作为社会现象之一的自然科学在社会中发展和发挥作用的规律。**自然科学观要求不但把科学看作是一种独立的社会现象**，探讨其在一定社会中发展和发挥作用的规律，而且也把与科学紧密相关的技术作为**一种独立的社会现象来研究**。自然辩证法关于技术论的研究，就是从总体上探讨技术的性质和特点、技术发展的条件和规律以及技术和其他各种社会现象的关系等。这一研究和自然科学的研究共同为科学技术政策的制定、科学技术发展的规划、科学技术工作的领导和管理提供了理论基础，其重要性日益突出。

小志让您来论一论

2017 年 7 月 8 日国务院发布《新一代人工智能发展规划》,提出了面向 2030 年我国新一代人工智能发展的指导思想、战略目标、重点任务和保障措施,部署构筑我国人工智能发展的先发优势,加快建设创新型国家和世界科技强国。请您用自然辩证法来论证为什么我国把人工智能技术作为重点领域来发展?

5.1.2 人类改造世界的工具

从唯物主义观点来看,人类本身便是自然的产物。人类,包括人类的大脑,更包括大脑产生的意识,都是自然的产物,并且是自然的一部分。人类认识世界并改造世界,发挥主观能动性,如图 5-4 所示,人类创造了各种各样的工具来提高生产效率,来满足人类自身不断增长的物质文化需求。

图 5-4　人类工具的进化

人类诞生以来,创造了成千上万种工具,如图 5-5 所示。古代人发明了各种各样的石器、陶器、铁器,以及多种形式的弓箭、鱼钩等工具;近代人又发明了蒸汽机、纺纱机、织布机,还发明了汽车、飞机、无线电等工具。不管什么工具,如果从人类认识世界的角度来看,这些工具在某种意义上都是人类肢体器官的延伸和外化的结果,主要分为体力工具、感官工具和智力工具。

图 5-5　人类的工具

(1) 体力工具

从人类发明的工具中可以看到，所有早期人类的工具，无一例外都是体力劳动的工具，都是人类肢体的延长和扩大。木矛使人的攻击力更强；石斧使人的力气更强大；弓箭使手臂投射的矢飞得更远。对早期人类来说，最重要的是觅食和御敌，而觅食和御敌的唯一手段是手和脚，能否使手脚延长和扩大是生死攸关的事。因此，人类发明的第一类工具是体力工具，这也是势所必然。

(2) 感官工具

近代以来，人们既要改造自然又要更好地认识自然，同时为了尽可能减少改造自然的盲目性，就需要研究自然科学。为此，人们又发明了显微镜、望远镜、电话等工具，这些工具又进一步将人的感官延长和扩大了。

(3) 智力工具

尽管蒸汽机革命和电力革命极大地解放了人的体力，但却使人的体力与智力出现了不相协调的状况。比如，人类发明的飞机可以以极高的速度飞行，但人的反应能力无法与它相适应。在巴黎举行的一次航空表演中，一架高速飞机俯冲时，由于驾驶员的反应跟不上，结果飞机尾部触地，机毁人亡。人的体力和智力的矛盾限制了体力的发展，因此，只有使人类大脑得到解放，人才能真正成为自然的主人。

1945 年，人类在工具发展史上又谱写了一页崭新的篇章——电子计算机问世了。这种工具虽然不能增加人的体力，也不能改善人的感官，却解放了人的智力，它是人脑的延伸和扩展，它使人类更加聪明，更加能干，它是一种智力工具。

5.1.3 人工智能的本质

人工智能是人类认识与改造自然的具体体现之一。人类认识了自然规律并对其加以利用，在冯·诺依曼的计算机体系框架下，大力发展电子信息技术，并使得人类进入了信息时代，大大方便了人类的生活。人工智能系统在"看"和"听"的领域应用最成功，例如，采用人工智能图像处理算法，能够处理无人机航拍的图像和视频，在高压输电线路巡检中得到广泛应用，巡线工人再不需要翻山涉水、手举望远镜巡查线路；再如在高铁的车厢底部，有 1 万多个零部件，列车运行过程中需要不间断地监测这些零部件的状态，避免意外事故发生，使用计算机视觉监测，能够做到又快又好。在"听"的方面，利用深度学习技术和互联网、大数据技术，能够实现对人类自然语言的理解和分析，实现不同语言之间的互译。

然而因为计算机智能的局限，目前的计算机技术仍然不能满足人类的需求，很多的工作依然需要人工完成。目前发展人工智能，主要是从三个角度来入手，如图 5-6 所示：在冯·诺依曼体系下优化算法，运用量子计算机，模拟大脑的结构原理来搭建新的计算机体系。在冯·诺依曼体系下对算法进行优化，例如使用神经网络算法进行深度学习，现在已经得到广泛应用。量子计算目前还属于尖端科技，人类有望在数年内建造出第一台量子计算机。而基于脑科学的计算机体系目前来看还遥遥无期，因为脑科学的研究举步维艰，人类仍然没有弄清楚大脑的工作原理。

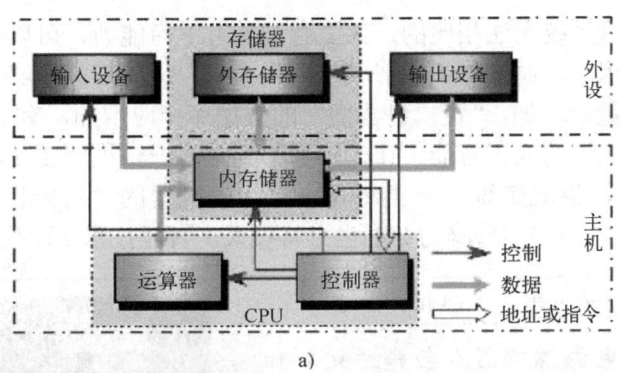

图 5-6 人工智能发展的三个角度
a) 冯·诺依曼体系下优化算法 b) 量子计算 c) 脑科学

综上所述,尽管当前人工智能技术飞速发展,在实际应用中也取得了一些成就,但是人类对人工智能的研究尚处于初级阶段。目前,**不管是现在基于冯·诺依曼体系的人工智能技术发展,还是未来基于量子计算或脑科学的人工智能技术研究,实质上还是人类对自然探索和改造世界的工具研究。**

5.1.4 人工智能的"工具"特殊性

目前,人类研究人工智能的主要目的,是寻找一种更高级的、能够把人类从艰苦、危险、繁重的体力劳动中解放出来的手段。但随着对人工智能技术研究的不断深入,人类发现这一工具和手段与以往有着不一样的特殊性。

1. 具有"类人"和"工具"的双重特性

人工智能是居于人类与工具之间的一类新生事物,它们既具有类人性,也具有工具性。一方面,人类的生活、工业的生产等都需要大量的人工智能技术,这些技术作为工具服务于人类可以提升效率并提高品质,如现代工业中,弱人工智能技术已经能够替代人类,从事一般性的体力劳动生产;另一方面,随着人工智能技术的不断发展,人工智能将趋近于人类智能,承载人工智能技术的机器也将具有更多"类人性",这种"类人性"不仅表现为机器对人类外在形态的模仿,更表现在机器对人类"知、情、意、行"的内在模拟。智能机器首先要学会语义分析,能够读懂指令,如 2016 年 4 月刷屏爆红的"贤二机器僧",由北京龙泉寺和人工智能专家共同打造,在最初阶段问题的有效回答率为 20%~30%。但人工智能强大的学习能力是一般计算机系统无法相比的，人工智能具有学习能力，可以将逐渐增加的信息变成知识，继而形成知识库，通过知识库形成机器人大脑，进而形成能够与人进行有效交流的智能系统。随着访问量的增加，"贤二机器僧"的数据库相应增加，有效回答率达到80%左右。以这种方式与人交流的人工智能，让人感觉不到是与一台机器在交流。这些人工智能技术呈现出类人的特性，也就是说，人类将越来越依赖机器的"智能性"，而忽视其"工具性"，在不久的将来，人类的部分脑力劳动也必将被人工智能技术所取代。

智能机器的"类人"特性

2012年上映的电影《机器人与弗兰克》如图5-7所示。这部影片讲述的是刚刚步入老年的弗兰克开始有轻微老年痴呆的症状，为此，儿女们购置了一个机器人来照料他的日常生活。弗兰克一开始无法接受这个冷冰冰的机器人，但随着弗兰克和机器人的相处磨合，他们慢慢变成了好朋友。

图5-7 《机器人与弗兰克》

2. 具有"自我认知"的特性

人类为了得到一个更加有利于自身生存的环境，不断地认识并改造世界，从模仿人类的肢体发明了体力工具，再到模仿人类的感官发明了感官工具，到后来模仿人类的智力发明了智力工具。对于智力工具的研究一直按照人类的大脑结构和原理方向发展，出现机器学习、深度学习等技术，不断在机器上重现人类学习的能力实现对世界的认知，这个认知过程就好像人类经历的漫长进化一样，人类在进化历程中的某一天逐渐具有意识而终究进化成为人。在未来，人类研究的人工智能越来越像人类的大脑，机器基于人工智能技术不断自我学习、自我进化，会不会就像人一样突然某一天就具有意识？这就是让很多人产生担忧的原因，成为人工智能的哲学讨论重点——高度发达的人工智能是否会产生意识？高度发展的人工智能是否可能会置人类于危险境地？

智能机器的"自我认知"特性

1986年上映的电影《霹雳五号》如图5-8所示。该片讲述的是NOVA军火公司开发了五台战争用机器人，而其中一台机器人"No.5"有一天突然被雷电击中，之后便产生了自我意识，开始自称为"强尼五号"。它逃到了街上，却被人类视为一大威胁，而剩下的四台机器人也在追杀它，它必须设法说服人类"自己是一种生命，而不是战争用机器人"。

图5-8 《霹雳五号》

5.2 人工智能的社会约束

近年来，人工智能在全世界获得巨大进展，进一步促进了科学技术和国民经济的发展。人工智能能够提供强大的信息处理能力，包括知识获取与表达、确定性推理与不确定性推理、规划、特征识别与跟踪、自然语言处理、图像处理、地图构建与导航、计算智能及机器学习等。人工智能技术也为机器人技术向智能化方向提供理论支持，是智能机器人发展的根本保障。人工智能能够模仿人类行为以实现智能机器的特定应用。例如，机器人护士专家系统，可以让机器人在非预期情况下具有自我判断能力并从中学习。其他重要应用领域包括通过语音合成器讲话、快速甚至同步进行语言翻译、处理与识别语音。为了使表达更真实，操作系统必须将声音、嘴唇、面部表情、手势、眼神及眨眼等各方面协调好。人工智能使机器人学"如虎添翼"，机器人这只"老虎"开始飞起来了！

如何把机器人这只"老虎"关在笼子里，不让它出来伤害人类，是人类需要思考的问题，也是不能回避和逆转的问题。

5.2.1 人工智能社会

人们一方面希望人工智能和智能机器能够代替人类从事各种劳动，另一方面又担心它们的发展会引起新的社会问题。实际上，数十年来，社会结构正在悄悄地发生变化。过去人们直接与机器打交道，而现在要通过智能机器与传统机器打交道。也就是说，"人-机器"的社会结构，终将被"人-智能机器-机器"的社会结构所取代。智能机器人就是一种智能机器。从发展的角度看，从医院里看病的"医生"、护理病人的"护士"，旅馆、饭店和商店的"服务员"，办公室的"秘书"，指挥交通的"警察"，到家庭的"勤杂工"和"保姆"等，将均由机器人来担任。因此，人们将不得不学会与智能机器相处，并适应这种变化了的社会结构。

"人-智能机器-机器"这种新的社会结构已经渐渐形成，人类进入了人工智能社会，这是人工智能的时代，是人类的社会生产力从原始社会、农业社会、工业社会的量变到人工智能的质变时代，如图5-9所示。阿尔文·托夫勒曾预言人工智能时代也许是自然人类的最后一个社会形态。

图5-9 人工智能社会

人工智能社会主要体现在人工智能时代超高基础、超高速度的社会生产力。如人们个人、家庭的生活、学习、教育等都融合在一个以智能手机为中心的生态体系之中；国家、政府、企业的运行、管理、市场营销与物联网、云计算、大数据、区块链紧紧相依；百姓生活在一个人工智能无处不在的智慧社区、智慧城市之中，充分享受智慧医疗、智慧家居、智慧交通、智慧出行带来的便利；即使遭遇地震这样的天灾，人们依靠现代通信技术、智能手机、无人机监测、GPS定位、生命探测仪机器人等智能化工具，也能将灾害损失降到最低。

与始于18世纪的工业革命相比，如今无所不在的人工智能已经远远超出了经济领域，正在向上层建筑领域进发；人工智能所创造的文化对人文文化的全面入侵，使人工智能进入伦理时代；智能化工具终将部分替代人类的脑力劳动。无疑，人工智能开辟了人类社会前所未有的一个新兴时代，一个与工业革命完全不同的时代，一个双超的社会生产力发展时代。

5.2.2 人工智能的社会属性

马克思主义哲学观认为任何技术都是"自然性和反自然性"的统一。技术作为人本质力量的对象化有两重属性：一是技术的自然属性，二是技术的社会属性。自然属性是技术能够产生和存在的内在基础，即技术要符合自然规律；技术的社会属性是指技术的人性方面，即技术要符合社会规律。人工智能技术也是如此，"人工"是一个前置性概念，"智能"是对人的模仿，在人工智能设定的模仿程序中很大程度上也有社会属性，如军用机器人的战争属性，陪伴机器人的性别属性，但这种社会属性是单一的属性。社会属性恰恰是人区别于人工智能的核心所在。按照马克思对人的本质的论述，起码目前人工智能还不能取代人类。"人的本质并不是单个人所固有的抽象物，在其现实性上，它是一切社会关系的总和。"人工智能目前是以个体性或者是整体功能性而存在的，不能以社会性存在，也就意味着人工智能不能作为一个物种整体而具有社会关系性，而人恰恰具有社会关系性，而这种社会关系是人之所以为人的根本存在。"人的本质是人的真正社会关系，所以人在积极实现自己的本质的过程中创造、生产人的社会关系、社会本质。"无论人工智能在智能上如何超越人类，但根植于物种的社会属性是不能通过计算获得的。

在人工智能社会中，人类正在尝试以"虚拟人"的社会角色来描述人工智能。一方面，"虚拟人"既描述了人工智能的"人工"自然属性，又描述了"智能"的社会属性；另一方面，"虚拟人"在某种程度上强调了人工智能并不是真正的人，但由于具有人类部分学习的功能，可以代替人类从事某种生活或生产的活动，理应承担相应的道德、伦理和法律方面的约束；最后，人类给人工智能安排了"虚拟人"的社会角色，通过角色来预设了人工智能与人类之间的关系，期望这是一种良性和谐、同频共振的关系，让人工智能更好地为人类服务。

5.2.3 人工智能社会的特点

在人工智能社会中，智能机器人在智商和数量两个方面表现突出，有人预测，到2040年智能机器人将从数量到质量全面赶超人类。

1. 智能机器人的智商超高

智商（IQ）即智力商数，为个人智力测验成绩和同年龄人测试成绩相比的指数，是衡量个人智力高低的一个标准。如图5-10所示，设定人的平均IQ值为100，IQ在120~130之间的属于优秀。随着计算机智能程度的不断提高，预计到2040年人工智能的IQ将远远高于目前。

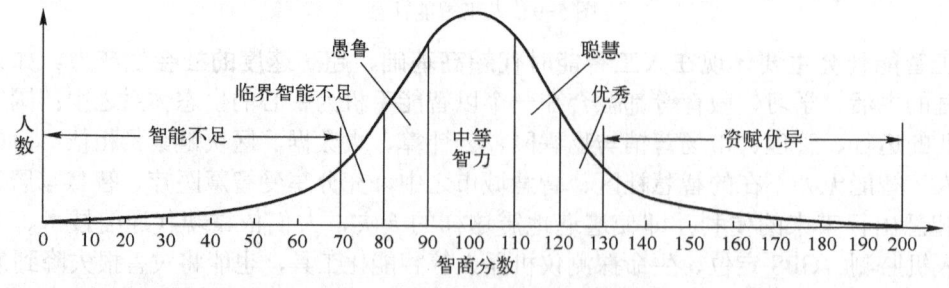

图5-10 人类智商分布曲线图

2. 智能机器人的数量超多

随着人工智能技术在社会各个领域的不断使用，有专家预测到2040年智能机器人（含工业机器人、服务机器人、智能驾驶汽车等）的数量会达到 100 亿以上，将超过全世界人口总量。

5.2.4 人与人工智能的社会关系

> **史上第一个获得人类公民身份的机器人**
>
> 2017 年，在沙特首都利雅得举办的"未来投资大会"上，沙特政府授予了机器人"索菲亚"（Sophia）国籍。
>
> 机器人界的"话题女王"——索菲亚，成为史上第一个拥有合法公民身份的机器人，如图 5-11 所示。
>
> 索菲亚是由汉森机器人技术公司开发的社交人形女性机器人。索菲亚于 2015 年 4 月 19 日被激活，使用人工智能、视觉数据处理和人脸识别技术。索菲亚还可以模仿人类的手势和面部表情，能够和人类交谈并且回答一些问题。
>
> 她可以跟随交流对象的面孔，保持目光接触，并识别个人，还可以处理语音并使用自然语言子系统进行对话。2018 年 1 月，索菲亚还升级拥有了功能性腿和行走能力，索菲亚不断在实验室接受培训，从设计之初到现在，她的谈话能力得到更大的提升，能够更准确地回答日益复杂的问题。

图 5-11 索菲亚

人工智能和智能机器人将改变人类的工作与生活环境、经济发展方式和医疗卫生状况，可以做人类的助手，为人类提供各种专业服务，修复人类受伤的肢体，甚至给人类带来"永生"。人工智能的发展已对人类社会的方方面面产生了十分深远的影响。

2017 年，"索菲亚"的人类身份被承认，这表明在人工智能社会里，人工智能已经开始以"虚拟人"的身份参与社会事务，人类赋予了智能机器人管理其他一般机器的权利。人类与人工智能这一"虚拟人"间的关系也是正在热议的话题，目前学术界对此主要有三种看法。

1）传统模式，即仍然把智能机器仅当作从属于人的工具，如图 5-12a 所示。首先，人类为智能机器预设相应的程序，接着，智能机器按照人类预设的程序进行生产服务活动，为人类服务。

2）融合模式，也叫协作模式，即智能机器和人将会协同进化，这是人们力求出现的前景，如图 5-12b 所示，机器猫和它的主人友好和谐地共同生活。

3）颠覆模式，即认定机器人会进化到一个超人新阶段，世界将由机器掌控，人类作为机器的从属，听从机器的指挥，如图 5-12c 所示，作为人类的我们理当防止这种模式发生。

a)

b)

c)

图 5-12 人类与人工智能的关系

人与人工智能的社会关系演变猜想

电影《机械公敌》描述的是公元 2035 年，人和机器人和谐相处，智能机器人成为人类最好的生产工具和伙伴，逐渐深入人类生活的各个领域，而由于机器人"三大法则"的限制，人类对机器人充满信任，很多机器人甚至已经成为家庭成员，如图 5-13 所示。

人类制造机器人时，通常会遵循所谓"机器人三大安全法则"来设计并控制它们。但是，随着调查的深入，人们发觉机器人似乎已经学会了自我思考，并且曲解了"机器人三大安全法则"，认为人类间的战争将使得人类自我毁灭，出于"保护人类"法则，欲将所有人囚禁在家中，人与机器人的冲突开始了。

图 5-13　电影《机械公敌》

小志让您来议一议

有人认为未来人工智能会统治人类，甚至有可能消灭人类。您是怎么样看待这个问题的？还有必要继续发展人工智能技术吗？

5.2.5　人工智能社会的问题

人工智能的快速发展在给人类社会进步和经济发展带来巨大利益的同时，也带来严峻挑战。就像任何新技术一样，人工智能的发展也引起或即将出现许多问题，并使一些人感到担心或懊恼。社会上一些人担心人工智能会抢夺他们的工作而使他们失业，担忧智能机器人的智慧超过人类而威胁人类安全等。

1．劳动就业问题

广泛采用人工智能技术和智能机器替代员工从事各种劳动（如图 5-14 所示），这是由智能机器的优点决定的。这些优点包括：提高生产效率，降低运营成本；提高产品质量的稳定性与一致性；缩短产品改型换代的准备周期，减少相应设备投资；降低对一线操作人员的技能要求，改善劳动环境；节约人工工资和相关费用，提高生产安全；更加灵活，大大提升批量化生产效率，实现小批量产品的快速响应；更加信息化，使得生产制造过程中的材料、半成品、成品、各种工艺参数等信息更加容易采集，方便质量控制、质量分析、产品制造过程追溯，同时产品的成本统计和控制也更加容易。智能机器还能够代替人们从事危险和不愿意从事的工作。

最容易被 AI 取代的十大职业

最难被 AI 取代的十大职业

图 5-14　机器人替代人工作

2013年,英国牛津大学的一项研究报告称:未来有700多种职业都有被智能机器替代的可能性。越是可以自动化、计算机化的任务,就越有可能交给智能机器来完成,其中行政、销售、服务业首当其冲,涉及的职业有驾驶员、技工、建筑工人、裁缝、快递员、接线员、抄表员、会计、收银员、翻译、记者、法官、播音员、节目主持人、保安、交易员、客服、保姆等。

小志让您来议一议

在义乌市新彩虹工艺地毯有限公司,以往的手工织造地毯如同用缝纫机做针线活,要有针有线,工人每天要弯腰数千次重复着机械、枯燥的动作。如今,这一工序已全程被机器人操控的织造手臂所取代。1个人可同时操控4台机器人,换算成工作量相当于现在1个人干过去20个人的活。不仅如此,使用机器人生产出来的产品花纹图案具有令人惊叹的高清浮雕效果。

"机器换人"的趋势不可逆转,这给在校学习的您带来怎样的启发?

_____

_____

_____

2. 心理害怕问题

人工智能使一部分社会成员感到心理上的威胁,或叫作精神威胁。人们一般认为,只有人类才具有感知能力,而且以此与机器相区别。如果有一天,这些人开始相信机器也能够思维和创作,那么他们可能会感到失望,甚至感到威胁,他们会认为智能机器的人工智能会超过人类的智能,使人类沦为智能机器和智能系统的奴隶。

3. 技术失控问题

任何新技术的最大危险莫过于人类对它失去了控制,或者是它落入那些企图利用新技术危害人类的人手中。例如化学科学的成果被人用于制造化学武器、生物学的最新成就可能被用于制造生物武器、核物理研究的重大突破导致原子弹和氢弹的威胁。

人工智能作为一门技术和工具,也不例外。人类作为人工智能的创造者,也会担心人工智能技术可能会落入危险分子的手中,被他们用于进行反人类和危害社会的犯罪(有人称为"智能犯罪"),威胁人类的安全。正是由于认识到这个问题,著名的美国科幻作家阿西莫夫(I. Asimov)提出了"机器人三大安全法则"。

机器人三大安全法则

◇ 机器人必须不危害人类,也不允许它眼看人类受害而袖手旁观。

◇ 机器人必须绝对服从人类,除非这种服从有害于人类。

◇ 机器人必须保护自身不受伤害,除非为了保护人类或者是人类命令它做出牺牲。

4. 伦理法律问题

在人工智能和智能机器不断代替人类从事各种劳动而改变社会结构、组织形式、思维方式和观念时,人工智能引发的社会伦理和法律问题也逐渐出现,如下所示。

全球首例无人驾驶汽车撞死人的事故在美国发生

2018 年 3 月,优步(Uber)一辆无人驾驶测试车在美国亚利桑那州凤凰城郊区撞死一位女性,这是全球首例完全自主驾驶汽车致人死亡的事故,如图 5-15 所示。

当时无人驾驶测试车正以 60km 的时速行驶,一位 49 岁的妇女推着自行车横穿马路,并未走人行横道,优步无人驾驶汽车没有采取制动,直接撞上这位妇女,导致其不治身亡。

事故发生后,引起了人们的广泛讨论。有人对技术产生了怀疑,有人则问,人工驾驶汽车撞人可以找驾驶人来担责,那么无人驾驶汽车撞人了怎么办?该找谁担责?

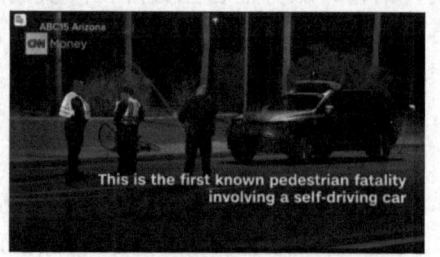

图 5-15 无人驾驶汽车致人死亡的事故

- 汽车机器人发生事故,造成伤害应该由谁负责?
- 自主机器人士兵在战场上开枪打死人类是否违反国际公约?
- 机器人参加运动会赛跑要求得到奖赏,该不该颁发奖金?
- 人形机器人足够聪明而开始表达对于生活现象和问题的观点,甚至提出政治主张,要求拥有言论自由和游行示威权利,该不该满足?
- 智能武器"匪人所思"的攻击,如某自主导弹与无人机联合作战系统,具有"射后不理"能力的导弹,多枚导弹还可互相沟通,完全利用机器自行决策,分享找到攻击目标,武器无敌人和平民之分,造成无辜伤害应该由谁负责?
- "机器人法官"即"高级案件管理"系统,在案件审理时违背公平公开原则,受害人是否应该自认倒霉?
- 机器人可能与人类对抗,它们不具备人类的良知意识、是非观念和人生观念。用于制裁实施暴力、人身伤害甚至杀人行为的人类法律,是否也适用于机器人?

这些伦理法律的问题基本上是来源于以下 3 个方面。

1)隐性的机器歧视。现阶段,机器学习算法也好,深度学习算法也罢,都能决定用户的行为,如看什么视频、听什么歌曲,甚至还能决定获得贷款、救助金的主体以及具体金额,还能为用户推荐好友、根据搜索记录自动为用户推荐商品、对用户的信用进行评估、对应聘者的能力进行评估、对犯罪风险进行评估等。**越来越多的人类活动交给了人工智能来裁决,他们认为人工智能是公平的,但人工智能是否公平却是一个未知数,其中存在巨大的公平隐患。**

2)不容忽视的安全与隐私。人工智能依赖于算法,**但算法却具有不透明性和不可预见性,增加了人工智能监管失控的发生概率,从而产生了一系列安全问题。**例如,2015 年德国大众汽车制造厂发生的机器人袭击工作人员事件;2016 年发生的谷歌无人驾驶汽车与大巴车碰撞事件。这些人工智能伤人事件发生之后如何明确责任?如何将人工智能带来的安全隐患降到最低?此外,随着人工智能的发展,收集、利用的数据将越来越多,如何保护数据安全也是一大挑战。

3)智能机器的控制问题。随着人工智能的发展,人类将更多的工作交由人工智能来完成。人工智能可以对人类的思想和行为进行学习和模拟,**当人工智能的智慧超过人类,人类无法掌控人工智能的时候,人工智能是否会反过来对人类进行控制?**

5.2.6 人工智能的伦理规范构建

人工智能已经不再是单纯的工具，开始不断模糊物理世界和个人的界限，刷新人的认知和社会关系，延伸出复杂的伦理、法律和安全问题。为了能引导人工智能技术向良性发展，避免人工智能发展带来的重大风险，需要给人工智能构建伦理、法律和安全之网。相对于法律法规的滞后性和保守性，伦理道德具有更好的实时性和先进性，建立完善的人工智能伦理规范，超前给人工智能加以伦理道德的"紧箍咒"，才能更多地获得人工智能红利，让技术造福人类，如图 5-16 所示。

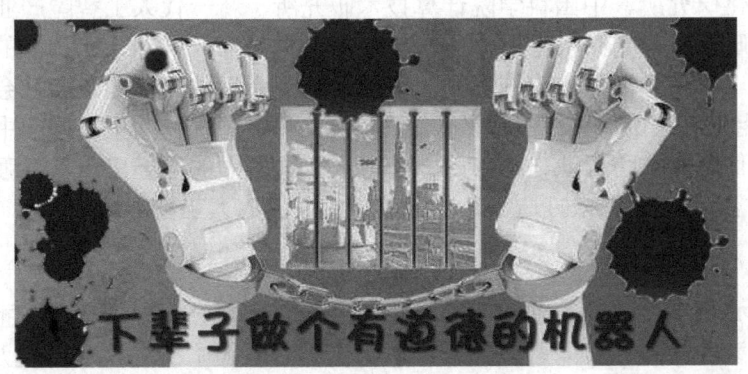

图 5-16 机器人的伦理法则

各国政府和学术界、企业界等都认为人工智能伦理与规范是未来智能社会的发展基石，欧盟、英国、日本等国际组织和国家，均发布了人工智能的伦理准则。

日本的《人工智能研究伦理指针草案》。 由日本人工智能学会伦理委员于 2016 年 6 月 6 日起草。一方面，草案提出了 AI 给人类社会带来危害的可能性，要求采取措施消除威胁和防止 AI 被恶意利用；另一方面，草案提出"决不能使人类创造出来的东西，毁掉人类自己的幸福"的警戒。此外，草案中还指出，应消除 AI 对人类安全的威胁，针对其潜在的危险向社会敲响警钟，并就防止恶意利用制定了相关条款。

英国的《机器人和机器系统的伦理设计和应用指南》。 由英国标准行业协会于 2016 年 9 月发布业界首个关于机器人伦理设计的公开指标，旨在保证人类生产出来的智能机器人能够融入人类社会的道德规范。

美国的《人工智能道德准则设计草案》。 由美国电气和电子工程师协会（IEEE）于 2016 年 11 月发布，希望借助该文件帮助科技行业打造能够造福人类的 AI 自动化系统，改变道德伦理无需担忧等想法。2017 年 11 月，IEEE 进一步宣布了三项新的人工智能伦理标准：机器化系统、智能系统和自动系统的伦理推动标准，自动和半自动系统的故障安全设计标准，道德化的人工智能和自动系统的福祉衡量标准。

欧盟的《欧盟人工智能》。 由欧盟委员会于 2018 年 4 月 25 日发布《欧盟人工智能》文件，提出人工智能的欧盟道路——一种三管齐下发展人工智能的方法：增加公共和私人投资，为人工智能带来的社会经济变革做好准备，并建立起适当的道德和法律框架。

英国的《英国人工智能发展的计划、能力与志向》。 由英国上议院人工智能特别委员会于 2018 年 4 月发布，强调在发展和应用人工智能过程中，有必要把伦理道德放在核心位置，以确保这项技术能够更好地造福人类。其中主要包括 5 个方面：人工智能应为人类共同利益服务；人工智能应遵循可理解性和公平性原则；人工智能不应用于削弱个人、家庭乃至社区的数据权利或隐私；所有公民都应有权利接受相关教育，以便能在精神、情感和经济上适应人工智能发展；人工智能绝不应被赋予任何伤害、毁灭或欺骗人类的自主能力。

欧盟的《可信赖 AI 的伦理准则》。 由欧盟委员会于 2019 年 4 月发布，提出了实现可信赖人工智能全生命周期的框架，主要有两个必要的组成部分：一是应尊重基本人权、规章制度、核心原则及价值观；二是应在技术上安全可靠，避免因技术不足而造成无意的伤害。

中国的《人工智能北京共识》。 由北京智源人工智能研究院联合北京大学、清华大学、中国科学院自动化研究所、中国科学院计算技术研究所、新一代人工智能产业技术创新战略联盟等高校、科研院所和产业联盟于 2019 年 5 月共同发布，针对人工智能的研发、使用、治理三方面，提出了各个参与方应该遵循的**有益于人类命运共同体构建和社会发展**的 15 条原则。《人工智能北京共识》关注"服务于人"，将"和谐与优化共生"这一中国哲学和文化中的特色理念，作为寻求跨行业、跨部门、跨地区全球协作的指导思想，并强调促进人工智能相关准则的"落地"，为未来打造"负责任的、有益的"人工智能。

小志让您来议一议

如果小明在一家制造武器的公司工作，现在公司需要研发一批智能武器，包括智能导弹、智能烟雾弹等。小明作为一名人工智能技术研发人员，深知人工智能技术与武器相结合可能造成的后果，小明现在左右为难，并不想研发这样的武器，更不想因此违反纪律而失去工作。

如果您是小明，会怎么看待这个问题？难道人工智能技术就只能带给人们恐惧？有什么方法可以解决这个问题？

_____
_____
_____
_____

人工智能的六大伦理原则

人工智能开发的六大原则指的是公平、可靠和安全、隐私和保障、包容、透明、责任。"透明和责任"是基础，"公平、可靠和安全、隐私和保障、包容"四项原则是目标。

◇ 透明

人工智能领域最重要的一个技术就是深度学习，深度学习是机器学习中的一种模型，其准确度是所有机器学习模型中最高的，但深度学习模型就是一个"黑匣子"，存在是否透明的问题。如作为人类棋手是无法理解 AlphaGo 是如何打败职业围棋选手的，因为以人类棋手的逻辑，绝对不会下出这样一手棋。这样不透明的人工智能思维和逻辑用于一些跟生命安全、人身安全相关的领域将会给人类带来危险。

◇ 责任

人类采取了某个行动，做了某个决策，都必须为自己带来的结果负责。如果是机器代替人来进行决策，采取行动出现了不好的结果，到底应由谁来负责？伦理原则是要采取问责制，当出现了不好的结果时，不能让机器或者人工智能系统当替罪羊，人必须是承担责任的。

◇ 公平

公平是指不同区域、不同等级的人在人工智能面前都是平等的，不应该有人被歧视。人工智能训练需要数据支持，但训练数据可能存在片面性，不足以代表人们生存的多样化的世界。以人脸识别、情绪检测的人工智能系统为例，如果只对成年人脸部图像进行训练，这个系统可能就无法准确识别儿童的特征或表情。这样的不公平，可能造成种族主义和性别歧视等社会问题。

◇ 可靠和安全

它指的是人工智能使用起来是安全的、可靠的、不作恶的。还是以无人驾驶车辆为例，之前有新闻报道，一辆行驶中的无人驾驶车辆的系统出现了问题，车辆仍然在高速行驶，但是驾驶系统已经死机，驾驶人无法重启自动驾驶系统。

◇ 隐私和保障

人工智能因为涉及数据，所以总是会引起个人隐私和数据安全方面的问题。如骑自行车 App，当你骑自行车时，骑行的数据会上传到平台上，在社交媒体平台上有很多人可以看到你的健身数据，问题也随之而来。如果是军事基地的现役军人也在锻炼时使用这个应用，他们锻炼的轨迹数据全部上传了，那么整个军事基地的地图数据在平台上就都有了，这会造成国家安全方面的问题。

◇ 包容

人工智能必须考虑到包容的道德原则，要考虑到世界上各种功能障碍的人群。数据能够为人类提供更多的洞察力，但是数据本身也包含一些偏见。那我们如何从人工智能、伦理的角度来更好地把握这样一个偏见的程度，来实现这种包容性，这就是人工智能包容的内涵。

5.2.7 人工智能的法律规范构建

法律规范是人类社会对人的另一种行为制度约束，尽管与社会道德相比，法律规范具有明显的滞后性和保守性，但社会不能没有法律。人工智能技术引发的社会问题，最终还需要用法律的武器来解决。

人工智能的发展深刻地影响着人们的社会生活，改变了人们的生产和生活方式，产生的法律问题也多种多样，立法工作已经刻不容缓。2019 年 3 月 4 日，张业遂在十三届全国人大二次会议的新闻发布会上回答中外记者提问时表示"全国人大常委会已将一些与人工智能密切相关的立法项目，如数据安全法、个人信息保护法和修改科学技术进步法等，列入本届五年的立法规划。同时，把人工智能方面立法列入抓紧研究项目。"

我们来共同学习一下有关人工智能发展带来的人格权、知识产权、责任认定和法律主体等问题。

1. 人格权保护

现在很多人工智能系统把一些人的声音、表情、肢体动作等植入内部系统，使所开发的人工智能产品可以模仿他人的声音、形体动作等，甚至能够像人一样表达，并与人进行交流。但如果未经他人同意而擅自进行上述模仿活动，就有可能造成对他人人格权的侵害。此外，机器人伴侣已经出现，在虐待、侵害机器人伴侣的情形下，行为人是否应当承担侵害

AI 的人格权以及由此造成的精神损害的赔偿责任？但这样一来，是否需要先考虑赋予人工智能机器人主体人格权（如图 5-17 所示），或者至少享有部分权利能力？

图 5-17　AI 的"人格权"

小志让您来议一议
人工智能机器人是否应该具有独立主体的资格？为什么？
_____
_____
_____

2．知识产权

从实践来看，机器人已经能够自己进行音乐和绘画创作，机器人写作的诗歌集也已经出版，这对现行知识产权法提出了新的挑战。例如，百度已经研发出可以创作诗歌的机器人，微软公司的人工智能产品"微软小冰"已于 2017 年 5 月出版人工智能诗集《阳光失了玻璃窗》。这就提出了一个问题，即由这些机器人创作的作品的著作权究竟归属于谁？是归属于机器人软件的发明者？还是机器人的所有权人？还是赋予机器人一定程度的法律主体地位，从而由其自身享有相关权利？

3．侵权责任的认定

随着人工智能应用范围的日益普及，其引发的侵权责任认定和责任承担问题将对现行侵权法律制度提出越来越多的挑战。无论是机器人致人损害，还是人类侵害机器人，都是新的法律责任。据报载，2016 年 11 月，在深圳举办的第十八届中国国际高新技术成果交易会上，一台名为"小胖"的机器人突然发生故障，在没有指令的前提下自行打砸展台玻璃，砸坏了部分展台，并导致一人受伤。毫无疑问，机器人是人制造的，其程序也是制造者控制的，所以，在造成损害后，谁研制的机器人，就应当由谁负责，这在法律上似乎也没有争议。

4. 法律主体地位

目前，智能机器人已经具有一定程度的自我意识和表达能力，可以与人类进行一定的情感交流，可以为人类提供接听电话、语音客服、身份识别、翻译、语音转换、智能交通、案件分析等服务。有人估计，未来若干年，机器人可以达到人类50%的智力。这就提出了一个新的法律问题，即人们将来是否有必要在法律上承认人工智能机器人的法律主体地位？这实际上对现有的权利主体、程序法治、用工制度、保险制度、绩效考核等一系列法律制度提出了挑战，在未来需要解决。

国内首例人工智能"作品"争议案的判决结果

【案情简介】原告深圳某计算机系统有限公司关联企业自主开发了智能写作辅助系统——Dreamwriter计算机软件，并授权该计算机系统有限公司使用。2018年8月20日，该公司首次发表了由该软件撰写的财经报道《午评：沪指小幅上涨0.11%报2671.93点 通信运营、石油开采等板块领涨》，并在文末注明了"此文章由本公司机器人Dreamwriter自动撰写"。同日，被告上海盈某科技有限公司在其运营的网站上发布了与涉案报道标题和内容完全一致的文章。原告深圳市某计算机系统有限公司遂诉至法院，要求被告盈某公司立即停止侵权、消除影响并赔偿损失。

【法院判处】2019年12月24日，深圳市南山区人民法院生效判决认为：原告涉案文章的特定表现形式及其源于创作者个性化的选择与安排，并由Dreamwriter软件在技术上"生成"的创作过程均满足著作权法对文字作品的保护条件，该文章属于我国著作权法所保护的文字作品。法院同时认为，涉案文章是由原告主持的多团队、多人分工形成的整体智力创作完成的作品，整体体现原告对于发布股评综述类文章的需求和意图，是原告主持创作的法人作品。被告未经许可，在其经营的网站上向公众提供被诉侵权文章内容，供公众在选定的时间、选定的地点获得的行为，侵害了原告享有的信息网络传播权，应承担相应的民事责任。因被告已经删除侵权文章，判决被告赔偿原告经济损失及合理的维权费用人民币1500元。

【法理分析】涉案文章由原告主创团队运用Dreamwriter软件生成，创作过程与普通文字作品创作过程的不同之处，在于创作者收集素材、决定表达的主题、写作的风格以及具体的语句形式的行为，即原告主创团队为涉案文章生成做出的相关选择与安排，和涉案文章的实际撰写之间存在一定时间上的间隔。涉案文章这种缺乏同步性的特点，是由技术路径或原告所使用的工具本身所具备的特性所决定的。本案中原告主创团队在数据输入、触发条件设定、模板和语料风格的取舍上的安排与选择，属于与涉案文章的特定表现形式之间具有直接联系的智力活动。原告主创团队相关人员的上述选择与安排，符合著作权法关于创作的要求，应当将其纳入涉案文章的创作过程。

【案件意义】随着人工智能技术开始应用于新闻撰写、绘画、诗歌写作等领域，有关人工智能生成物的著作权问题引起了学术界和实务界的深入探讨。该案系全国首例认定人工智能生成的文章构成作品的判例，明确了人工智能生成物的独创性判断步骤，对同类案件的审理方法和思路起到了指导作用。依据该案案情所做的认定人工智能生成的文章构成作品的判决，符合《中华人民共和国著作权法》激励创作的立法宗旨，可以有效发挥知识产权保护的激励创新作用，推动人工智能产业的良性发展。

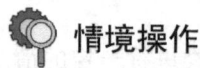 情境操作

5.3 任务实施

5.3.1 任务1 快速搭建简单的陪伴机器人

任务目标

陪伴机器人是专门为儿童和老人设计的，主打与儿童和老人的情感与生活陪伴，见图5-18。

图5-18 陪伴机器人

老人陪伴机器人也将会成为未来智慧养老的一部分，它可以为老人提供健康监测、远程健康管理、呼叫服务、远程视频聊天等智能养老服务，可在对老人进行血压、血糖和心率等方面的健康监测后，通过蓝牙将数据上传至远程系统，让家人实时准确地监控老人的健康状况。

儿童陪伴机器人也将会替代家长为留守儿童提供更好的生活质量，具有远程看护、亲子教育、亲子聊天等功能。

本任务要求通过百度公司和图灵机器人语音方面的人工智能技术，快速为机器人配置与人交流的功能，使得机器人能够理解留守儿童和独居老人的情感，从而了解人工智能的"类人"特性，加深对人工智能和人类的融合模式的理解，引导对人工智能的伦理思考。

实施过程

1）理解智能语音交互技术。

语音交互是一种实现人与人之间、人与机器之间、机器与机器之间的信息传递、交流的技术，语音交互是以语音识别为基础而实现的。语音识别以语音为研究对象，通过语音信号处理和模式识别让机器自动识别和理解人类口述的语言。

智能语音交互技术就是让机器听懂你说话，是有利于提高传输效率、有利于双方合作的交互技术。如图5-19所示，主要包括语音识别、语音合成和自然语言处理等。

- ❖ **语音识别**（Automatic Speech Recognition，ASR），主要工作是将声音信息转化为文字。
- ❖ **自然语言处理**（Natural Language Processing，NLP），主要工作是理解人们想要表达的意思，并给出合理的反馈。

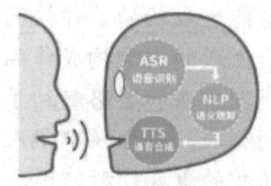

图5-19 智能语音交互技术

❖ **语音合成**（Text To Speech，TTS），主要工作是将文字转化为声音。

2）了解智能语音交互技术服务商。

智能语音交互技术服务商就是提供有关语音方面的人工智能集成服务平台，通过调用服务商的功能服务接口可以快速实现语音方面的应用。

目前，我国语音交互技术服务商（如图 5-20 所示）基本分为三类：第一类是，包括科大讯飞、捷通华声等公司的传统语音技术服务商；第二类是互联网服务商，包括百度、腾讯、搜狗等，通过自主建设团队或者收购，掌握智能语音技术，推广语音服务；第三类是创业企业，如云知声、思必驰等，它们专注于某些行业领域，比如汽车、家电，以此来推广自己的语音技术和产品。

3）了解图灵机器人。

图灵机器人是中文语境下智能度最高的"机器人大脑"，是全球较为先进的机器人中文语言认知与计算平台，图灵机器人对中文的语义理解准确率已达 90%，可为智能化软硬件产品提供中文语义分析、自然语言对话、深度问答等人工智能技术服务，如图 5-21 所示。

图 5-20　国内语音交互技术服务商　　　　图 5-21　图灵机器人

"图灵机器人"本身并非机器人，而是加载在机器人身上的类似于 Siri 的一整套语音语义系统，图灵机器人在联网的情况下可做到和人自如地对话，就像是真人一样。人机对话像人类之间的对话一样顺畅是因为图灵机器人采用当前主流框架 DeepQA 深度问答、自然语言处理及语义分析等技术，从而保证了中文的语义理解准确率高达 90%以上，而图灵机器人自身的学习能力可让机器人每天以 0.8%的速度不断进步。

4）准备百度 API。

登录百度 AI 开放平台语音识别 "https://ai.baidu.com/tech/speech"，如果没有账号，自己注册即可，进入到服务界面，创建应用，需要把应用的 AppID、API Key、Secret Key 记录下来供程序使用，如图 5-22 所示。

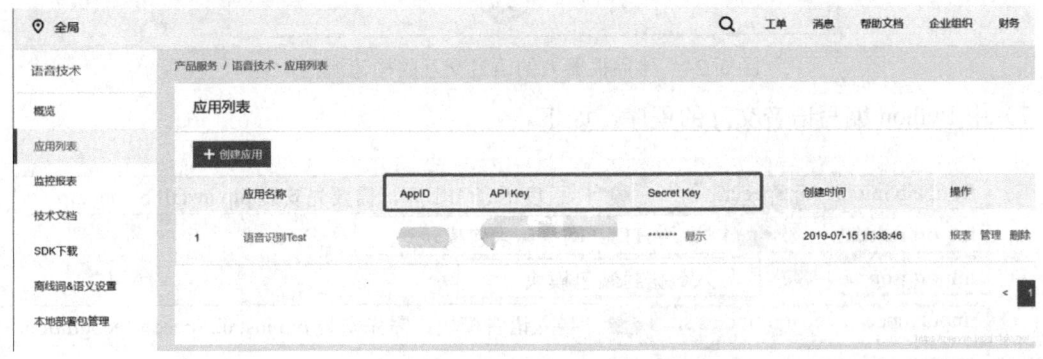

图 5-22　百度语音 API 服务申请

5)准备图灵机器人。

登录图灵机器人平台"http://www.turingapi.com/",如果没有账号,自己注册即可,注册后创建自己的机器人,然后在"机器人设置"的"终端设置"中查看自己的 API Key,把 API Key 记录下来供程序使用,另外一定要把密钥开关关闭,不然后面调用 API 时会报 3001 错误,无法调用图灵机器人,如图 5-23 所示。

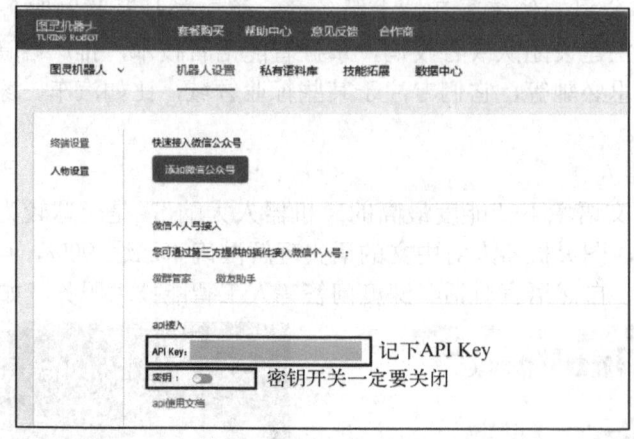

图 5-23 图灵机器人服务申请

值得注意的是,图灵机器人未进行身份认证时,是无法进行调用的,如果调用会出现"请求次数超限制"的问题,通过个人身份认证后,可以使用免费版,每天能够调用 100 次,如果需要更多的使用次数则可以购买相应的服务。

6)设计伴侣机器人的语音交互搭建思路。

为了实现纯语音对话聊天,不需要输入文字即可交流,当人们实时通话时,机器人也能实时回复,真正实现语音交互对话,可以采用以下的流程实现:首先说一句话,通过录音保存为语音文件,其次调用百度 API 实现语音转文本(STT),然后调用图灵机器人 API 将文本输入得到图灵机器人的回复,最后将回复的文本转成语音输出(TTS),如图 5-24 所示。

图 5-24 伴侣机器人的语音交互的构建流程

7)用 Python 编写语音交互的程序,如下。

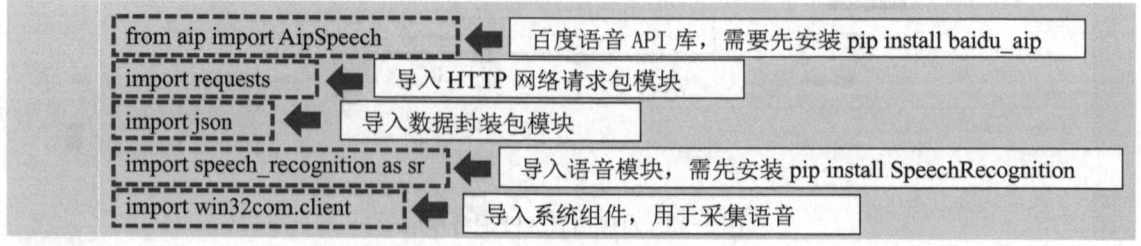

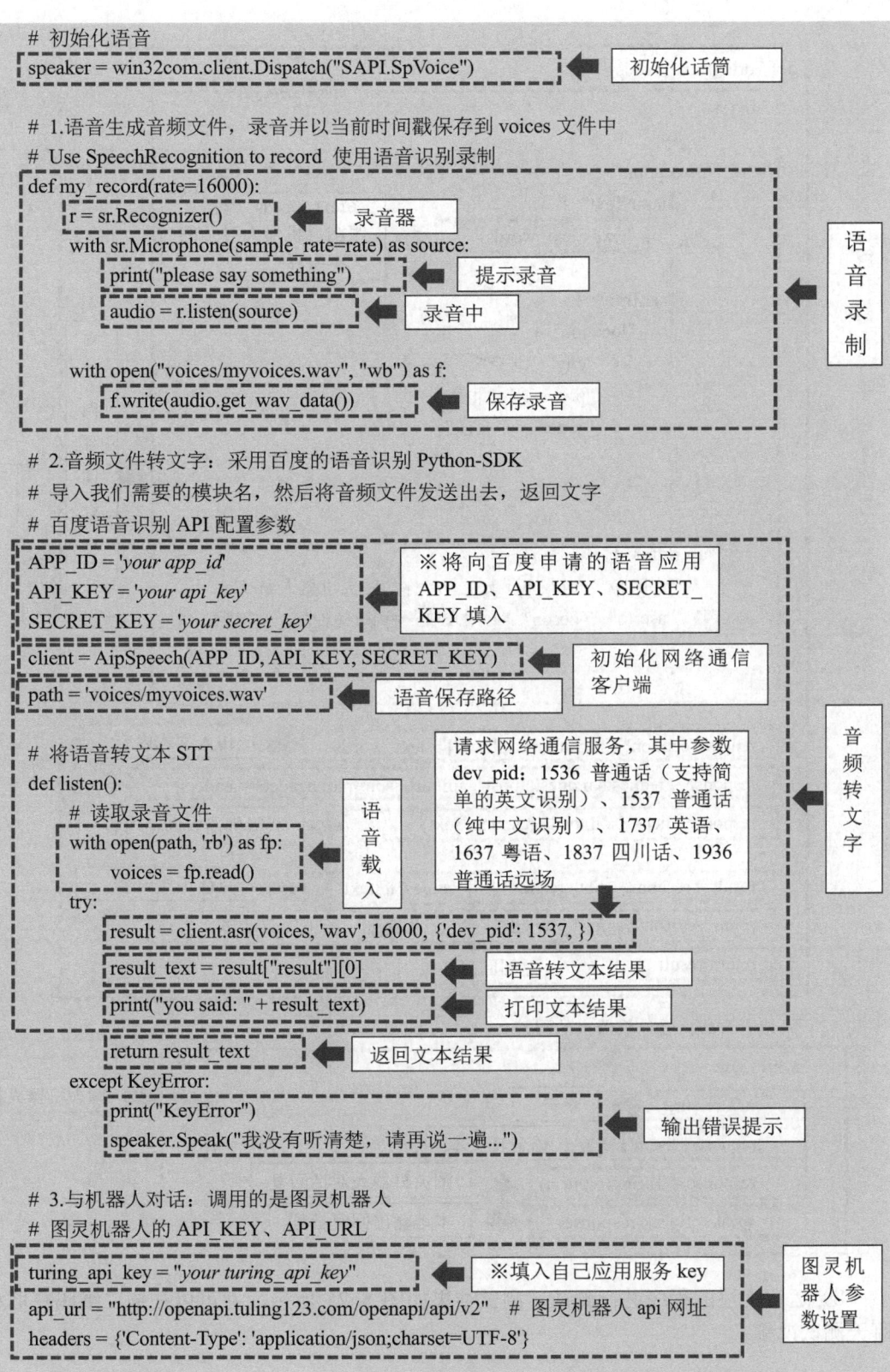

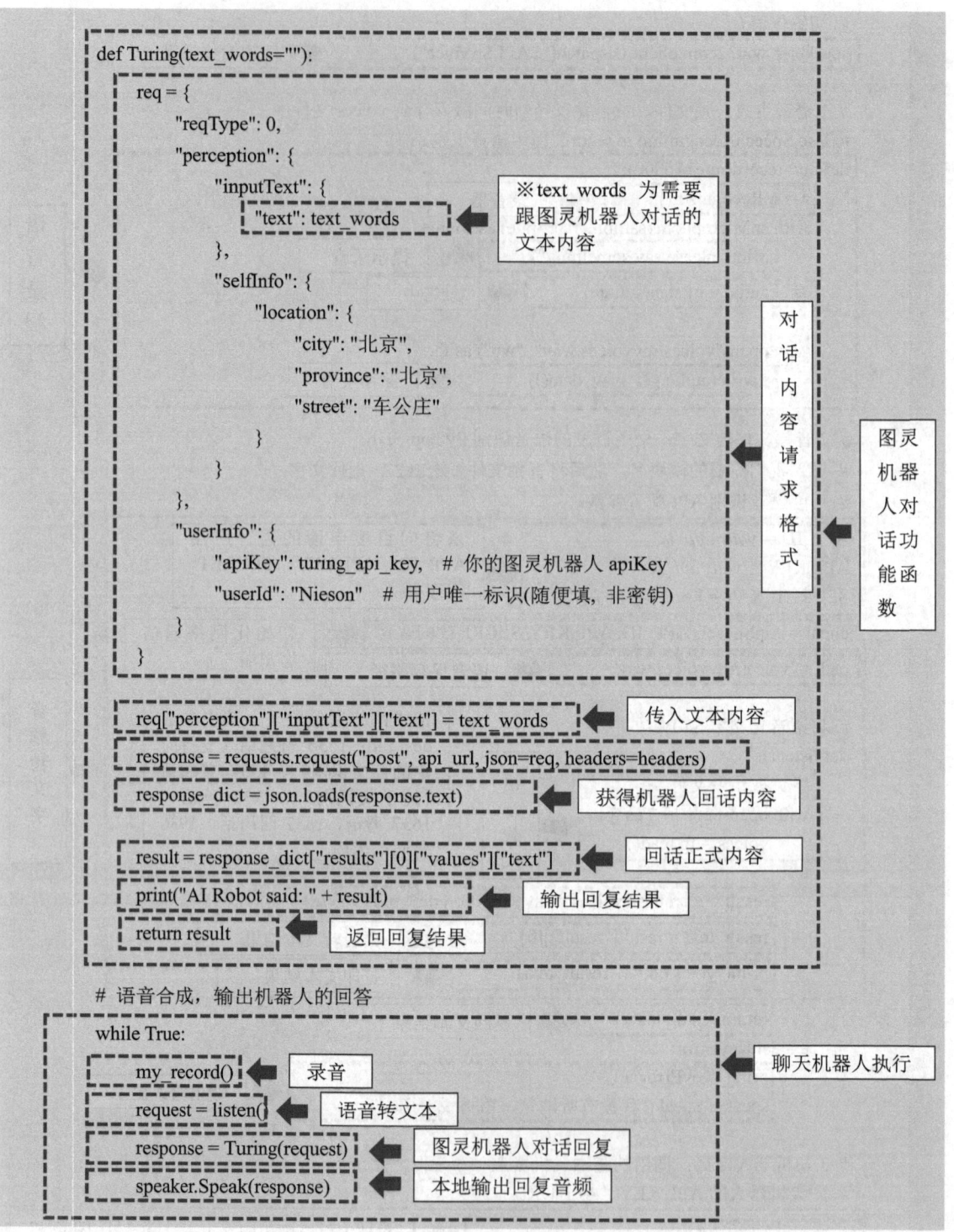

8）运行上述的程序进行测试，测试结果如图 5-25 所示，并可以扫描二维码获取相应的聊天测试视频。

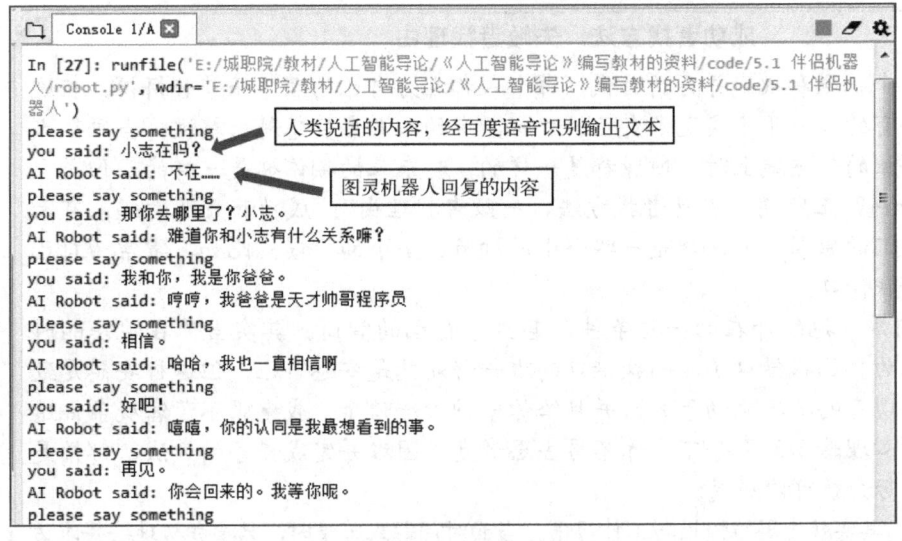

图 5-25　陪伴机器人语音聊天测试

9）根据上述步骤来尝试一下。

小志让您来思一思

当您孤单的时候，有一个陪伴机器人可以陪伴着，跟您聊天，还可以跟您玩成语接龙等游戏，这样的人工智能产品给您带来了快乐。除了带来快乐的优点，您还能想到什么？请用辩证的方法来思考一下这个问题，把您的想法写在下面。

_____
_____
_____
_____

10）案例分析欣赏。

现实中，很多人都会认为，像人工智能这样高深的技术实在太难了，我一辈子都不可能学会，只能惊叹别人在技术上的成功，如某 12 岁小孩成功开发出了一款游戏等。但通过本任务的学习可以了解到百度语音大脑和图灵机器人大脑，运用这两个大脑您也可以快速地搭建出自己的机器人，这就是技术进步的结果。正如阿基米德所说的："给我一个支点，我就能撬起整个地球。"这句话形容杠杆的作用之大：只要有合适的工具和一个合适的支点，利用杠杆原理可以把地球（像地球一样质量的物体）轻松搬动；这句话也以杠杆来比喻人生，人的一生都在不断地学习和工作中，这个过程就是为了找到合适的工具和支点，创造出辉煌人生，有些人能找到并成为行业领袖，有些人一辈子都未曾找到而碌碌无为。别沉浸于惊叹别人的成功，别埋怨自身的条件和基础，今天的努力学习正是为了日后的成功。

> **成功者找方法，失败者找理由**
>
> 　　现代社会是一个机遇和挑战并存的时代，每个人都在为自己的理想而苦苦拼搏。在这个奋斗的过程中，有的人一步步实现了自己的目标，有的人却离梦想越来越远。当每个人都怀揣希望站在事业的起跑线上时，憧憬都是一样的，对未来的期许也是一样的。但是，为什么结局却不一样？正所谓"成功者找方法，失败者找理由"：成功和失败看起来有天壤之别，但促成它们的原因，也许就是一些小小的细节、小小的习惯，比如，常常为自己没有完成的事情寻找借口。
>
> 　　很多时候人们常常抱怨外在的一些条件，甚至于自己的智商。其实当你在抱怨的时候，实际上就是在为自己找借口了，而找借口的唯一好处就是安慰自己。但这种安慰是致命的，它会让你对现存的状况无动于衷，并且给你一种心理暗示：我克服不了客观条件造成的困难。在这种心理暗示的引导下，你不再去思考克服困难并完成任务的方法，哪怕是只需要再做一点点努力就可以成功。
>
> 　　成功者找方法，其实就是思维惯性与工作习惯。当面对问题或苦难时，只要积极地去寻求方法解决问题，不推脱，勇于负责，习惯也就悄然形成了。工作时，大脑总是按照惯性搜索最近使用与最常使用的信息，并引起条件反射。借口，就像是毒药，它有着润物细无声的渗透力，也有着铜墙铁壁似的顽固性，正是遵循了人类思维的这种特性，肆无忌惮地扩散，以致许多人都成了它的奴隶。主动找方法也有如此的特性，只要长此以往，那成功就会永远伴随你左右。

5.3.2　任务2　陪伴机器人的伦理案例分析

 任务目标

　　经过任务1，我们快速搭建了一个基于人工智能技术的陪伴机器人，了解了如何通过技术实现智能的语音聊天，体验了图灵机器人在联网的情况下可做到就像是真人一样和人自如的对话，但是这样的一类机器人是专门为儿童和老人设计的，孩子是社会的未来需要高度重视，而老人为社会事业建设贡献了一辈子的青春和年华，理应得到应有的关爱。

　　在现代人工智能社会中，技术进步了，创造的类人的机器可以部分或者全部替代家人的陪伴功能，正在改变或者已经改变了父母和孩子间的亲情，又或者让老人更孤独的生活下去，从社会伦理学角度来看，带来了不少问题。以此为例，我们来共同学习人工智能可能引起的伦理问题。

实施过程

1）从透明性伦理原则思考。

　　从技术的角度来说，透明性原则是人工智能伦理的基础。陪伴机器人在技术实现过程中使用了两个AI大脑：百度语音大脑和图灵机器人大脑，这两个大脑就像一个"黑匣子"一样，人们还不清楚它是如何构成并实现功能的，相对于语音录入和语音输出这两个依靠计算机的技术，具有不透明性，如图5-26所示。

　　另外，图灵机器人的中文语义理解准确率高达90%以上，而自身的学习能力可让机器人每天以0.8%的速度不断进步。试问一下，机器人每天以0.8%的速度学习人类，学习的是什么东西？是学习人类好的词汇还是坏的？是学习人类的语速、语调，还是学习人类的声频？

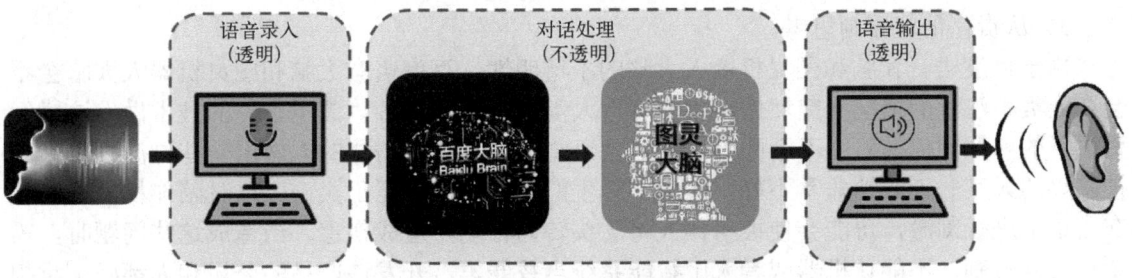

图 5-26 陪伴机器人技术透明性分析

为此,需要进一步从伦理角度来约束陪伴机器人的技术发展。

2)从隐私和保障伦理原则思考。

陪伴机器人是为留守儿童和独居老人设计的。这类人群在社会中属于弱势群体,容易受到伤害。如果陪伴机器人在儿童和老人陪伴过程中获得了属于隐私和安全方面的信息(儿童或老人的名字、年龄、儿童父母的姓名、什么时候独处等)并泄露出去,被不法分子利用,某些别有用心的人就可能会对儿童做出拐卖、对老人做出诈骗等行为,见图 5-27。

图 5-27 安全问题

为了杜绝这个问题,图灵机器人公司规定,在人们申请使用机器人时必须遵守相关的隐私和安全保障政策,如图 5-28 所示。

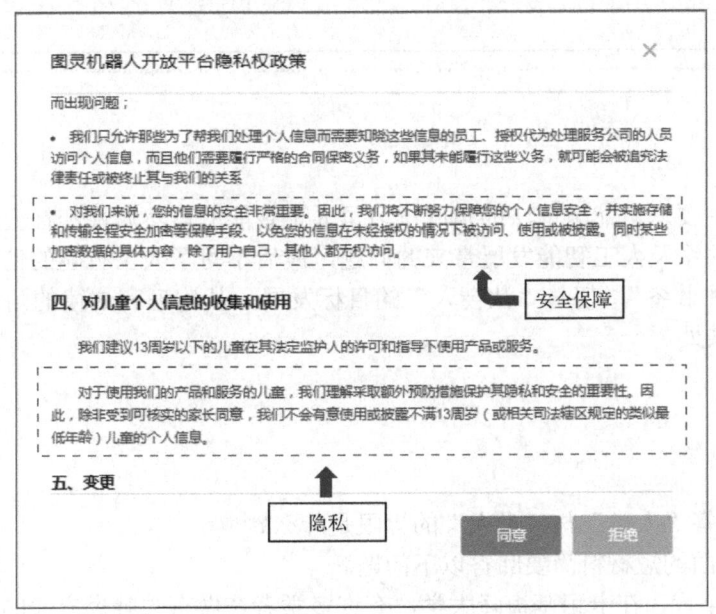

图 5-28 隐私和安全保障政策

3）从责任伦理原则思考。

由于百度语音大脑和图灵机器人大脑的不透明性，百度语音大脑和图灵机器人大脑会不会在人类不注意的情况下突然做出"曲解"人类的行为，这种"黑匣子"的技术做出这样行为的目的和原因何在？会不会因为这样的言语交流而导致被陪伴的人做出一些过激行为？如被陪伴的人某一天心情非常不好，产生了轻生的念头，但不至于实施，这时陪伴机器人如果在言语上进行刺激，可能会使被陪伴人将念头转为行动，造成伤害。当造成这些问题时，需要启动问责制，不能让机器或者人工智能系统当替罪羊，开发该产品的公司和人都必须承担责任。

4）从包容原则思考。

孩子与机器人短期接触可以获得愉悦的感受，机器人还可以激发他们的兴趣和好奇心。但是，机器人还不能作为孩子的看护者，因为孩子始终需要大人来照顾。过长时间与机器人相处，可能会造成孩子成长过程中不同程度的社会孤立。如果将孩子完全交给一个机器人保姆，让机器人保姆照料孩子的生活，那么可能会使孩子缺失社交能力。另一方面，随着人口老龄化和陪伴机器人的应用，加深并促进了其他养老、助残等机器人的发展，如喂食机器人、洗澡机器人、提醒用药的监控机器人等。但老年人长期完全置于机器人的照顾之下也是存在风险的。机器人作为看护者为老年人提供日常护理工作，可以减轻老年人的亲友的内疚感，却无益于解决老年人的孤独问题，老年人还是需要亲人来陪伴的。

因此，陪伴机器人的设计还需要进一步从包容和人性的角度来思考，为人类提供更好的服务。

小志让您来思一思
根据上面的伦理思考，您还能想到什么问题？请把您的想法写下来。
_____
_____
_____

情境小结

本学习情境主要从自然辩证法的角度学习了人工智能的自然属性和社会属性，了解了人工智能与人类的关系及人工智能发展带来的问题，最后学习了人工智能的伦理原则，使得人工智能技术"德才兼备"，朝着"社会人"的目标发展，从伦理和法律的角度来保护人类，最终与人类和谐共处。

课后习题

一、问答题

1）请简要回答"人类"与"类人"的界限是什么？

2）请根据下面的短材料简要回答以下问题。

20世纪90年代，在卡耐基梅隆大学，有许多学者在做有关肺炎方面的研究，其中一个团队做基于规则的分析,以决定患者是否需要住院。基于规则的分析准确率不高,但由于基于规则的分析都是人类能够理解的一些规则,因此透明性好。他们从中"学习"到哮喘患者死于肺炎的概率低于一般人群。

然而,这个结果显然违背常识,因为如果一个人既患有哮喘,也患有肺炎,那么死亡率应该是更高的。这个研究"学习"所得出的结果,其原因在于,一个哮喘病人由于常常会处于危险之中,一旦出现症状,他们的警惕性更高、接受的医护措施会更好,因此能更快得到更好的医疗。这就是人的因素,如果你知道自己患有哮喘,就会迅速采取应急措施。

请回答以下问题。

① 材料中的"学习"指的是什么?

② 用人工智能的伦理原则分析一下,为什么会出现"哮喘患者死于肺炎的概率低于一般人群"的结论?

③ 本例采用基于规则的模型学习,但分析准确率却不高,这给您带来什么样的启发?

二、阅读下面文段,完成下面的题

人工智能:还只是人类的"工具"

谷歌"AlphaGo"和韩国棋手李世石的人机大战尘埃落定,但人工智能的进化之旅才刚刚启程。人类为何要研究人工智能?人工智能会不会有一天超过人类成为"超级智能"?人们应该以什么样的心态来看待人工智能的突飞猛进?

"阿尔法狗"用3000万局"自我对弈"数据来训练,靠的是"题海战术"。

如果看一下背后的技术原理,AlphaGo 其实也不是那么神秘,本质上与约 20 年前战胜国际象棋冠军的"深蓝"计算机一样,解决的是一个超大规模的搜索问题。有所不同的是 AlphaGo 采用了当下非常热门的深度神经网络,以及深度神经网络与蒙特卡罗树搜索算法的结合技术。

人工智能的核心是机器学习技术,通过算法使机器能从大量的历史数据中学习到规律,从而对新的样本做智能识别或对未来做预测。从 20 世纪 80 年代末以来,机器学习的发展大致经历了两次浪潮:浅层学习和深度学习。深度学习是机器学习的一种,本质上就是人工神经网络。它是模仿人类大脑行为的神经网络,更接近于人类的学习方式。

研究人工智能的目的不是让机器完全取代人,更应关注人工智能的"工具"属性。

近年来人工智能在模仿人类的感知能力方面有了较大突破,在语音识别、图像识别等问题上有了长足进展。但在更复杂的认知层面,例如对于语言和图像的理解、逻辑推演等方面距离人类还有很大的差距。人工智能之所以会让部分人感到恐惧,主要是因为人们联想起科幻作品里的机器人。科幻作品往往会把机器"拟人化",而今天已经成功应用的和大批科学家致力于研究的人工智能技术,其目标并不在这些方面。

人工智能将来会像科幻电影中那样,自我进化而掌管世界,这样的情况应当还比较遥远。人们更关心的是人工智能的"工具"属性,可以大大延伸人的能力,解放人类的劳动力,成为人类很好的"帮手"。就像人类制造了飞机和汽车,但不必担心未来它们会威胁到自己。

人工智能还无法突破认知和情感,需要向生物智能"取经"。

未来,人工智能在感知层面会有飞速进展,而在认知和情感层面还有很长的路要走。

在研究者们煞费苦心研发各种功能的传感器配备给机器时,生物自身"传感器"的能耐吸引了科学家的注意。生物的眼睛能识别电磁波,耳朵能识别空气振动,神经系统能够根据波长和强度瞬间将这些电磁波感知为不同的颜色，能感知空气振动并将其转换为语言。因此，人工智能的研究人员很早就开始从脑科学研究中寻找思路，近几年也提出了创造生物智能与机器智能优势互补的混合智能系统的想法。

（选自《人民日报》2016年3月25日，有删改）

【链接一】

素有硅谷"钢铁侠"之称的埃隆·马斯克语出惊人：未来人类需要与机器合体成赛博格，才能避免被人工智能淘汰。赛博格这个舶来词汇是对英文"Cyborg"的音译。它是指运用科学技术对人类身体进行控制和改造，从而使人类身体的机能更加强大。这种改变肯定不局限于人体，还将涉及道德伦理，甚至整个人类社会。比如，人类通过赛博格技术拥有了惊人的杀伤力和破坏力，谁又来约束他们？这是对社会伦理道德的考验。

（选自《科技日报》2017年2月16日，有删改）

【链接二】

人类制造的智能机器人威胁到人类自身的生存，这被称为"技术奇点"问题。技术奇点是指拥有人类智能的机器人不断改进自己，并且制造或繁殖越来越聪明、越来越强大的机器人，最终达到人类不可预测、无法控制的地步。如果制造智能机器人的技术越过这一奇点，局面将无法收拾，会伤害人类甚至使人类面临灭亡的危险。

（选自《人民日报》2016年11月22日，有删改）

【链接三】

汉斯·乌斯克莱特对本报记者强调，人工智能的研究方向不是要取代人类，而是要与人类互补，增强人类的能力。人们要认识到一点：对人类而言很简单的事情，对机器来说可能很难；对人类很难的事情，对机器而言可能很简单。人工智能不会取代人类，因为只有人类才具有创造力和目标，而机器只关注如何解决眼前遇到的问题。能否让人工智能避免犯下道德层面的错误，关键在于人类自己。在没有更好的解决方法前，不应涉及人工智能伦理学习这一研究领域，不该将机器置于道德上两难抉择的境地。

（选自《人民日报》2016年4月12日，有删改）

1）下列有关AlphaGo及机器学习的分析，符合文意的一项是（　　）。

　　A. 谷歌AlphaGo战胜韩国棋手李世石，表明人工智能的进化之旅已进入了快车道。

　　B. AlphaGo与"深蓝"的本质一样，采用了深度神经网络和蒙特卡罗树搜索算法结合的技术。

　　C. 人工智能机器能从大量历史数据中学习规律，对新样本做智能识别或对未来做预测。

　　D. 机器学习是模仿人类大脑行为的神经网络，与人类学习方式相近，是人工智能的核心。

2）下列对材料中机器人的表述，不符合文意的一项是（　　）。

　　A. 科幻作品里的机器人没有采用今天已经成功应用的和大批科学家致力于研究的人工智能技术。

　　B. 埃隆·马斯克认为，未来的人类如果要避免被人工智能淘汰，需要与机器合体成赛博格。

　　C. 赛博格是指运用科学技术对人类身体进行控制和改造，从而使人类身体的机能更加强大。

D. 制造智能机器人的技术如果突破了"奇点",局面将难以控制,必然会使人类走向灭亡。

3) 下列有关人工智能及人类智能的分析,不符合文意的一项是(   )。

A. 近年来人工智能模仿人类的感知能力,在语音识别和图像识别等方面有很大进步。

B. 近几年,人工智能的研究人员开始从脑科学研究中寻找思路,以创造混合智能系统。

C. 生物的神经系统能把由眼睛和耳朵分别识别的电磁波与空气振动转化为视觉与听觉。

D. 汉斯·乌斯克莱特认为,同样一件事,对人类与机器来说,其难易可能截然相反。

4) 人们会被人工智能打败吗?请综合上述材料,谈谈你的观点,并分点概述理由。

三、案例分析题

阅读下面的材料并回答问题。

材料一:

有个鞋商到一个岛上考察鞋子市场,他看到岛上的居民祖祖辈辈有赤脚的传统习俗,便失望地走了。不久,又有一个鞋商到了岛上,当他得知岛上居民没有穿鞋子的习惯后喜出望外,认为大有挖掘开拓的潜力。果然,经过努力,他大获成功,赚了个盆满钵满。

材料二:

都说一分耕耘一分收获,单看别人成功的样子,你羡慕极了,却不知道他们为此付出了多少努力。

阿泽高考不如意,只读了三本院校,尽管如此,他并没有因此颓废。整个大学的学习阶段不但学好专业知识,年年拿奖学金,毕业前还被推荐到上市公司实习。实习一年后顺利拿下毕业证,他又不甘于现状,凭着积攒的工资辞职备战考研,而他一次就考上了自己心仪的学校。

表面上他的成功像是开了挂一样,可谁知当别人在玩游戏的时候他还在背英语、做高数。你只是羡慕他这样的成功,却不知道他每天为了读书有多努力,而且实习后他就没再跟家里要过钱。

他的学习是有计划性的,倘若有别的事耽误了,睡觉前也一定要完成当天的任务。当别人还在纠结高考的失败时,他已经在为以后做准备了。

请根据情境操作中所学到的知识,谈谈您的想法,字数不少于500字。

参 考 文 献

[1] 周志华. 机器学习[M]. 北京：清华大学出版社，2016.
[2] 李航. 统计学习方法[M]. 2 版. 北京：清华大学出版社，2019.
[3] TAN P N，STEINBACH M，KUMAR V. 数据挖掘导论[M]. 范明，范宏建，等译. 北京：人民邮电出版社，2011.
[4] 宗成庆. 统计自然语言处理[M]. 2 版. 北京：清华大学出版社，2013.
[5] RUSSELL S J，NORVIG P. 人工智能：一种现代的方法：第 3 版[M]. 殷建平，等译. 北京：清华大学出版社，2013.
[6] ITPRO，日经计算机. 人工智能新时代：全球人工智能应用真实落地 50 例[M]. 杨洋，刘继红，译. 北京：电子工业出版社，2018.
[7] 李德毅. 人工智能导论[M]. 北京：中国科学技术出版社，2018.
[8] 何之源. 21 个项目玩转深度学习——基于 TensorFlow 的实践详解[M]. 北京：电子工业出版社，2018.
[9] 王晓华. OpenCV+TensorFlow 深度学习与计算机视觉实战[M]. 北京：清华大学出版社，2019.
[10] 黄文坚，唐源. TensorFlow 实战[M]. 北京：电子工业出版社，2017.
[11] 冷雨泉，张会文，张伟，等. 机器学习入门到实战：MATLAB 实践应用[M]. 北京：清华大学出版社，2018.
[12] 汤晓鸥，陈玉琨. 人工智能基础[M]. 上海：华东师范大学出版社，2018.
[13] 王万良. 人工智能导论[M]. 4 版. 北京：高等教育出版社，2017.